普通高等教育"十一五"国家级规划教材

大学化学实验

（第三版）

南京大学大学化学实验教学组　编

高等教育出版社·北京

内容提要

本书是在2010年出版的《大学化学实验》(第二版)的基础上修订而成的，与南京大学傅献彩主编的《大学化学》(第二版)配套使用。本次修订主要是在全书以二维码形式增加了数十个实验教学视频，涵盖了基本操作，光、电仪器的使用，无机化学实验，定性和定量分析实验等内容。

本书可作为综合性大学化学、生物、环境、医学等专业本科生实验课教材，也可供从事相关工作的人员学习、参考。

图书在版编目(CIP)数据

大学化学实验/南京大学大学化学实验教学组编.
--3版. --北京:高等教育出版社,2018.5(2022.11重印)
ISBN 978-7-04-049473-0

Ⅰ.①大… Ⅱ.①南… Ⅲ.①化学实验-高等学校-教材 Ⅳ.①06-3

中国版本图书馆CIP数据核字(2018)第037504号

DaXueHuaXue ShiYan

策划编辑 鲍浩波　责任编辑 鲍浩波　封面设计 王 洋　版式设计 杜微言
插图绘制 杜晓丹　责任校对 殷 然　责任印制 朱 琦

出版发行	高等教育出版社	网　址	http://www.hep.edu.cn
社　址	北京市西城区德外大街4号		http://www.hep.com.cn
邮政编码	100120	网上订购	http://www.hepmall.com.cn
印　刷	涿州市京南印刷厂		http://www.hepmall.com
开　本	787mm×960mm 1/16		http://www.hepmall.cn
印　张	20.25	版　次	1999年9月第1版
字　数	370千字		2018年5月第3版
购书热线	010-58581118	印　次	2022年11月第4次印刷
咨询电话	400-810-0598	定　价	38.40元

物 料 号 49473-00

第三版前言

《大学化学实验》于2010年再版，至今已有7年。在这7年中，本科化学教学改革形势发生了深刻变化。在化学实验教学改革中，优质教学资源共享及各类精品课程建设进入人们视野。为适应时代潮流，与时俱进，我们决定对原教材进行修订。

本教材在继承前两版教材优点的基础上，充分吸收近年来化学研究和实验教学改革的成果，主要做了如下改动：

1. 增加实验教学视频资源。随着网络技术和移动端学习理念的发展，二维码已经与大学生的学习生活息息相关；在学习过程中，学习者可以通过扫描二维码，方便地浏览和仔细观摩实验教学视频。将实验中用到的操作方法和具体的实验内容放入到对应的实验教学视频中，以便学生更加有效地阅读和预习，内容更加直观和形象。

2. 根据近年来化学实验教学的实际情况，对部分实验内容进行了修改，部分仪器介绍进行了精简。学生可以迅速找到自己需要掌握的仪器信息，简明扼要，一目了然。

本教材二维码链接的教学视频资源，是由吴琴媛、徐培珍、赵斌等拍摄、制作完成的。参加本次修订的有王凤彬、田笑丛、刘斌、马海凤，最后由王凤彬统稿。

借本教材出版之际，对多年来从事实验教学的南京大学化学化工学院的教师和实验技术人员表示衷心的感谢。特别感谢参与第二版教材编写的徐培珍（绪论、第一篇），赵静（第二篇），张剑荣（第三篇），赵斌（文献检索数据库简介、第四篇、附录），吴琴媛（第五篇），沈旭杰、王凤彬（第六篇）等对本次修订工作的大力支持和指导。编者对以上人员和关心支持本书出版的所有人员表示诚挚的感谢。

由于编者水平有限，书中难免有疏漏与不妥之处，敬请广大读者批评指正。

编 者

2017年11月

第二版前言

《大学化学实验》出版已有10年。在这10年中,本科化学教学改革形势发生了深刻变化,培养基础扎实、综合素质高、具有创新意识的本科化学专业的学生成为共识,从而对本科化学实验教学更为重视。10年来,全国化学实验教学改革成果丰硕,这一形势促使、激励我们对原教材进行修订。

修订时注意到以下诸方面:在选择实验内容时,除经典的基础实验外,要体现时代性与应用性;在实验的形式上,既有单项基础训练实验,也要注重多项基础训练组合的综合实验和能自主学习的研究式实验;在教材的编写上,继续采用少一些验证式、注入式实验,多一些启发式、研究式实验的编写方法,使经典实验带有研究性。在删除一些重复性实验、更新仪器的使用后,增加了如下内容:

1. 时代性、实用性实验

(1) 引进科研成果,如将固相反应应用于制备,介绍纳米材料的制备与研究。

(2) 增加应用性实验,如抗胃酸药中铝、镁含量的测定,茶叶中微量金属元素的鉴定与定量测定,以铬天青为显色剂的分光光度法测定茶叶(或面制食品)中的铝含量。

2. 将绿色化学的理念引入教材

(1) 不用或少用对环境有污染的实验与试剂,如采用无汞法测定铁矿中的铁,用过氧化氢作氧化剂从废铜制备五水硫酸铜。

(2) 对目前无法替代的、有污染的实验,介绍减量法,将试样量减至五分之一,如用减量法测定铁矿中的铁(无汞法)、苯酚的含量,以减少污染。

减量法也应用在试剂贵的实验中,如测定铜合金中的铜,以节约试剂。

(3) 引入三废处理实验,如回收废电池中的锰、含铬废水处理等。

3. 培养创新能力

(1) 扩大综合性、研究式实验的范围。在综合性、研究式实验中引入近代仪器,如磁天平、微量差热天平、X射线衍射、红外光谱等的使用,扩大研究的范围,增加学生自主学习的机会,以提高学生的科研能力[研究内容广的实验安排在第三学期(暑期)中进行]。

(2) 介绍用计算机检索文献的方法。计算机检索方法的介绍,利于学生独立获得资料，以研究问题。此外，介绍了 Origin 作图软件，使学生既掌握手工作图，也能用作图软件。

本版承蒙武汉大学席美云教授审阅，并提出了许多宝贵的修改意见，对此表示深切的谢意。

教材的修订由徐培珍（绪论、第一篇），赵静（第二篇），张剑荣（第三篇），赵斌（文献检索数据库简介、第四篇、附录），吴琴媛（第五篇），沈旭杰、王凤彬（第六篇）执笔编写，最后由吴琴媛统稿。除以上教师参加更新与改进实验的工作外，曹登科、李心爱、蒋玉萍、康希、彭峰等也参加了实验工作，并提供了初稿。此外，曾参加第三学期实验的 2006、2007 两届学生也为实验的成熟做了大量的试验；参加大学化学实验教学的教师与实验技术人员，对本教材提出了很多有益的意见，在此一并表示衷心的感谢。

由于我们的水平有限，有疏漏与不妥之处，恳请读者批评指正。

编 者

2009. 5

第一版前言

大学化学实验由传统的无机化学实验、化学分析实验结合而成,它是以实验为手段来研究无机化学、化学分析中的重要理论、典型元素及其化合物的变化,研究物质的组成和含量。

化学实验课是实施全面的化学教育最有效的教学形式。在实验课程中,让学生运用科学方法,按照认识过程进行学习,即在获得知识和技术的同时,学会科学方法和思维,从而具有自学能力和解决问题的能力。要达到此目标,教材是教学环节中重要的一环,教材既要体现实验课程的任务与独立的教学体系,又要体现具有启发性与研究性。在编写这些传统的基础实验时,注意少一些验证式、注入式,多一些启发式、研究式。

本书由浅入深,由易到难,分为操作练习;化学分析;化学原理;元素的化学;综合性、研究式实验五个阶段安排实验。在操作练习后即安排化学分析实验,使称量与滴定分析的操作规范化,建立严格的"量"的概念。综合性、研究式实验的安排,是给初步具有自学与实验能力的学生,有采用实验方法独立解决问题的机会,以培养解决问题的能力。此外,在内容的安排上注意到:(1) 方法的多样性,如醋酸电离常数的测定,介绍了比色法、pH 法、电导法;(2) 在一些实验后增加"扩展实验",以拓宽、深化实验中获得的知识和技术,引导学生去研究问题;(3) 加重了基本操作、基本技术篇与附录的量,便于学生查阅,自己解决问题。

在每一篇的开头,有学习要求、实验方法提要,使学生明确学习目的与要求,并对实验方法有一较全面的了解。在编写上注意到:(1) 启发式,由指定预习内容、给出思考题代替原理部分,学生通过"查、看、思考"式的预习过程,搞懂实验目的、原理、注意事项、数据处理。实验后用问题引导学生总结、深入思考。(2) 实验步骤由全到简。本书起始阶段的叙述较为详细,以后趋向简单,旨在给学生思考与独立工作的机会。将一些溶液的配制、固体试样的准备作为学生实验内容的一部分,以增加学生的动手机会。(3) 测试实验中,未列数据记录与处理的表格,要求学生参照推荐的报告示例,自行设计。

全书共有 70 个实验可供选择使用,根据我们的教学实践,书中提供了实验所需学时、一些试剂的配置,以供参考。全书采用法定计量单位。

大学化学实验自1989年开设至今,已有八年。在教学实践的基础上,本书以南京大学出版社出版的《无机化学实验》(1993)、《化学分析与仪器分析实验》(1992)的化学分析部分为蓝本,由吴琴媛(绪论,第五、六篇,附录中定性分析部分)、徐培珍(第一、二篇,第四篇中第11、12章)、陈佩琴(第三篇、第六篇中化学分析部分)、张雪琴(第四篇、附录)编写,最后由吴琴媛统稿而成。在教学实践与编写过程中,戴安邦教授始终关心教材的编写,化学系原主管教学的系主任黄园富教授对课程的设置与建设给予了大力支持。历年来,从事大学化学实验教学的教师们给了我们不少帮助,在此表示衷心感谢。

我们水平有限,疏漏及不妥之处在所难免,请读者批评指正。

编 者

1998.7

目　录

绪论 …… 1

一、大学化学实验的目的 …… 1
二、大学化学实验的学习方法 …… 1
三、大学化学实验成绩的评定 …… 9
四、化学实验规则 …… 9
五、实验室的安全 …… 10
六、实验室与绿色化学 …… 12

第一篇　基本知识、基本操作、基本技术

1　基本知识与基本操作 …… 17

1.1　常用玻璃(瓷质)仪器 …… 17
1.2　实验室公用设备 …… 21
1.3　实验室用的纯水 …… 30
1.4　化学试剂 …… 33
1.5　常用仪器的洗涤及干燥 …… 35
1.6　试纸的使用 …… 37
1.7　加热与冷却 …… 39
1.8　固、液分离 …… 41
1.9　分析天平及其使用 …… 43
1.10　量器及其使用 …… 48
1.11　滤纸、滤器及其应用 …… 59
1.12　标准物质和标准溶液 …… 62
1.13　分析试样的准备和分解 …… 63
1.14　重量分析的基本操作 …… 66

2　光、电仪器的使用 …… 72

2.1　pH 计的使用 …… 72

2.2 分光光度计的使用 …… 78
2.3 DDSJ—308 型电导率仪的使用 …… 81
2.4 电位差计的使用 …… 85

3 实验结果的表示 …… 88

3.1 误差和数据处理 …… 88
3.2 有效数字 …… 95
3.3 实验数据的表示 …… 97

4 参考资料与计算机文献检索简介 …… 100

第二篇 操 作 练 习

学习要求 …… 102
实验方法提要 …… 102

5 无机物制备基础 …… 104

5.1 硝酸钾的制备与提纯 …… 104
5.2 五水硫酸铜的制备 …… 105
5.3 硫酸亚铁铵的制备 …… 107
5.4 粗盐的提纯 …… 108

6 称量和滴定操作练习 …… 110

6.1 电子天平称量练习 …… 110
6.2 二氧化碳相对分子质量的测定 …… 112
6.3 摩尔气体常数的测定 …… 114
6.4 容量仪器的校准 …… 115
6.5 盐酸标准溶液的配制和标定 …… 117
6.6 氢氧化钠标准溶液的配制和标定 …… 119

第三篇 定 量 分 析

学习要求 …… 122
实验方法提要 …… 122

7　酸碱滴定法 …… 132

7.1　混合碱的组成及其含量的测定 …… 132
7.2　尿素中氮的测定 …… 135
7.3　硼酸含量的测定 …… 136

8　配位滴定法 …… 138

8.1　EDTA 标准溶液的配制与标定 …… 138
8.2　水中钙镁总量的测定 …… 139
8.3　锡青铜中锌的测定 …… 141
8.4　焊锡中铅、锡的测定 …… 142
8.5　抗胃酸药中铝、镁含量的测定 …… 144

9　氧化还原滴定法 …… 146

9.1　铁矿（或铁粉）中铁的测定 …… 146
9.2　硫代硫酸钠标准溶液的配制和标定 …… 150
9.3　铜合金中铜的测定 …… 151
9.4　苯酚含量的测定 …… 153
9.5　高锰酸钾标准溶液的配制和标定 …… 156
9.6　石灰石或碳酸钙中钙的测定 …… 157

10　重量分析法 …… 159

10.1　氯化钡中结晶水的测定 …… 159
10.2　可溶性钡盐中钡的测定 …… 160
10.3　钢中镍的测定 …… 164

11　分离、分析 …… 167

11.1　氨基酸的分离与测定（纸色谱法） …… 167
11.2　镁离子突破量（突破曲线）和树脂交换容量的测定（离子交换法） …… 169

第四篇　化学原理

学习要求 …… 174

实验方法提要 …… 174

12 相变与热化学 …… 180

12.1 十水硫酸钠的制备和相变点的测定 …… 180
12.2 生成热的测定 …… 181

13 化学反应速率与活化能 …… 185

13.1 过氧化氢分解速率与活化能的测定 …… 185
13.2 Fe^{3+}和I^-反应速率与活化能的测定 …… 187

14 弱酸(碱)的解离常数 …… 190

14.1 醋酸解离度、解离常数的测定 …… 190
14.2 光度法测定弱酸的解离常数 …… 193

15 溶度积 …… 195

15.1 碘酸铜溶度积的测定 …… 195
15.2 平衡常数与温度的依赖关系 …… 197

16 电动势、电极电势 …… 199

16.1 原电池电动势的测定 …… 199
16.2 能斯特方程与条件电势 …… 200
16.3 溶度积与电极电势的关系 …… 201
16.4 阿伏加德罗常数的测定 …… 202

17 配合物的吸收曲线与稳定常数 …… 204

17.1 配合物的吸收曲线 …… 204
17.2 磺基水杨酸合铁稳定常数的测定 …… 205
17.3 平衡移动法测定$[Fe(SCN)]^{2+}$的稳定常数 …… 206

18 物质的结构 …… 209

18.1 简单分子或离子的空间结构 …… 209
18.2 晶体结构 …… 210

第五篇　元素的化学

学习要求 …… 216
实验方法提要 …… 216

19　主族元素 …… 221

19.1　碱金属、碱土金属 …… 221
19.2　卤素 …… 225
19.3　硫的化合物 …… 229
19.4　氮族 …… 233
19.5　碳族 …… 236
19.6　硼、铝 …… 239

20　过渡元素 …… 242

20.1　钛、钒 …… 242
20.2　铬、锰 …… 244
20.3　铁、钴、镍 …… 247
20.4　铜、锌分族 …… 250

21　常见离子的分离和鉴定 …… 253

21.1　阳离子混合液分析练习 …… 253
21.2　阳离子混合液的分析 …… 256
21.3　阴离子混合液的分析 …… 257
21.4　简单无机物的分析 …… 258

22　无机物制备 …… 261

22.1　氮化镁的合成 …… 261
22.2　醋酸亚铬的制备 …… 262
22.3　电解法制备高锰酸钾 …… 263
22.4　从钛铁矿制备二氧化钛 …… 265
22.5　从铬铁矿制备金属铬 …… 266

第六篇 综合、研究

学习要求 …… 270
实验方法提要 …… 270

23 综合性实验 …… 279

23.1 三氯化六氨合钴的制备及其组成的确定 …… 279
23.2 二草酸合铜酸钾的制备和组成测定 …… 281
23.3 铁化合物的制备及其组成测定 …… 282
23.4 茶叶中微量元素的鉴定与定量测定 …… 284
23.5 固相配位化学反应 …… 288
23.6 水泥中铁、铝、钙和镁的测定 …… 292
23.7 无氰镀锌液的成分分析 …… 294

24 研究式实验 …… 296

24.1 研究式实验的思路与要求 …… 296
24.2 研究式实验的推荐课题 …… 297
24.3 设计研究式实验的指导 …… 298
例1 碱式碳酸铜的制备 …… 298
例2 回收废电池中锰制备碳酸锰 …… 300
例3 纳米氧化锌的制备 …… 301
例4 葡萄糖含量的测定 …… 303
例5 饮料中维生素C及柠檬酸含量的测定 …… 304
例6 铬天青S分光光度法测定铝的含量 …… 305

主要参考文献 …… 307

附录 …… 308

绪　论

一、大学化学实验的目的

化学是一门以实验为基础的科学，化学中的定律和学说都源于实验，同时又为实验所检验。因此，化学实验在培养未来化学工作者的大学教育中，占有特别重要的地位。大学化学实验是化学类专业学生的第一门实验必修课，它是一门独立的课程，但又与相应的理论课——大学化学——有紧密的联系。

通过参与实验，学生可以直接获得大量的化学事实，经思维、归纳、总结，从感性认识上升到理性认识，从而学习到无机化学、化学分析的基本理论、基本知识，并运用它们指导实验。学生经过严格的训练，能规范地掌握基本操作、基本技术。通过实验了解无机物的一般分离、提纯和制备方法，了解确定物质组成、含量和结构的一般方法；掌握常见工作基准试剂的使用、常用的滴定方法和指示剂的使用，掌握常见离子的基本性质和鉴定；确立严格的"量"的概念，并学会运用误差理论正确处理实验数据。

在实验中，学生自己动手进行化学实验，提出问题、查阅资料、设计方案、动手实验、观察现象、测定数据，并加以正确的处理和概括，在分析实验结果的基础上准确表达，练习解决化学问题。化学实验的全过程是综合培养学生智力因素（动手、观测、查阅、记忆、思维、想象、表达）的最有效的方法，从而使学生具备分析问题、解决问题的独立工作能力。

在培养智力因素的同时，化学实验又是对学生进行非智力因素训练的理想场所，包括艰苦创业、勤奋不懈、谦虚好学、乐于协作、求真求实、创新、存疑等科学品德和科学精神的训练，而整洁、节约、准确、有条不紊等良好的实验习惯的养成，又是每一个化学工作者获得成功所不可缺少的因素。

二、大学化学实验的学习方法

大学化学实验的学习，不仅需要学生有一个正确的学习态度，而且还需要有一个正确的学习方法。现将学习方法归纳成如下几方面：

1. 预习

预习是做好实验的前提和保证,预习工作可以归纳为看、查、写。

(1) 看　认真阅读本书有关章节、有关教科书及参考资料。明确实验目的,了解实验原理;熟悉实验内容、主要操作步骤及数据的处理方法;提出注意事项,合理安排实验时间;了解相关的基本操作与仪器的使用。

(2) 查　通过查阅附录或有关手册,列出实验所需的物理化学数据。

(3) 写　在"看"和"查"的基础上认真写好预习报告。

2. 讨论

(1) 实验前以提问的形式,师生共同讨论,以掌握实验原理、操作要点和注意事项。

(2) 观看操作录像,或由教师操作示范,使基本操作规范化。

(3) 实验后组织课堂讨论,对实验现象、结果进行分析,对实验操作和素养进行评说,以达到提高的目的。

3. 实验

(1) 按拟订的实验步骤独立操作,既要大胆,又要细心,仔细观察实验现象,认真测定数据,并做到边实验、边思考、边记录。

(2) 观察的现象,测定的数据,要如实记录在报告本上。不用铅笔记录,不记在草稿纸、小纸片上。不凭主观意愿删去自己认为不对的数据,不杜撰原始数据。原始数据不得涂改或用橡皮擦拭,如有记错可在原始数据上画一道杠,再在旁边写上正确值。

(3) 实验中要勤于思考,仔细分析,力争自己解决问题。碰到疑难问题,可查资料,亦可与教师讨论,获得指导。

(4) 如对实验现象有怀疑,在分析和查原因的同时,可以做对照试验、空白试验,或自行设计实验进行核对,必要时应多次实验,从中得到有益的结论。

(5) 如实验失败,要检查原因,经教师同意后重做实验。

4. 实验后

做完实验仅是完成实验的一半,余下更为重要的是分析实验现象,整理实验数据,把直接的感性认识提高到理性思维阶段。要做到:

(1) 认真、独立完成实验报告。对实验现象进行解释,写出反应式,得出结论,对实验数据进行处理(包括计算、作图、误差表示)。

(2) 分析产生误差的原因;对实验现象及出现的一些问题进行讨论,敢于提出自己的见解;对实验提出改进的意见或建议。

(3) 回答问题。

5. 实验报告

要求按一定格式书写，字迹端正，叙述简明扼要，实验记录、数据处理使用表格形式，作图图形准确清楚，报告本整齐清洁。

(1) 实验报告的书写 一般分三部分：

① 预习部分(实验前完成)：按实验目的、原理(扼要)、步骤(简明)几项书写。

② 记录部分(实验时完成)：包括实验现象、测定数据，这部分称原始记录。

③ 结论部分(实验后完成)：包括对实验现象的分析、解释、结论；原始数据的处理、误差分析；讨论。

(2) 实验报告的格式 大学化学实验大致可分为制备实验、定量测定实验、性质实验、定性分析实验四大类。现将四种类型的实验报告格式推荐如下，以供参考。

Ⅰ. 制备实验

实验 5.1 硝酸钾的制备与提纯

一、实验目的

1. 利用钾盐、硝酸盐在不同温度时溶解度不同的性质来制备硝酸钾。

2. 学习称量、溶解、冷却、过滤等无机物制备的基本操作。

二、原理

当 KCl 溶液和 $NaNO_3$ 溶液混合时，混合液中同时存在 K^+、Na^+、Cl^-、NO_3^- 四种离子，由它们组成的四种盐，在不同的温度下有不同的溶解度，利用 NaCl、KNO_3 的溶解度随温度变化而变化的差别，高温除去 NaCl，在滤液中加一定量沸水，经适当浓缩后冷却，得到较纯的 KNO_3。

三、实验步骤

1. 硝酸钾的制备

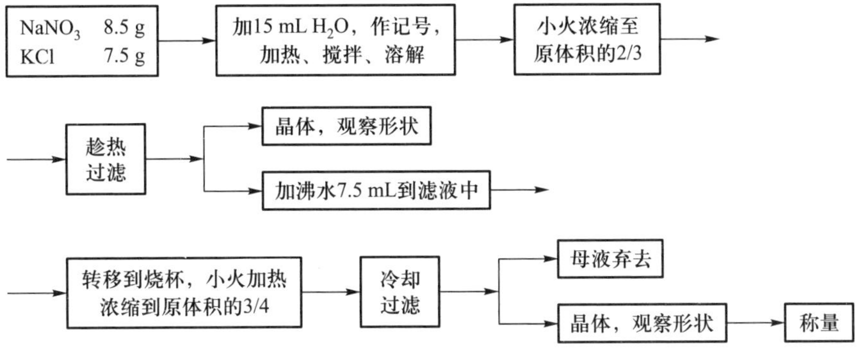

2. 硝酸钾的重结晶

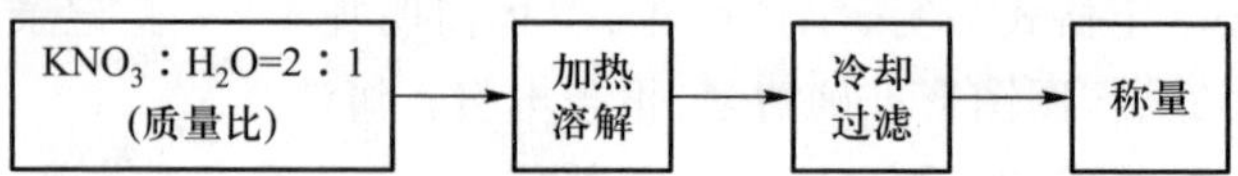

3. 产品纯度检验

检验物	实验步骤	实验现象	结论与方程式
产品试液 (0.02 g+1 mL 纯水)	试液+1 滴 6 $mol \cdot L^{-1}$ HNO_3 溶液 +1 滴 0.1 $mol \cdot L^{-1}$ $AgNO_3$ 溶液		
重结晶后	同上		

四、记录

1. 实验现象
2. 产量
3. 理论产量

$$KCl+NaNO_3 = KNO_3+NaCl$$

$$m(KNO_3)=\left(\frac{8.5\times101.1}{85}\right)\text{ g}=10.1\text{ g}$$

4. 产率

产品产率=(产量/理论产量)×100%

重结晶产品产率=(重结晶后质量/重结晶前质量)×100%

Ⅱ. 定量测定实验

实验 6.3 摩尔气体常数的测定

一、实验目的

1. 学习使用电子天平。
2. 练习测量气体体积的操作(量气管液面位置的观察,仪器装置的检漏)。
3. 进一步了解气体分压的概念。

二、原理

一定量的金属镁 $m(Mg)$ 和过量的稀酸作用,产生一定量的氢气 $m(H_2)$,在一定的温度(T)和压力(p)下,测定被置换的氢气体积 $V(H_2)$。根据分压定律,算出氢气的分压:

$$p(H_2)=p-p(H_2O)$$

假定在实验条件下,氢气服从理想气体行为,可根据气态方程式计算出摩尔气体常数(R):

$$R=\frac{p(H_2)\ V(H_2)\times2.016}{m(H_2)T}$$

其中

$$m(\mathrm{H_2})=\frac{m(\mathrm{Mg})}{A_\mathrm{r}(\mathrm{Mg})}\times 2.016$$

式中，$A_\mathrm{r}(\mathrm{Mg})$为 Mg 的相对原子质量。所以

$$R=\frac{p(\mathrm{H_2})\ V(\mathrm{H_2})\ A_\mathrm{r}(\mathrm{Mg})}{m(\mathrm{Mg})T}$$

三、实验步骤

(1) 称量　用电子天平准确称取三份镁条，每份质量(0.030±0.005)g。

(2) 安装　如图 2-6-2 装配仪器，赶气泡。

(3) 检漏　把漏斗下移一段距离，并固定。如量气管中液面稍稍下降后(3~5 min)即恒定，说明装置不漏气。如装置漏气，检查原因，并改进装置，重复试验，直至不漏气为止。

(4) 测定　用漏斗加 5 mL 稀硫酸到试管内(切勿使酸沾在试管壁上)，蘸少量水将镁条沾于试管上部壁上。调整漏斗高度，使量气管液面保持在略低于刻度“0”的位置，塞紧磨口塞，检查是否漏气。

使量气管和漏斗内液面保持同一水平，读量气管液面的位置，记录。抬高试管底部，使镁条与酸接触。同时降低漏斗位置，使两液面大体水平。待试管冷却至室温，保持两液面同一水平，记下液面位置。稍等 1~2 min 再记录液面位置。

用另两份已称量的镁条重复实验。

四、数据记录和处理

实验序号	1	2	3
镁条质量 $m(\mathrm{Mg})$/g			
反应后量气管液面位置/mL			
反应前量气管液面位置/mL			
氢气体积 $V(\mathrm{H_2})$/mL			
室温 T/K			
大气压 p/Pa			
T 时的饱和水蒸气压 $p(\mathrm{H_2O})$/Pa			
氢气分压 $p(\mathrm{H_2})$/Pa			
摩尔气体常数 $R/(\mathrm{J\cdot mol^{-1}\cdot K^{-1}})$			
$\bar{R}$(修约前)$/(\mathrm{J\cdot mol^{-1}\cdot K^{-1}})$			
s			
T			
$\bar{R}$(修约后)$/(\mathrm{J\cdot mol^{-1}\cdot K^{-1}})$			
准确度$\left(\dfrac{R_{测}-R_{理}}{R_{理}}\times 100\%\right)$			

五、思考题(略)

实验 7.1 混合碱的组成及其含量的测定(方法 1)

一、实验目的(略)

二、原　　理(略)

三、实验步骤(略)

四、数据记录与处理

混合碱测定:

<table>
<tr><td colspan="3">序　　号</td><td>1</td><td>2</td><td>3</td></tr>
<tr><td colspan="3">试 样 取 量 m/g</td><td></td><td></td><td></td></tr>
<tr><td colspan="3">$c(\mathrm{HCl})/(\mathrm{mol\cdot L^{-1}})$</td><td colspan="3"></td></tr>
<tr><td rowspan="3">V_2/mL</td><td colspan="2">终 读 数</td><td></td><td></td><td></td></tr>
<tr><td colspan="2">初 读 数</td><td></td><td></td><td></td></tr>
<tr><td colspan="2">V_2</td><td></td><td></td><td></td></tr>
<tr><td rowspan="3">V_1/mL</td><td colspan="2">终 读 数</td><td></td><td></td><td></td></tr>
<tr><td colspan="2">初 读 数</td><td></td><td></td><td></td></tr>
<tr><td colspan="2">V_1</td><td></td><td></td><td></td></tr>
<tr><td colspan="3">(V_1+V_2)/mL</td><td></td><td></td><td></td></tr>
<tr><td colspan="3">V_1 与 V_2 的差/mL</td><td></td><td></td><td></td></tr>
<tr><td rowspan="5">总碱度 $w(\mathrm{Na_2O})$</td><td colspan="2">测 定 值</td><td></td><td></td><td></td></tr>
<tr><td colspan="2">平均值(修约前)</td><td colspan="3"></td></tr>
<tr><td colspan="2">s</td><td colspan="3"></td></tr>
<tr><td colspan="2">T</td><td></td><td></td><td></td></tr>
<tr><td colspan="2">平均值(修约后)</td><td colspan="3"></td></tr>
<tr><td rowspan="4">混合碱各组分质量分数/%</td><td rowspan="2">组分 1</td><td>测定值</td><td></td><td></td><td></td></tr>
<tr><td>平均值</td><td colspan="3"></td></tr>
<tr><td rowspan="2">组分 2</td><td>测定值</td><td></td><td></td><td></td></tr>
<tr><td>平均值</td><td colspan="3"></td></tr>
</table>

Ⅲ. 性质实验

实验 19.1 碱金属、碱土金属

一、实验目的

1. 试验并了解少数锂、钠、钾盐的微溶性。
2. 试验碱土金属氢氧化物、盐的溶解性，并利用它们的差异分离、鉴定 Mg^{2+}、Ca^{2+}、Ba^{2+}。
3. 学习焰色反应，离子的分离、鉴定。

二、实验步骤与记录(仅列部分内容作示例)

实 验 步 骤	实验现象	解释和结论(包括方程式)
1. 碱土金属氢氧化物的性质 (1) $MgCl_2+NaOH$ $CaCl_2+NaOH$ $BaCl_2+NaOH$	胶状白↓ 大量白↓ ——	$Mg^{2+}+2OH^-=\!=\!=Mg(OH)_2\downarrow$ $Ca^{2+}+2OH^-=\!=\!=Ca(OH)_2\downarrow$
(2) $MgCl_2$+氨水 $CaCl_2$+氨水 $BaCl_2$+氨水	白↓ —— ——	$Mg^{2+}+2NH_3\cdot H_2O=\!=\!=Mg(OH)_2\downarrow+2NH_4^+$ 结论：溶解度 $Mg(OH)_2<Ca(OH)_2<Ba(OH)_2$
2. 锂、钠、钾的微溶盐 (1) $LiCl+NaF$ $LiCl+Na_2CO_3$，放置或加热 $LiCl+Na_2HPO_4$，加热	小的白色晶形↓ 白↓ 白↓	$Li^++F^-=\!=\!=LiF\downarrow$ $2Li^++CO_3^{2-}=\!=\!=Li_2CO_3\downarrow$ $3Li^++PO_4^{3-}=\!=\!=Li_3PO_4\downarrow$
(2) $NaCl+KSb(OH)_6$，摩擦管壁	出现白色晶体	$Na^++KSb(OH)_6=\!=\!=NaSb(OH)_6\downarrow+K^+$
(3) $KCl+NaHC_4H_4O_6$，放置	出现白色晶体	$K^++NaHC_4H_4O_6=\!=\!=KHC_4H_4O_6\downarrow+Na^+$

三、思考题(略)

Ⅳ. 定性分析实验

实验 19.2 卤 素

一、实验目的(略)

二、实验步骤(仅列部分内容作示例)

Cl^-、Br^-、I^-混合液的分离、鉴定

(1) 分析简表

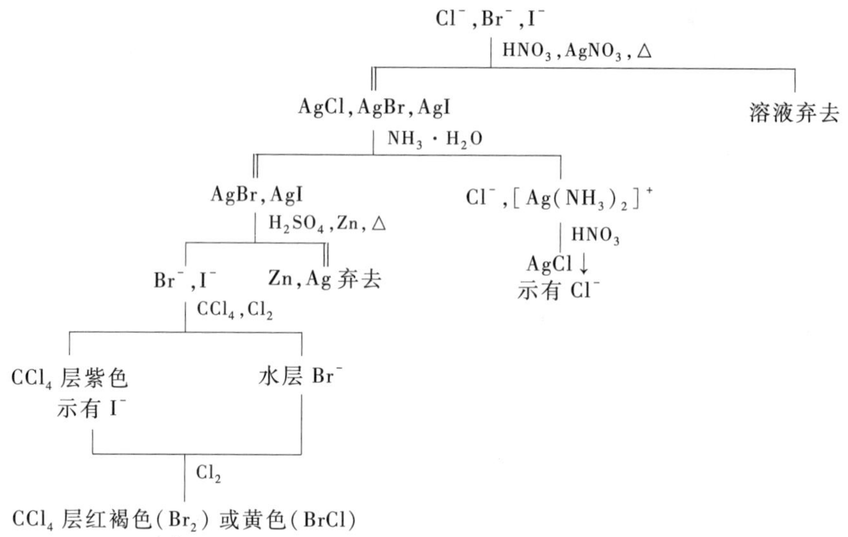

(2) 分析步骤

离子:Cl^-,Br^-,I^-

颜色:无, 无, 无

次序	操 作	现 象	结 论	反应方程式
(1)	取 2~3 滴混合液,加 1 滴 6 mol·L^{-1} HNO_3 溶液酸化,加0.1 mol·L^{-1} $AgNO_3$ 溶液至沉淀完全,加热 2 min,离心分离。弃去溶液	先黄色后白色沉淀	示有 X^-	$Ag^+ + X^- = AgX\downarrow$
(2)	在沉淀中加 5~10 滴 2 mol·L^{-1} $NH_3 \cdot H_2O$ 溶液,剧烈搅拌,并温热 1 min,离心分离			$AgCl+2NH_3 = [Ag(NH_3)_2]^+ + Cl^-$

续表

次序	操作	现象	结论	反应方程式
(3)	在(2)的溶液中,加 6 mol · L^{-1} HNO_3 溶液酸化	白色沉淀又出现	示有 Cl^-	$[Ag(NH_3)_2]^+ + 2H^+ + Cl^- = AgCl\downarrow + 2NH_4^+$
(4)	在(2)的沉淀中,加入 5~8 滴 1 mol · L^{-1} H_2SO_4 溶液,少许锌粉,搅拌,加热至沉淀颗粒都变为黑色,离心分离。弃去沉淀	沉淀变黑		$2AgBr + Zn = Zn^{2+} + 2Ag + 2Br^-$ $2AgI + Zn = Zn^{2+} + 2Ag + 2I^-$
(5)	取 2 滴(4)的溶液,加 8 滴 CCl_4,逐滴加入氯水 继续滴加氯水	氯仿层显紫色 氯仿层紫色褪去后出现橙色	示有 I^- 示有 Br^-	$2I^- + Cl_2 = I_2 + 2Cl^-$ $I_2 + 5Cl_2 + 6H_2O = 2HIO_3 + 10HCl$ $2Br^- + Cl_2 = 2Cl^- + Br_2$

三、大学化学实验成绩的评定

学生实验成绩的评定主要依据如下:

1. 对实验原理和基本知识的理解。
2. 对基本操作、基本技术的掌握,对实验方法的掌握。
3. 实验结果(合理的产量、纯度;准确度、精密度等)。
4. 原始数据的记录(及时、正确,包括表格的设计),数据处理的正确性,有效数字、作图技术的掌握。实验报告的书写与完整性。
5. 实验过程中的综合能力、科学品德和科学精神。

根据大学化学实验中四大类实验的特点,成绩评定的着重点有所不同,但实验结果绝不是唯一的决定因素。

四、化学实验规则

1. 实验前应认真预习,明确实验目的,了解实验的基本原理和方法。
2. 遵守纪律,不迟到、不早退,保持室内安静,不要大声谈笑。
3. 实验时要遵守操作规则,采取一切必要的安全措施,保证实验安全。
4. 使用水、电、煤气、药品时都要以节约为原则,对仪器要爱护。

5. 实验过程中，随时注意保持工作环境的整洁。实验完毕后洗净、收好玻璃仪器，把实验桌、公用仪器、试剂架整理好。

6. 实验中要集中注意力，认真操作，仔细观察，将实验中的一切现象和数据都如实记在报告本上，不得涂改和伪造。根据原始记录，认真处理数据，按时写出实验报告。

7. 对实验内容和安排不合理的地方提出改进的方法。对实验中的一切现象（包括反常现象）进行讨论，并大胆提出自己的看法，做到生动、活泼、主动的学习。

8. 实验后由同学轮流值日，负责打扫和整理实验室。检查水、煤气、门窗是否关好，电闸是否拉掉，以保证实验室的安全。

9. 尊重教师的指导。

五、实验室的安全

进行化学实验时，经常使用水、电、煤气、各种药品及仪器，如果马马虎虎，不遵守操作规则，不但实验会失败，还可能造成事故（如失火、中毒、烫伤或烧伤等）。出了事故，不但国家财产受到损失，还会损害人的健康。在化学实验中是否一定会出现事故呢？不是！只要我们思想上重视，又遵守操作规则，那么事故是完全可以避免的。

实验室的安全规则

1. 浓酸、浓碱具有强腐蚀性，用时要小心，不要把它洒在皮肤和衣服上。稀释硫酸时，必须把酸注入水中，而不是把水注入酸中。

2. 有机溶剂（如乙醇、乙醚、苯、丙酮等）易燃，使用时一定要远离火焰，用后应把瓶塞塞严，放在阴凉的地方。

3. 制备具有刺激性的、恶臭的、有毒的气体（如 H_2S、Cl_2、CO、SO_2、Br_2 等），或进行能产生这些气体的实验，以及加热或蒸发盐酸、硝酸、硫酸，溶解或消化试样时，应该在通风橱内进行。

4. 氯化汞和氰化物有剧毒，不得进入口内或接触伤口。氰化物不能碰到酸（氰化物与酸作用放出氰化氢气体，使人中毒）。砷酸和钡盐毒性很强，不得进入口内。

5. 用完煤气或煤气供应临时中断时，应立即关闭煤气龙头。如遇煤气泄漏，应停止实验，进行检查。

6. 实验完毕后，值日生和最后离开实验室的人员都应负责检查：水、煤气龙头是否关好？电闸是否拉开？门窗是否关好？

消防

消防,应以防为主。万一不慎起火,切不要惊慌,只要掌握灭火的方法,就能迅速把火扑灭。

在失火以后,应立即采取如下措施:

1. 防止火势蔓延

(1) 关闭煤气龙头,停止加热。

(2) 拉开电闸。

(3) 把一切可燃物质(特别是有机物质、易燃、易爆物质)移到远处。

2. 灭火

物质燃烧需要空气和一定的温度,所以,通过降温或者将燃烧的物质与空气隔绝,就能达到灭火的目的。

讲到灭火,大家很自然会想到水,它来源丰富,使用方便,水使燃烧区的温度降低而灭火。但化学实验室有其特殊的地方,例如,水能和某些化学药品(如金属钠)发生剧烈反应,从而导致更大的火灾。又如某些有机溶剂(如苯、汽油)着火时,因它们与水互不相溶,又比水轻,故浮在水面上,水不仅不能灭火,反而使火场扩大。在这种情况下应用沙土和石棉布灭火。实验室常备的灭火器材有沙箱、灭火毯(石棉布或玻璃纤维布)、灭火器(泡沫、二氧化碳、干粉)等种类。

泡沫灭火器的药液成分是碳酸氢钠和硫酸铝,用灭火器喷射起火处,泡沫把燃烧物包住,使燃烧物隔绝空气而灭火,此法不适用于电线走火引起的火灾。二氧化碳灭火器,内装液态二氧化碳,是化学实验室最常使用,也是最安全的一种灭火器,适用于油脂和电器的灭火,但不能用于金属灭火。干粉灭火器的主要成分是碳酸氢钠等盐类物质、适量的润滑剂和防潮剂,适用于油类、可燃气体、电器设备等不能用水扑灭的火焰。

若衣服着火、切不要慌张奔跑,以免风助火势。化纤织物最好立即脱掉。一般小火可用湿抹布、灭火毯等包裹使火熄灭。若火势较大,可就近用水浇灭。必要时可就地卧倒打滚,一方面防止火焰烧向头部,同时在地上压住着火点,使其熄灭。

实验室一般伤害的救护

1. 割伤

先挑出伤口内的异物,然后在伤口抹上碘伏或紫药水后用消毒纱布包扎。也可贴上“创可贴”,能立即止血,且易愈合。

2. 烫伤

在伤口处抹烫伤油膏或万花油,不要把烫出的水泡挑破。

3. 受酸蚀伤

先用大量水冲洗，再用饱和碳酸氢钠溶液或稀氨水冲洗，最后再用水冲洗。

4. 受碱蚀伤

先用大量水冲洗，再用醋酸溶液（$20\ g\cdot L^{-1}$）或硼酸溶液冲洗，最后再用水冲洗。

5. 酸和碱溅入眼中

必须用大量水洗冲，持续 15 min，随后即到医生处检查。

6. 吸入溴蒸气、氯气、氯化氢气体

可吸入少量酒精或乙醚混合蒸气。

每个实验室里都备有药箱和必要的药品，以备急用。如果伤势较重，应立即去医院就医。

六、实验室与绿色化学

传统的化学为人类创造了大量的物质财富，使生活质量、生活水平有了极大的提高，但同时也造成了有史以来最严重的环境污染，当今重大的环境问题几乎都与化学品的生产有着直接或间接的关系。化学如何才能在创造财富的同时不污染环境？在提高生活质量和生活水平的同时不危害健康？环境问题的解决途径在哪里？保护环境，持续发展，这是人类社会生存与发展的唯一选择。20 世纪 90 年代出现的化学新领域——绿色化学，就是为了从根本上防止和治理环境污染，从治标转向治本。

绿色化学的中心内容是利用化学原理，在化学品的设计、生产和应用时都能做到无污染、无毒害或极少。把化学知识、化学技术和化学方法应用于所有化学品和化学过程中，以做到：

1. 采用的原料是无毒无害的。

2. 反应条件（包括催化剂和溶剂）也是无毒无害的。

3. 反应具有高选择性，尽可能不产生副产品，最好能实现“零排放”，具有原子经济性①。

4. 产品对人体是健康的，对环境不产生污染。

---

① 原子经济性（atom economy）是指反应物中的原子有多少进入了产物。一个理想的原子经济性的反应，就是反应物中的所有原子都进入了目标产物的反应，也就是原子利用率为 100% 的反应。

绿色化学吸收了化学、生物、物理、信息和材料等学科的基本知识和理论,是一门有明确的社会需要和科学目标的交叉学科,是传统化学思维方式的更新和发展,它既要求从源头上消除或减少污染,又要求充分合理地利用资源和能源,既降低了生产成本,又符合经济可持续发展的要求。绿色化学是目前化学研究的热点和前沿。

实施和促进绿色化学的发展,是每个公民,特别是从事化学相关工作的人员应尽的义务。根据绿色化学的基本原则,结合化学实验室的特点,必须做到以下几点:

1. 精选实验内容,尽可能不用或少用有毒、有害的原料。

2. 精选实验方法、条件和步骤,充分利用原材料,减少“三废”的产生。

3. 实验产品既要无毒无害,又要能再循环使用。

4. 对实验过程中产生的“三废”,要分门别类地处理后再排放。对有用或贵重的成分要回收、利用,对有毒有害的物质必须处理后才能排放。

5. 学生必须严格按照规定进行实验,如试剂的用量、实验条件的控制等。

第一篇

基本知识、基本操作、基本技术

1　基本知识与基本操作

1.1　常用玻璃（瓷质）仪器

玻璃具有良好的化学稳定性，因而在化学实验室中大量使用玻璃仪器。按玻璃的性质不同，可分为软质和硬质两类。软质玻璃的透明度好，但硬度、耐热性和耐腐蚀性较差，常用来制造量筒、吸管、试剂瓶等不需要加热的仪器。硬质玻璃的耐热性、耐腐蚀性和耐冲击性较好，常用来制造烧杯、锥形瓶、试管等。

1. 烧杯

以容积大小表示（图 1-1-1）。主要用作反应容器、配制溶液、蒸发和浓缩溶液。加热时放在石棉网上，石棉网则放在铁三脚架上，一般不直接加热。硬质的可以加热至高温，软质的在使用时应注意勿使温度变化过于剧烈或加热温度太高。在使用时，反应液体不得超过烧杯容量的 2/3。若同时用到两只以上时（如在滴定分析中），为了便于区别，则应在烧杯上编号（用铅笔或记号笔写在烧杯外壁的一块磨砂或涂白漆的地方）。

2. 锥形瓶

有具塞和无塞两类，各以容积大小表示（图 1-1-2）。用作反应容器，加热时可避免液体大量蒸发。锥形瓶旋摇方便，也适用于滴定操作。使用的注意事项同烧杯。

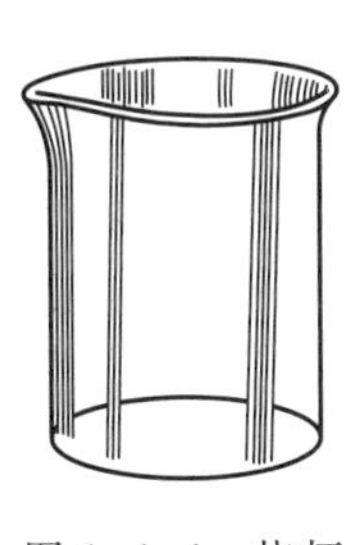

图 1-1-1　烧杯

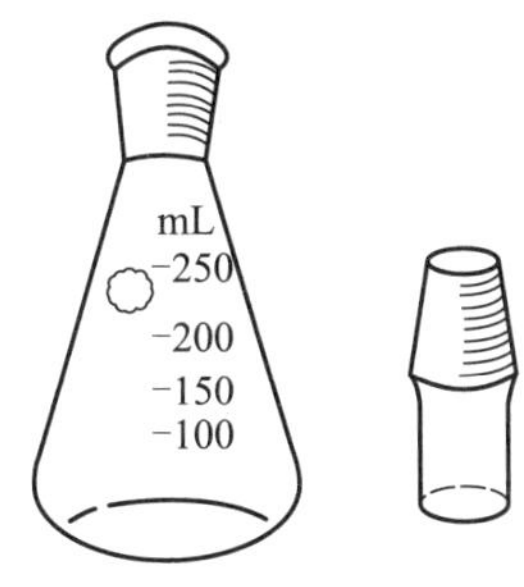

图 1-1-2　锥形瓶

3. 量筒

以所能量取的最大容积表示。量筒用来量取液体的体积（准确度不高），读数时应使眼睛的视线和量筒内弯月面的最低点保持水平，如图 1-1-3 所示。

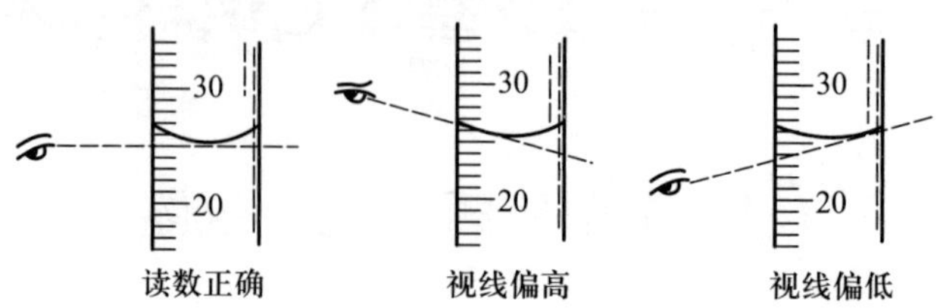

图 1-1-3 观看量筒内液体的容积

在进行某些实验时，如果不需要很准确地量取试剂，可以不必每次都用量筒，但需要掌握估量液体体积的方法。如普通小试管的容量是 5 mL，1 mL 液体占试管总容量的 1/5；滴瓶里的滴管，每滴出 14 滴左右的体积为 1 mL（定性分析中要求滴管每滴出 20 滴为 1mL）。

量筒不能作反应容器用，也不能加热。

4. 玻璃棒与淀帚

玻璃棒用来搅拌溶液和协助倾出溶液。将其插在烧杯中，应比烧杯长出4~6 cm，太长容易将烧杯压翻，太短则操作不方便。玻璃棒的两端应烧熔光滑，以防划毛烧杯。淀帚（图 1-1-4）是将玻璃棒的一端套上一段清洁的橡胶管，并将橡胶管的一端封死。在转移沉淀时可用其将附着在烧杯壁上的沉淀擦下。

5. 蒸发皿

瓷质，以皿口径大小表示（图 1-1-5）。可作反应容器、蒸发和浓缩溶液用。它对酸、碱的稳定性好。可耐高温，但不宜骤冷。可以直接加热，将蒸发皿放在泥三角上，先用小火预热，后加大火焰。要用预热过的坩埚钳取拿热的蒸发皿，并把它放在石棉网上，不能直接放在桌面上，以免烫坏桌面。高温时不能用冷水去洗涤或冷却，以免破裂。还应注意不要碰碎。

图 1-1-4 淀帚

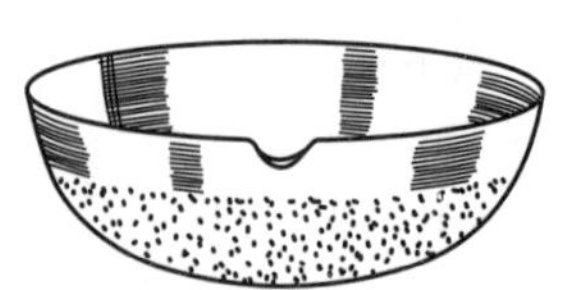

图 1-1-5 蒸发皿

6. 坩埚

瓷质,以容积大小表示[图 1-1-6(a)]。灼烧固体用。使用时的注意事项同蒸发皿。

重量分析中常用 30 mL 的瓷坩埚灼烧沉淀。为了便于识别,可用钴盐(如 $CoCl_2$)或铁盐(如 $FeCl_3$)在干燥的瓷坩埚上编号,烘干灼烧后即可留下不褪色的字迹。

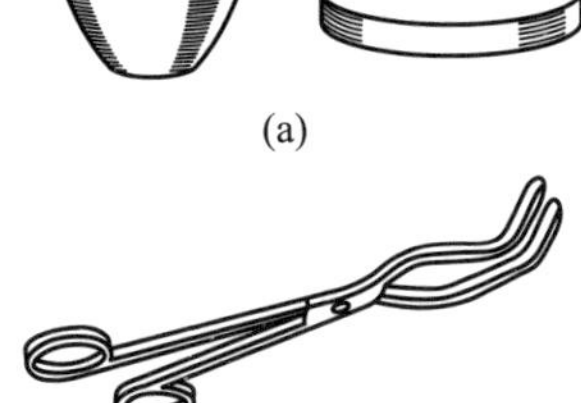

(a)

(b)

图 1-1-6 坩埚(a)、坩埚钳(b)

7. 坩埚钳

用铁或铜合金制造,表面镀镍或铬。用来夹取热的蒸发皿、坩埚及坩埚盖。夹持铂坩埚的坩埚钳尖端应包有铂片,以防高温时钳子的金属材料与铂形成合金,使铂变脆。

坩埚钳不用时应如图 1-1-6(b)放置,不能倒放,以免弄脏。

8. 称量瓶

以外径(mm)×高(mm)表示,分高型和扁型两类(图 1-1-7)。

称量瓶为带有磨口塞的小玻璃瓶,是用来精确称量试样或基准物的容器。称量瓶的优点是质量轻,可以直接在天平上称量,并有磨口塞,可以防止瓶中的试样吸收空气中的水分,因此称量时应盖紧磨口塞。

使用称量瓶时,不能直接用手拿取,因为手的温度高而且有汗,会使称量结果不准确,因此拿取称量瓶时,应该用洁净的纸条将其套住,再用手捏住纸条。

9. 干燥器

以口径(cm)大小表示(图 1-1-8)。用来干燥或保存干燥物品。器内放置一块有圆孔的瓷板将其分成上、下两室。下室放干燥剂,上室放待干燥物品。为防止物品落进下室,常在瓷板下衬垫一块铁丝网。

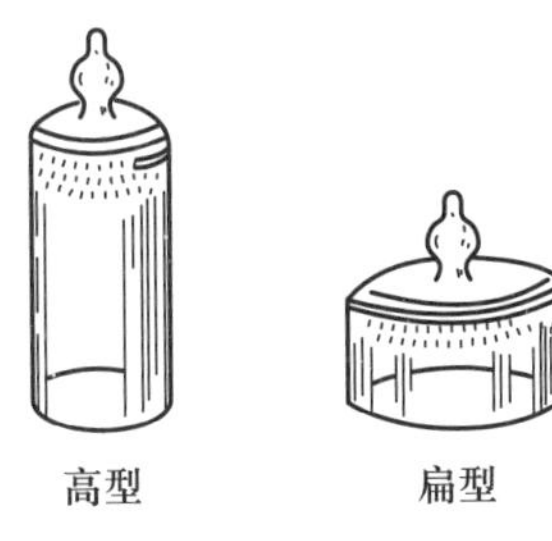

图 1-1-7 称量瓶

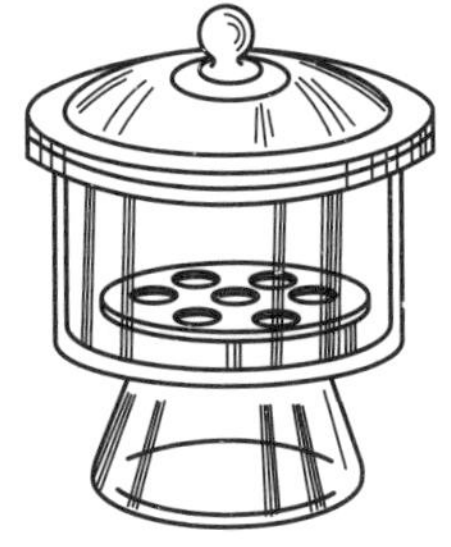

图 1-1-8 干燥器

装干燥剂前，先用干抹布将瓷板和内壁抹干净，一般不用水洗，因为不能很快地干燥。装干燥剂时，可用一张稍大的纸折成喇叭形，插入干燥器底，大口向上，从中倒入干燥剂，可使干燥器壁免受沾污。干燥剂装到下室的一半即可，太多容易沾污被干燥物品。干燥剂一般可用变色硅胶，当蓝色的硅胶变成红色（钴盐的水合物）时，即应将硅胶重新烘干。常用干燥剂见表 1-1-1。

表 1-1-1　常用干燥剂

干燥剂	298 K 时，1L 干燥后的空气中残留的水分 $m(H_2O)/mg$	再生方法
$CaCl_2$（无水）	0.14~0.25	烘干
CaO	3×10^{-3}	烘干
NaOH（熔融）	0.16	熔融
MgO	8×10^{-3}	再生困难
$CaSO_4$（无水）	5×10^{-3}	于 503~523 K 加热
H_2SO_4（95%~100%）	3×10^{-3}~0.30	蒸发浓缩
$Mg(ClO_4)_2$（无水）	5×10^{-4}	减压下，于 493 K 加热
P_2O_5	$<2.5\times10^{-5}$	不能再生
硅胶	（约 1×10^{-3}）	于 383 K 烘干

干燥器的沿口和盖沿均为磨砂平面，用时涂敷一薄层凡士林以增加其密闭性。开启或关闭干燥器时，用左手向右抵住干燥器身，右手握盖的圆把手向左平推盖（图 1-1-9），取下的盖子应盖里朝上、盖沿在外放在实验台上，可防止其滚落在地。

灼热的物体放入干燥器前，应先在空气中冷却 30~60 s。放入干燥器后，为防止干燥器内空气膨胀将盖子顶落，反复将盖子推开一道细缝，让热空气逸出，直至不再有热空气排出时再盖严盖子。

搬移干燥器时，务必用双手拿着干燥器和盖子的沿口（图 1-1-10），绝对禁止用单手捧其下部，以防盖子滑落打碎。

应当注意，干燥器内并非绝对干燥，这是因为各种干燥剂均具有一定的蒸气压。灼烧后的坩埚或沉淀若在干燥器内放置过久，则由于吸收了干燥器内空气中的水分而使质量略有增加，应严格控制坩埚在干燥器内的冷却时间。

此外，干燥器不能用来保存潮湿的器皿或沉淀。

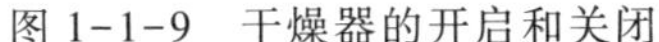

图 1-1-9　干燥器的开启和关闭

图 1-1-10　干燥器的搬移

1.2　实验室公用设备

1.2.1　电子台天平及其使用

电子台天平(电子台秤)是一种可靠性强、操作简便的称量仪器。称量范围为 0~200 g,能称准至 0.01 g。

1. 电子台天平的外形结构

见图 1-1-11。

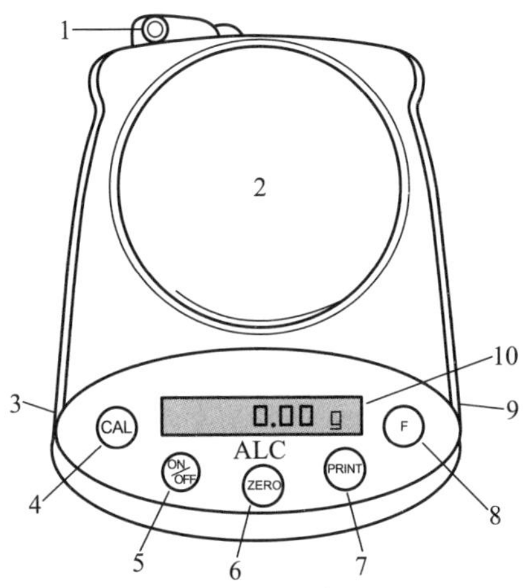

图 1-1-11　电子台天平

1—水平仪;2—秤盘;3、9—水平调节螺丝;4—校正键;5—开关键;6—清零键;7—打印键;8—称量单位转换键;10—液晶显示屏

2. 使用方法

(1) 接通电源后,按开关键("ON/OFF"键),显示 0.00 g 称量模式。预热 30 min 后方可称量。

(2) 如在空盘情况下,显示偏离零点,应按清零键("ZERO",亦称去皮键或归零键),使显示回到零点。

(3) 将容器(或称量纸)放在秤盘上,显示容器质量。

(4) 按清零键,显示 0.00 g。

(5) 往容器中缓缓加入称量物,当达到所需量时,停止加入。显示稳定后,即可记下称量物的净质量。

(6) 称量完毕,取下容器,即显示容器质量的负值。按清零键,显示 0.00 g,即可进行下一次称量。

3. 使用注意事项

(1) 应保证通电后的预热时间。

(2) 电子台天平的校正由实验技术人员统一完成。

(3) 学生称量时,只需按开关键和清零键。开关键仅在实验开始和结束时使用。天平上的其他键请不要按。

(4) 电子台天平是较为精密的仪器,称量时应小心轻放、轻取。

(5) 称量过程中,如出现不正常情况,应及时请实验技术人员查看。

(6) 称量完毕,将电子台天平及其周围打扫干净。

1.2.2 煤气灯、煤气喷灯

在实验室中,常用煤气灯、煤气喷灯加热。

1. 煤气灯

旋转后取下灯管,可以看到煤气的出口,空气通过铁环的通气孔进入管中,转动铁环,利用孔隙的大小,调节空气的输入(图 1-1-12)。

2. 煤气喷灯

煤气喷灯不仅能调节空气的输入量,还能调节煤气的流入量,煤气从侧管输入,转动底部螺丝,可调节煤气流量大小(螺丝向下旋转,煤气流量增加)。

空气的输入经由灯管的孔口,管外套有一个可转动的铁环,用以调节气孔的大小(图 1-1-13)。

3. 煤气及煤气灯的使用

由于煤气中含有的 CO 是一种窒息性的有毒气体(燃烧产物无害,$2CO+O_2 = 2CO_2$),当煤气和空气混合到一定比例时,遇火源即可发生爆炸,所

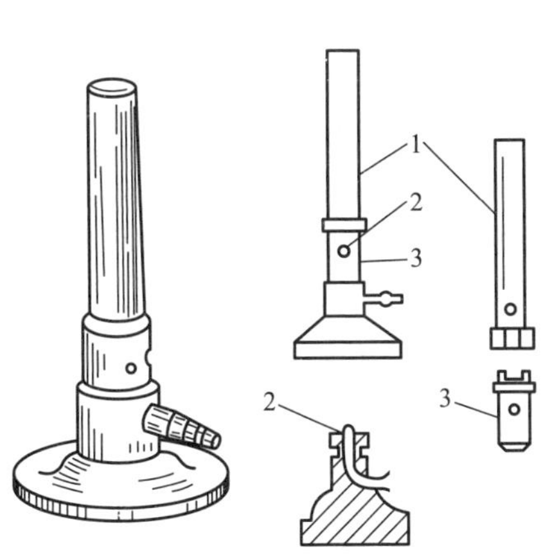

图 1-1-12 煤气灯

1—灯管;2—煤气出口;3—铁环

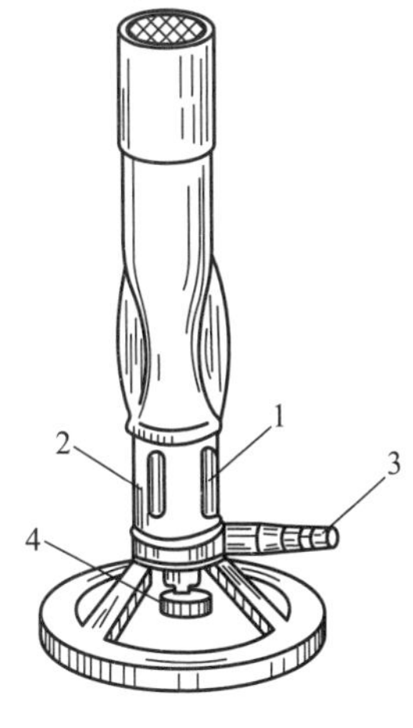

图 1-1-13 煤气喷灯

1—灯管孔口;2—铁环;3—侧管;4—底部螺丝

煤气灯的构造与使用

以绝对不允许把煤气放入室内。不用时,一定要注意把煤气龙头关紧,离开实验室时再检查一下是否关好。

(1) 煤气灯火焰调节 当煤气完全燃烧时,可以得到最大的热量,这时生成无光的火焰,这种火焰称为正常火焰,由三个锥形区域组成(图 1-1-14,表 1-1-2)。

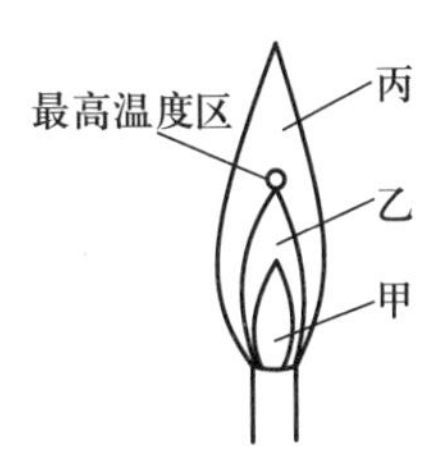

图 1-1-14 正常火焰

表 1-1-2 火焰的区域

区 域	名 称	火焰颜色	温 度	燃 烧 反 应
甲	焰 心	黑 色	小于 300 ℃	煤气和空气混合,未燃烧
乙	还原焰	淡 蓝	约 500 ℃	燃烧不完全,由于煤气分解为含碳的产物,这部分火焰具有还原性
丙	氧化焰	淡 紫	800~900 ℃	燃烧完全,由于过剩的空气中的氧,这部分火焰具有氧化性

实验中一般都用氧化焰加热,温度的高低可由调节火焰的大小来控制,最高处的温度为 1 073~1 173 K。

点燃煤气前,先旋转金属灯管关小圆孔,空气入口不大,擦燃火柴,打开煤气龙头 2~3 s 以后,把煤气点着。旋转金属灯管或灯管外的铁环,调节空气进入量使火焰不发黄色。

如空气和煤气的进入量调节得不合适,会发生不正常的火焰。当空气不足时,煤气燃烧不完全,并且部分分解产生碳粒,这种火焰称还原焰。此时,火焰温度不高,常使被加热的器皿底部结有黑炭。当火焰脱离金属灯管的管口临空燃烧而产生临空火焰时,说明空气的进入量太大或煤气和空气的进入量都很大,需重新调节。

有时煤气在金属管内燃烧,在管口有细长的火焰并常常带绿色(如灯管是铜的),这种火焰称为侵入火焰。这是在空气的进入量很大,而煤气的进入量很小或者中途煤气供应突然减小时发生的。侵入火焰常使灯管烧得很热,并有未燃烧完全的煤气臭味。如果出现这种现象,应立即将煤气灯关闭,重新点火调节。

(2) 煤气灯的简单维修　由于煤气中常夹带有未除尽的煤焦油,久而久之,它会把煤气龙头和煤气灯内的孔道堵塞。一般可把金属灯管和螺丝取下,用细铁丝疏通孔道。

1.2.3　加热板、电加热套、管式炉、马弗炉

这些都能代替煤气灯进行加热。加热板表面温度均匀,可将容器直接放在加热板上加热(图 1-1-15)。电加热套可通过外接变压器来调节加热温度(图 1-1-16)。

图 1-1-15　加热板

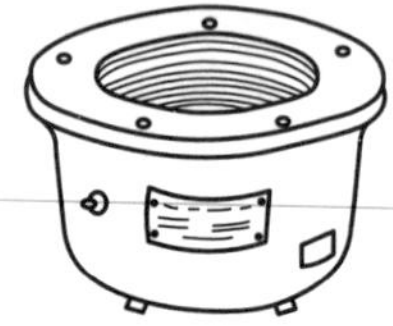

图 1-1-16　电加热套

管式炉有一管状炉膛,最高温度可达 1 223 K,加热温度可调节,炉膛中插入一根瓷管或石英管,管内放入盛有反应物的反应舟,反应物可在空气或其他气氛中受热反应(图 1-1-17)。

马弗炉有一个长方形的炉膛,打开炉门就能放入要加热的器皿,最高温度可达 1 223~1 573 K(图 1-1-18)。

管式炉和马弗炉需用高温计测温,它由一副热电偶和一只毫伏表组成。如再连接一台温度控制器,则可自动控制炉温。

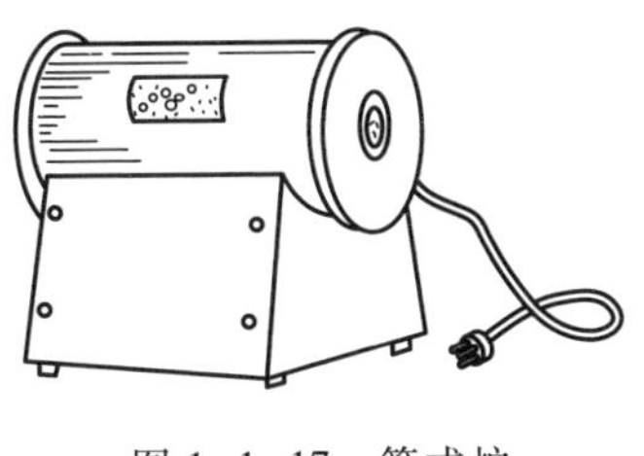

图 1-1-17 管式炉

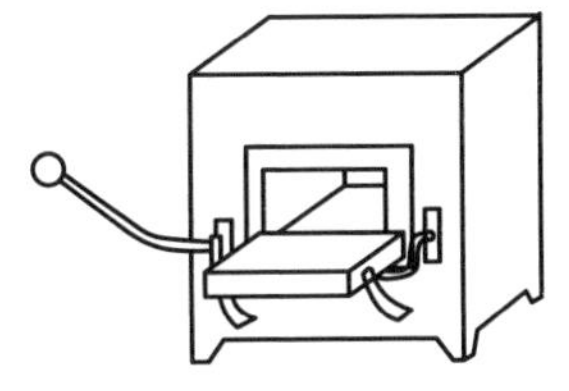

图 1-1-18 马弗炉

1.2.4 干燥箱的使用

干燥箱的全称是电热鼓风干燥箱,俗称烘箱,是化学实验室常备的设备,其规格、型号较多,这里仅介绍实验室常用的 DGH—9070A 型鼓风干燥箱(图 1-1-19)。

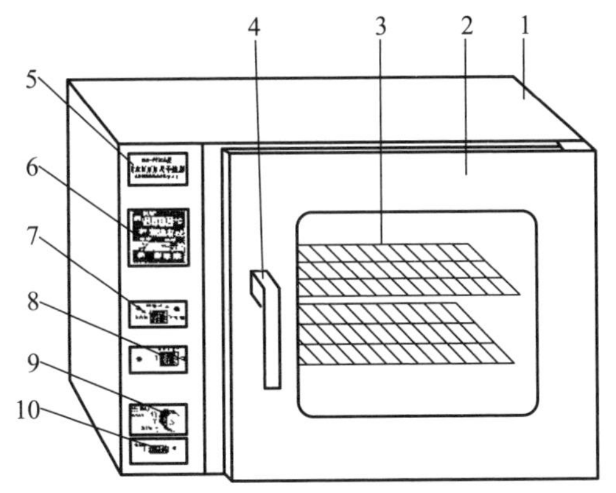

图 1-1-19 DGH—9070A 型鼓风干燥箱

1—箱体;2—箱门;3—搁板;4—门拉手;5—铭牌;6—控制面板;7—转换开关;8—电源开关;9—风门开关;10—电机开关

干燥箱的使用

1. 使用方法

(1) 操作人员仔细阅读使用说明,了解、熟悉培养箱、干燥箱的功能后,才能接通电源。

(2) 风门调节器能通过开启风门调节旋钮,调节箱内进出风量,如需干燥处理物品,须关好箱门,把风门调节旋钮旋转到“Max”处。

(3) 接通电源,按下电源开关,此时电源指示灯亮。

(4) 如温度范围在 5~80 ℃,选择开关在培养箱挡,此时培养箱绿灯亮。如温度在 80~200 ℃时,选择开关在干燥箱挡,此时干燥箱黄灯亮。

（5）温度控制方法（智能化操作方法）

① 把温度控制调节旋钮按下，此时数字显示的温度为设定温度，同时旋转温度调节旋钮，观察显示数值，选择所需工作温度。

② 松开温度调节旋钮，此时数字显示的温度为箱内测定温度，加热指示灯亮，仪器已进入自动恒温控制状态。过一段时间，当显示温度接近设定温度时，加热指示灯忽亮忽熄，反复多次，一般情况，加热 90 min 后温度控制进入恒温状态。

③ 当所需温度较低时，如 0~80 ℃时，可采用二次设定值，如所需工作温度为 60 ℃时，设定 55 ℃，等温度回落后，再设定 60 ℃，这样可降低甚至杜绝过冲现象，使箱内尽快进入恒温状态（智能化仪表请参照下面“2. 智能化操作方法”部分）。

④ 根据不同物品不同的潮湿程度，选择不同的干燥时间，如被干燥的物品比较潮湿，可旋转风门至“三”处，使箱内湿空气排出。

（6）干燥结束后，将风门打开，再把电源开关拨到“关”处，马上打开箱门，取物品时小心烫伤。如不马上取出物品，应先旋转风门调节旋钮把风门关上。

2. 智能化操作方法

（1）面板功能　如图 1-1-20 所示。

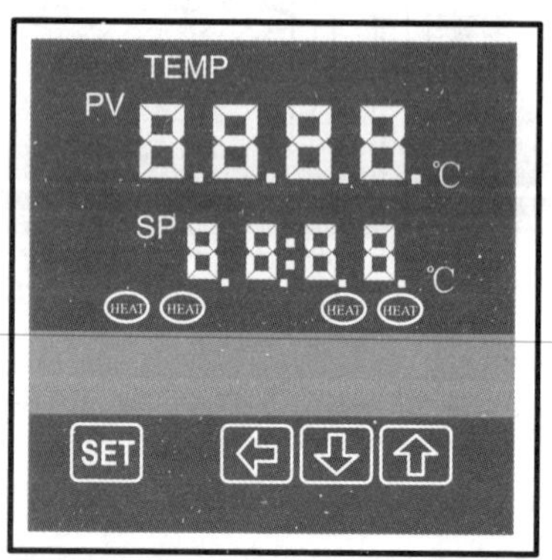

图 1-1-20　控制面板

（2）SP 设定

① 按“SET”键，进入设定方式，同时 SP 窗的第一位高亮，其他位闪烁。

② 按移位键，将高亮位移至所需设定位。

③ 按加键或减键直到数字设定至所需值。

④ 按“SET”键，设定结束。

3. 温度调节

实验室平时烘箱温度定为 110 ℃,如有特殊需要可以随时调节,但是使用完后,要及时调回 110 ℃。

1.2.5 微波炉及其使用

微波炉作为一种新型的加热工具已被引入化学实验室。

1. 微波炉的工作原理

微波炉的加热完全不同于常见的明火加热或电加热。工作时,微波炉的主要部件磁控管辐射出 2 450 MHz 的微波,在炉内形成微波能量场,并以每秒 24.5 亿次的速度不断地改变着正、负极性。当待加热物体中的极性分子,如水、蛋白质等吸收微波能后,也以高频率改变着方向,使分子间相互碰撞、挤压、摩擦而产生热量,将电磁能转化成热能。可见工作时微波炉本身不产生热量,而是待加热物体吸收微波能后,内部的分子相互摩擦而自身发热,简单地讲是摩擦起热。

微波是一种高频率的电磁波,它具有反射、穿透、吸收三种特性。微波碰到金属会被反射回来,而对一般的玻璃、陶瓷、耐热塑料、竹器、木器则具有穿透作用。它能被糖类(如各类食品)吸收。由于微波的这些特性,微波炉在实验室中可用来干燥玻璃仪器,加热或烘干试样。如在重量法测定可溶性钡盐中的钡时,可用微波炉干燥恒重玻璃坩埚及沉淀,亦可用于有机化学中的微波反应。

微波炉加热具有快速、能量利用率高、被加热物体受热均匀等优点,但不能恒温,不能准确控制所需的温度。因此,只能通过试验决定所要用的功率、时间,以达到所需的加热程度。

2. 使用方法

(1) 将待加热器皿均匀地放在炉内玻璃转盘上。

(2) 关上炉门,选择加热方式,顺时针方向旋转定时器至所需时间。加热结束后,会自动停止工作,并发出提示铃声。

(3) 金属器皿、细口瓶或密封的器皿不能放入炉内加热。

(4) 炉内无待加热物体时,不能开机;待加热物体很少时,不能长时间开机,以免空载运行(空烧)而损坏机器。

(5) 不要将炽热的器皿放在冷的转盘上;也不要将冷的带水器皿放在炽热的转盘上,以防止转盘破裂。

(6) 前一批干燥物取出后,不要关闭炉门,让其冷却,5~10 min 后才能放入后一批待加热的器皿。

1.2.6　磁力加热搅拌器及其使用

1. 79—1 型磁力加热搅拌器(图 1-1-21)的性能

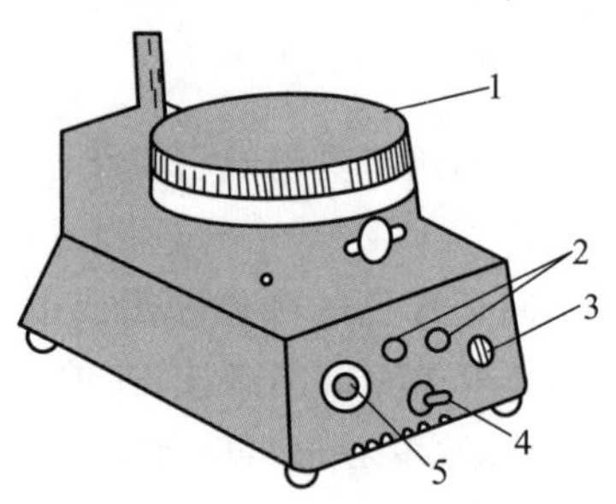

图 1-1-21　79—1 型磁力加热搅拌器

1—磁场盘;2—指示灯;3—加热调节旋钮;4—电源开关;5—调速调节旋钮

(1) 加热最高温度　在环境温度 293 K 时,用最高挡加热 100 mL 溶液 8 min,可达 368 K。

(2) 无级调速　0~2 000 $r \cdot s^{-1}$。

(3) 有级调速　分四挡:300 $r \cdot s^{-1}$、800 $r \cdot s^{-1}$、1 500 $r \cdot s^{-1}$、2 000 $r \cdot s^{-1}$。可作液体的搅拌、加热用。机上附有支柱,可安装电极架作滴定用。

2. 使用方法

(1) 在需搅拌的玻璃容器中放入转子,将容器放在镀铬盘正中。

(2) 打开电源开关,旋转调速调节旋钮,使电机从慢到快带动磁钢,由永磁钢的磁力线带动玻璃容器中的转子转动,起到搅拌作用。

(3) 旋转加热调节旋钮,利用镍铬丝加热并保温溶液。一般有三组镍铬丝,能同时加热,升至所需温度后,可适当关闭几组加热丝。不能自动控温,必须由人工管理。

3. 使用注意事项

(1) 为了确保安全,使用时要接地。

(2) 搅拌开始时,需慢慢旋转调速器,否则会使转子磁力脱落,不能旋转。不允许高速挡直接启动,以免转子不同步,引起跳动。

(3) 搅拌时,如发现转子跳动或不搅拌,则应切断电源检查容器底部是否平正,位置是否放正。

(4) 连续加热时间不宜过长,间歇使用能延长寿命。

(5) 仪器应保持清洁干燥,严禁溶液进入机内,以免损坏机件。

1.2.7 离心机的使用

少量沉淀与溶液分离时,使用离心机。离心机的结构和控制面板如图 1-1-22、图 1-1-23 所示。

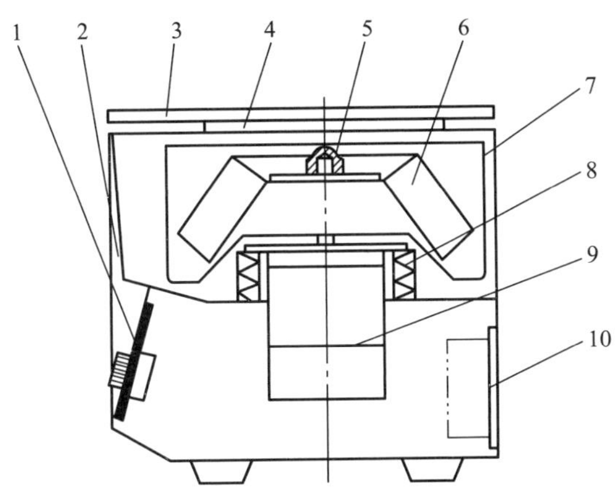

图 1-1-22 离心机结构

1—控制面板;2—机架;3—有机玻璃盖;4—密封圈;5—盖型螺帽;6—转头;7—保护腔;8—减震装置;9—电机;10—电器控制系统

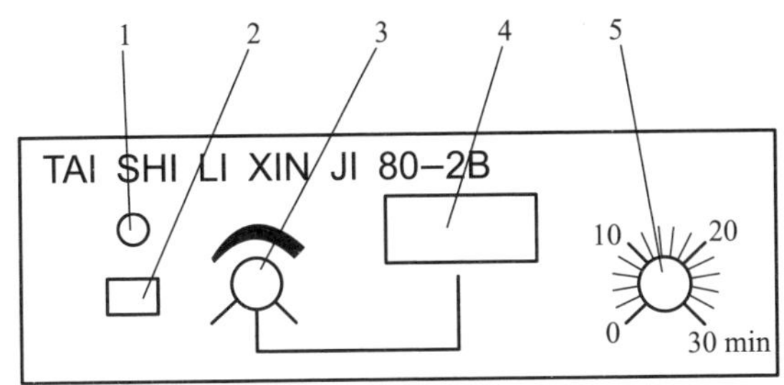

图 1-1-23 离心机控制面板

1—指示灯;2—电源开关;3—调速旋钮;4—转速显示;5—定时旋钮

1. 使用时注意事项

(1) 试管放在金属或塑料套管中,位置要对称,质量要平衡,否则易损坏离心机的轴。如果只有一支试管中的沉淀需要分离,则可取一支空的试管盛以相应质量的水,以维持平衡。

离心机的使用

(2) 打开旋钮,逐渐旋转变阻器,速度由小到大。1 min 后慢慢恢复变阻器到原来的位置,令其自行停止。

(3) 离心时间与转速应根据沉淀的性质来决定。结晶形的紧密沉淀,大约 1 000 r · min^{-1},1～2 min;无定形疏松沉淀,沉降时间稍长些,转速一般为 2 000 r · min^{-1}。如经 3～4 min仍不能分离,则应通过加入电解质或者加热的方法促使沉淀沉降,然后离心分离。

2. 离心管

与离心机配套使用的是离心管(图 1-1-24),其下端为锥形,便于少量沉淀的辨认和分离。在实验中也常用小试管代替。

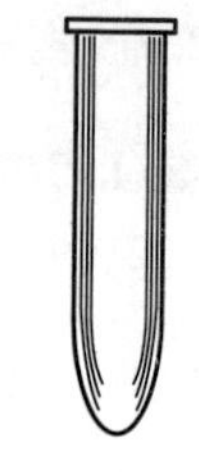

图 1-1-24 离心管

1.3 实验室用的纯水

1.3.1 实验室用水的规格

我国已建立了实验室用水规格的国家标准,规定了实验室用水的技术指标(表 1-1-3)、制备方法及检验方法。

表 1-1-3 实验室用水的级别及主要指标

指标名称	一级	二级	三级
pH 范围(25℃)	—	—	5.0～7.0
电导率(25℃)/(mS · m^{-1})≤	0.01	0.10	0.50
可氧化物质含量(以 O 计)/(mg · L^{-1})≤	—	0.08	0.4
吸光度(254 nm,1 cm 光程)≤	0.001	0.01	—
蒸发残渣(105±2℃)/(mg · L^{-1})≤	—	1.0	2.0
可溶性硅(以 SiO_2 计)/(mg · L^{-1})≤	0.01	0.02	—

有些实验室对水还有特殊的要求,可根据需要检验有关项目,如氧、铁、氨含量等。

实验室常用的纯水,即蒸馏水、去离子水和电导水,它们在 298 K 时的电导率分别为 1 mS · m^{-1}、0.1 mS · m^{-1}、0.1 mS · m^{-1},与三级水和二级水的指标相近。

1.3.2 纯水的制备

1. 蒸馏水

将自来水在蒸馏装置中加热汽化,再将蒸气冷却,即得到蒸馏水。能除去水中的非挥发性杂质,比较纯净,但不能完全除去水中溶解的气体杂质。此外,一般蒸馏装置所用材料是不锈钢、纯铝或玻璃,所以可能会带入金属离子。

2. 去离子水

指将自来水依次通过阳离子树脂交换柱,阴离子树脂交换柱,阴、阳离子树脂混合交换柱后所得的水。离子树脂交换柱除去离子的效果好,故称去离子水,其纯度比蒸馏水高。但不能除去非离子型杂质,常含有微量的有机物。

3. 电导水

在第一套蒸馏器(最好是石英制的,其次是硬质玻璃)中装入蒸馏水,加入少量高锰酸钾固体,经蒸馏除去水中的有机物,得重蒸馏水。再将重蒸馏水注入第二套蒸馏器中(最好也是石英制的),加入少许硫酸钡和硫酸氢钾固体,进行蒸馏。弃去馏头、馏后各 10 mL,收取中间馏分。电导水应收集保存在带有碱石灰吸收管的硬质玻璃瓶内,储存时间不能太长,一般在两周以内。

4. 三级水

采用蒸馏或离子交换来制备。

5. 二级水

将三级水再次蒸馏后制得,可含有微量的无机物、有机物或胶态杂质。

6. 一级水

将二级水经进一步处理后制得。如将二级水用石英蒸馏器再次蒸馏,基本上不含有溶解或胶态离子杂质及有机物。

1.3.3 水纯度的检验

由表 1-1-3 可知检验水纯度的主要指标是电导率,因此,可选用适于测定高纯水的电导率仪(最小量程为 0.02 $\mu S \cdot cm^{-1}$)来测定。测定时,用烧杯接取300 mL水样,立即测定。如测定用的电导率仪无温度补偿功能,则应同时测定水温,并根据式(1-1-1)换算成 298 K 时的电导率,以便于和规定指标(298 K 的电导率)对比,确定水的纯度。

$$\kappa_{298}=\alpha(\kappa_t-\kappa_p)+5.48\times10^{-3} \qquad (1-1-1)$$

式中,κ_{298}——298 K 时水样的电导率;

κ_t——实测温度时测得水样的电导率;

κ_p——实测温度时理论纯水的电导率;

α——实测温度时的换算因数。

κ_p 和 α 值列在表 1-1-4 中。

表 1-1-4　理论纯水的电导率(κ_p)及电导率的换算因数(α)

T/K	α	κ_p/(mS·m^{-1})	T/K	α	κ_p/(mS·m^{-1})
273.2	1.873	1.11×10^{-3}	293.2	1.111	4.14×10^{-3}
278.2	1.625	1.60×10^{-3}	298.2	1.000	5.48×10^{-3}
283.2	1.413	2.24×10^{-3}	303.2	0.903	7.10×10^{-3}
288.2	1.250	3.08×10^{-3}	308.2	0.822	9.08×10^{-3}

也可根据具体实验的需要测定纯水的某些杂质含量。如在配位滴定中,对水质有特殊的要求,即对 Mg^{2+}、Ca^{2+}、Pb^{2+}等能与 EDTA 反应的离子;能封闭铬黑 T 指示剂的 Cu^{2+}、Al^{3+}、Fe^{3+}等离子的含量有一定的要求。常用下述方法检查:在 50 mL 水中,加 1 mL pH = 10 的 $NH_3\cdot H_2O-NH_4Cl$ 缓冲溶液,加 1 滴0.5%铬黑 T 指示剂,如溶液为蓝色,则可认为此纯水符合配位滴定的要求。若为红色或紫色,则说明溶液中含有金属离子。为了进一步判断它们是什么离子,来源于纯水还是缓冲溶液,可在该溶液中滴加 0.01 mol·L^{-1} EDTA 溶液,如溶液颜色变化不明显,或不能转变为蓝色,则说明可能有封闭铬黑 T 的 Cu^{2+}、Al^{3+}、Fe^{3+}等离子存在。若这些离子确系来自纯水中,则该水不适用。如只要 1 滴或几滴 EDTA 溶液即变蓝,则说明可能存在 Mg^{2+}、Ca^{2+}、Pb^{2+}等离子。这时可继续加水 50 mL,如溶液又变红,则判断 Mg^{2+}、Ca^{2+}、Pb^{2+}等离子来自纯水中。再继续滴加 0.01 mol·L^{-1} EDTA 溶液至刚变蓝色,加入 5 mL pH = 10 的氨性缓冲溶液,若溶液再变红,则说明干扰离子来自缓冲溶液。使用这种水时,可根据实际情况和分析要求,考虑是否要做空白试验校正。

1.3.4　水的硬度

水的硬度主要是指水中可溶性的钙盐和镁盐。含这两种盐量多的为硬水、量少的为软水。水的总硬度是指水中钙盐和镁盐的总量,包括暂时硬度和永久硬度两部分。以酸式碳酸盐存在的钙盐和镁盐,在加热时,可形成碳酸盐沉淀而被除去,故称暂时硬度。例如:

$$Ca(HCO_3)_2 \xlongequal{\triangle} CaCO_3\downarrow + CO_2\uparrow + H_2O$$

$$Mg(HCO_3)_2 \xlongequal{\triangle} MgCO_3\downarrow + CO_2\uparrow + H_2O$$

以硫酸盐、硝酸盐和氯化物存在的称永久硬度。由钙盐引起的硬度为钙硬,由镁盐引起的则为镁硬。可测定总硬度,也可分别测钙硬和镁硬。

水硬度是水质的一个重要指标,对工业用水关系很大。水的硬度是形成锅垢和影响产品质量的主要因素。此外,它还能阻碍肥皂产生泡沫。因此,水硬度的测定为水质的确定和水处理提供了依据。

由于硬度在不同的国家有不同的定义,因此 ISO 国际标准早已不再使用"硬度"这一术语,而采用"钙镁总量"代替,记作:$c(Ca^{2+}+Mg^{2+})$,也可记作$c(Ca+Mg)$,并用溶质 B 的物质的量浓度表示钙镁总量,B 的物质的量的浓度 c_B 的单位是 $mol \cdot m^{-3}$,化学中常用 $mol \cdot L^{-1}$。注意:基本单元 $c(Ca^{2+}+Mg^{2+})$或$c(Ca+Mg)$只是代表钙镁的总量,并不表示钙镁的离子数或原子数之比为 1∶1。

我国的生活饮用水卫生标准:由中华人民共和国卫生部、中国国家标准化管理委员会发布实施的 GB 5749—2006 中,生活饮用水总硬度以 $CaCO_3$ 计,不得超过 450 $mg \cdot L^{-1}$,即钙镁总量为 4.50×10^{-3} $mol \cdot L^{-1}$。

1.3.5 纯水的合理使用

不同的化学实验,对水质要求也不同,不能都用自来水,也不应都用纯水,应根据实验要求,选用适当级别的纯水。在使用时,还应注意节约,因为纯水来之不易。

纯水的使用

在本书的实验中,无机物制备实验宜根据实验要求与进展,决定在哪些步骤之前用自来水,哪些步骤后用纯水;在化学分析、常数测定、定性分析等实验中都用纯水。如对纯水有特殊要求的,会在实验中注明。

为了使实验室使用的纯水保持纯净,纯水瓶要随时加塞,专用虹吸管内外都应保持干净。用洗瓶装取纯水时,不要取出洗瓶的塞子和吸管,纯水瓶上的虹吸管也不要插入洗瓶内。为了防止污染,在纯水瓶附近不要存放浓盐酸、氨水等易挥发的试剂。

1.4 化学试剂

1.4.1 化学试剂的级别

试剂的纯度对实验结果准确度的影响很大,不同的实验对试剂纯度的要求也不相同,因此,必须了解试剂的分类标准。化学试剂按杂质含量的多少分为若干等级。表 1-1-5 是我国化学试剂等级标志与某些国家的化学试剂等级标志的对照表。

表 1-1-5 化学试剂等级对照表

<table>
<tr><td rowspan="5">我国化学试剂等级标志</td><td>级别</td><td>一级品</td><td>二级品</td><td>三级品</td><td>四级品</td><td>五级品</td></tr>
<tr><td rowspan="2">中 文
标 志</td><td>保证试剂</td><td>分析试剂</td><td>化学纯</td><td>化学用</td><td rowspan="2">生物试剂</td></tr>
<tr><td>优级纯</td><td>分析纯</td><td>纯</td><td>实验试剂</td></tr>
<tr><td>符号</td><td>GR</td><td>AR</td><td>CP</td><td>LR</td><td>BR,CR</td></tr>
<tr><td>标签颜色</td><td>绿</td><td>红</td><td>蓝</td><td>棕色等</td><td>黄色等</td></tr>
<tr><td colspan="2">德、美、英等国通用等级和符号</td><td>GR</td><td>AR</td><td>CP</td><td></td><td></td></tr>
</table>

应该根据节约的原则，按实验的要求，分别选用不同规格的试剂。因同一化学试剂往往由于规格不同，价格差别很大。不要认为试剂越纯越好，超越具体实验条件去选用高纯试剂，会造成浪费。

固体试剂装在广口瓶内，液体试剂则盛在细口瓶或滴瓶内，见光易分解的试剂（如硝酸银）应放在棕色瓶内，盛碱液的细口瓶用橡胶塞。每一个试剂瓶上都贴有标签，标明试剂的名称、浓度和纯度等。

1.4.2 试剂的取用

1. 液体试剂

试剂的取用

取下瓶盖倒放在桌上（为什么?），右手握住瓶子，使试剂瓶标签握在手心里，以瓶口靠住容器壁，缓缓倾出所需液体，让液体沿着器壁往下流。若所用容器为烧杯，则倾注液体时可用玻璃棒引入。用完后，即将瓶盖盖上。

加入反应容器中的所有液体的总量不能超过总容量的2/3，如用试管不能超过总容量的1/2。

取用滴瓶中的试剂时，要用滴瓶中的滴管，不能用别的滴管。滴管必须保持垂直，避免倾斜，尤忌倒立，否则试剂流入橡胶头内而被弄脏。滴管的尖端不可接触承接容器的内壁，更不能插入其他溶液里，也不能把滴管放在原滴瓶以外的任何地方，以免杂质沾污。

2. 固体试剂

用干净、干燥的药匙取用。

1.4.3 取用试剂原则

取用试剂必须遵守两个原则：

1. 不弄脏试剂

试剂不能用手接触,固体用干净的药匙;试剂瓶盖绝不能张冠李戴。

2. 节约

在实验中,试剂用量按规定量取。若书上没有注明用量,应尽可能取用少量。如取多了,将多余的试剂分给其他需要的同学使用,不要倒回原瓶,以免弄脏。

1.5　常用仪器的洗涤及干燥

1.5.1　常用仪器的洗涤

化学实验中经常使用玻璃仪器和瓷器,常常由于污物和杂质的存在,而得不出正确的结果,因此必须注意仪器的清洁。

玻璃仪器的洗涤方法很多,应根据实验的要求,污物的性质、沾污程度来选用,常用的洗涤方法如下:

1. 刷洗

用水和毛刷刷洗,除去仪器上的尘土、其他不溶性杂质和可溶性杂质。

仪器的洗涤

2. 用去污粉、肥皂或合成洗涤剂(洗衣粉)洗

洗去油污和有机物质,若油污和有机物仍洗不干净,可用热的碱液洗。

3. 用铬酸洗液(简称洗液)洗

在进行精确的定量实验时,对仪器的洁净程度要求高,所用仪器形状特殊,或仪器内壁不能洗毛与出现划痕,这时用洗液洗。

洗液具有强酸性、强氧化性,能把仪器洗干净,但对衣服、皮肤、桌面、橡胶等的腐蚀性也很强,使用时要特别小心。由于Cr(Ⅵ)有毒,故洗液尽量少用,在本书的实验中,只用于容量瓶、吸管、滴定管、比色管、称量瓶的洗涤。

洗液使用时应注意:

(1) 被洗涤器皿不宜有水,以免洗液被稀释而失效。

(2) 洗液可以反复使用,用后即倒回原瓶内。

(3) 当洗液的颜色由原来的深棕色变为绿色,即重铬酸钾被还原为硫酸铬时,洗液即失效而不能使用。

(4) 洗液瓶的瓶塞要塞紧,以防洗液吸水而失效。

(5) 第一次冲洗洗液的废水应回收处理。

4. 用浓盐酸(粗)洗

可以洗去附着在器壁上的氧化剂,如二氧化锰。大多数不溶于水的无机物都可以用它洗去,如灼烧过沉淀物的瓷坩埚,可先用热盐酸(1∶1)洗涤,再用洗液洗。

5. 用氢氧化钠-高锰酸钾洗液洗

可以洗去油污和有机物。洗后在器壁上留下的二氧化锰沉淀可再用盐酸洗。

除以上洗涤方法外,还可以根据污物的性质选用适当试剂。如 AgCl 沉淀,可以选用氨水洗涤;硫化物沉淀可选用硝酸加盐酸洗涤。

用以上各种方法洗涤后,经用自来水冲洗干净的仪器上往往还留有 Ca^{2+}、Mg^{2+}、Cl^{-} 等离子。如果实验中不允许这些离子存在,应该再用纯水把它们洗去。使用纯水只是为了洗去附着在仪器壁上的自来水,所以应该尽量少用,符合少量(每次用量少)、多次(一般洗 3 次)的原则。

洗净的仪器壁上不应附着不溶物、油污,这样的仪器可被水完全湿润。把仪器倒转过来,水即顺器壁流下,器壁上只留下一层既薄又均匀的水膜,不挂水珠,这表示仪器已经洗干净。

已洗净的仪器不能再用布或纸抹,因为布和纸的纤维会留在器壁上弄脏仪器。

在定性、定量实验中,由于杂质的引进会影响实验的准确性,对仪器洁净程度的要求较高。但有些情况下,如一般的无机物制备、性质实验或者药品本身很脏,这时对仪器洁净程度的要求不高,仪器只要刷洗干净,不必要求不挂水珠,也不必用纯水荡洗。工作中应根据实际情况决定洗涤的程度。

1.5.2 常用洗涤剂的配制

1. 铬酸洗涤液

将 4 g 粗重铬酸钾研细,溶解在 100 mL 温热的浓硫酸中即成。

洗液的配制

2. 氢氧化钠-高锰酸钾洗涤液

将 4 g 粗高锰酸钾溶于水中,再加入 100 mL 10%氢氧化钠溶液即成。

1.5.3 仪器的干燥

洗净的仪器可用以下方法干燥:

仪器的干燥

1. 晾干

不急用的仪器,在洗净后,可倒置在干净的实验柜内或仪器架上,任其自然干燥。

2. 烘箱烘干

将洗净的仪器,尽量倒干水后放进烘箱内。放时应使仪器口朝下,并在烘箱的最下层放一搪瓷盘,承接从仪器上滴下的水,以免水滴到电热丝上,损坏电热丝。

3. 烤干

一些常用的烧杯、蒸发皿等可放在石棉网上,用小火烤干。试管可以用试管夹夹住后,在火焰上来回移动,直至烤干。但必须使管口低于管底,以免水珠倒流至灼热部位,使试管炸裂,待烤到不见水珠后,将管口朝上赶尽水汽。

4. 用有机溶剂干燥

加一些易挥发的有机溶剂(常用乙醇和丙酮)到洗净的仪器中,把仪器倾斜并转动,使器壁上的水和有机溶剂互相溶解、混合,然后倒出有机溶剂(回收),少量残留在仪器中的混合物很快挥发而干燥。如用电吹风往仪器中吹风,则干得更快。

带有刻度的计量仪器,不能用加热的方法进行干燥,因加热会影响这些仪器的准确度。

1.6 试纸的使用

1.6.1 试纸的种类

1. 石蕊试纸和酚酞试纸

石蕊试纸有红色和蓝色两种。石蕊试纸、酚酞试纸用来定性检验溶液的酸碱性。

2. pH 试纸

pH 试纸包括广范 pH 试纸和精密 pH 试纸两类,用来检验溶液的 pH。广范 pH 试纸的变色范围是 pH=1~14,它只能粗略地估计溶液的 pH。精密 pH 试纸可以较精确地估计溶液的 pH,根据其变色范围可分为多种。如变色范围为 pH=3.8~5.4,pH=8.2~10,等等。根据待测溶液的酸碱性,可选用某一变色范围的试纸。

3. 淀粉-碘化钾试纸

用来定性检验氧化性气体,如 Cl_2、Br_2 等。当氧化性气体遇到湿的试纸后,则将试纸上的 I^- 氧化成 I_2,I_2 立即与试纸上的淀粉作用变成蓝色:

$$2I^- + Cl_2 \xlongequal{\quad} 2Cl^- + I_2$$

如气体氧化性强,而且浓度大时,还可以进一步将 I_2 氧化成无色的 IO_3^-,使蓝色褪去:

$$I_2+5Cl_2+6H_2O \longequal 2HIO_3+10HCl$$

可见,使用时必须仔细观察试纸颜色的变化,否则会得出错误的结论。

4. 醋酸铅试纸

用来定性检验硫化氢气体。当含有 S^{2-} 的溶液被酸化时,逸出的硫化氢气体遇到试纸后,即与纸上的醋酸铅反应,生成黑色的硫化铅沉淀,使试纸呈褐黑色,并有金属光泽。

$$Pb(Ac)_2+H_2S \longequal PbS\downarrow+2HAc$$

当溶液中 S^{2-} 浓度较小时,则不易检验出。

1.6.2 试纸的使用

1. 石蕊试纸和酚酞试纸

用镊子取小块试纸放在表面皿边缘或滴板上,用玻璃棒将待测溶液搅拌均匀,然后用玻璃棒末端蘸少许溶液接触试纸,观察试纸颜色的变化,确定溶液的酸碱性。切勿将试纸浸入溶液中,以免弄脏溶液。

2. pH 试纸

pH 试纸的使用

用法同石蕊试纸,待试纸变色后,与色阶板比较,确定 pH 或 pH 的范围。

3. 淀粉-碘化钾试纸和醋酸铅试纸

将小块试纸用纯水润湿后放在试管口,须注意不要使试纸直接接触溶液。

使用试纸时,要注意节约,除把试纸剪成小块外,用时不要多取。取用后,马上盖好瓶盖,以免试纸沾污。用后的试纸丢弃在垃圾桶内,不能丢在水槽内。

1.6.3 试纸的制备

1. 酚酞试纸(白色)

溶解 1 g 酚酞在 100 mL 乙醇中,振摇后,加入 100 mL 纯水,将滤纸浸渍后,放在无氨蒸气处晾干。

2. 淀粉-碘化钾试纸(白色)

把 3 g 淀粉和 25 mL 水搅和,倾入 225 mL 沸水中,加入 1 g 碘化钾和 1 g 无水碳酸钠,再用水稀释至 500 mL,将滤纸浸泡后,取出放在无氧化性气体处晾干。

3. 醋酸铅试纸(白色)

将滤纸浸入 3%醋酸铅溶液中浸渍后,放在无硫化氢气体处晾干。

1.7 加热与冷却

1.7.1 加热方法

1. 直接加热

(1) 直接加热液体 适用于在较高温度下不分解的溶液或纯液体。

少量的液体可装在试管中加热,用试管夹夹住试管的中上部(不用手拿,以免烫伤),试管口向上,微微倾斜(图 1-1-25),管口不能对着自己和其他人的脸部,以免溶液沸腾时溅到脸上。管内所装液体的量不能超过试管高度的 1/3。加热时,先加热液体的中上部,再慢慢往下移动,然后不时地上下移动,使溶液受热均匀。不能集中加热某一部分,否则会引起暴沸。

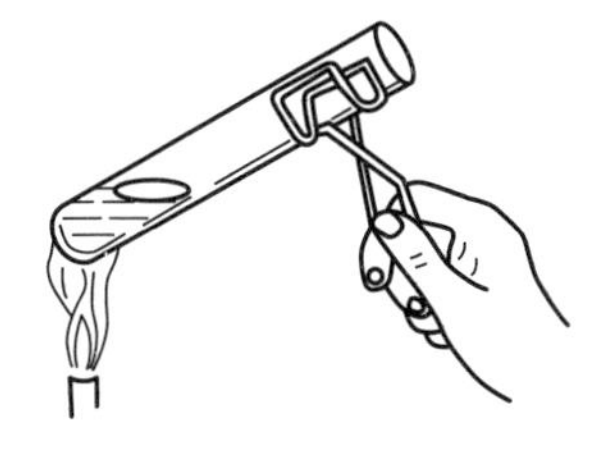

图 1-1-25 加热试管内的液体

直接加热

如需要加热的液体较多,则可放在烧杯或其他器皿中。待溶液沸腾后,再把火焰调小,使溶液保持微沸,以免溅出。

如需把溶液浓缩,则把溶液放入蒸发皿(放在泥三角上)内加热,待溶液沸腾后改用小火慢慢地蒸发、浓缩。

(2) 直接加热固体 少量固体药品可装在试管中加热,加热方法与直接加热液体的方法稍有不同,此时试管口向下倾斜(图 1-1-26),使冷凝在管口的水珠不倒流到试管的灼烧处,而导致试管炸裂。

较多固体的加热,应在蒸发皿中进行。先用小火预热,再慢慢加大火焰,但火也不能太大,以免溅出,造成损失。要充分搅拌,使固体受热均匀。需高温灼烧时,则把固体放在坩埚中,用小火预热后慢慢加大火焰,直至坩埚红热(图 1-1-27),维持一段时间后停止加热。稍冷,用预热过的坩埚钳将坩埚夹持到干燥器中冷却。

2. 水浴加热

当被加热物质要求受热均匀,而温度又不能超过 373 K 时,采用水浴加热。若把水浴锅中的水煮沸,用水蒸气来加热,即成蒸汽浴。水浴锅上放置一组铜质的大小不等的同心圈,以承受各种器皿。根据器皿的大小选用铜圈,尽可能使器皿底部的受热面积最大。水浴锅内盛放水量不超过其总容量的 2/3,在加热过程中要随时补充水以保持原体积,切不能烧干。不能把烧杯

水浴加热

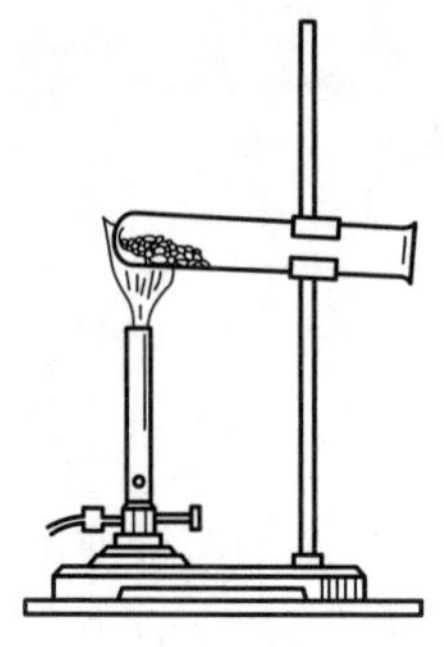

图 1-1-26　加热试管内的固体

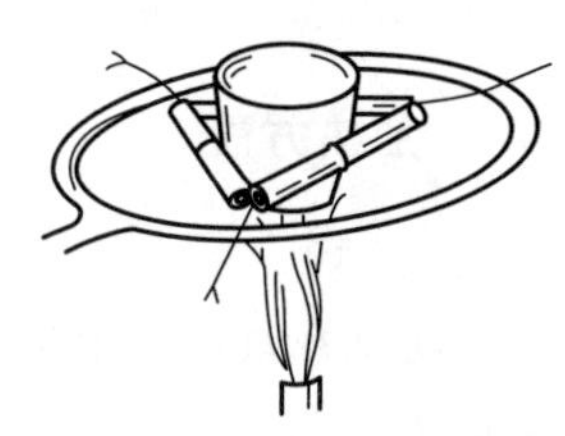

图 1-1-27　灼烧坩埚内的固体

直接放在水浴中加热，这样烧杯底会碰到高温的锅底，由于受热不均匀而使烧杯破裂，同时烧杯也容易翻掉。也可选用大小合适的烧杯代替水浴锅。

小试管中的溶液只宜在微沸水浴上加热。在 100 mL 烧杯中，放入一铜架，注入水至盖过第二个铜片面为止，即组成水浴。因直接加热易将少量的溶液溅出，或因烘干而使沉淀损失或变质，同时小试管也易破裂。

在蒸发皿中蒸发、浓缩时，也可以在水浴上进行，这样比较安全。

3. 沙浴和油浴加热

当被加热物质要求受热均匀，而温度又需要高于 373 K 时，可用沙浴或油浴。

沙浴是将细沙均匀地铺在一只铁盘内，被加热的器皿放在沙上，底部部分插入沙中，用煤气灯加热铁盘。

用油代替水浴中的水即是油浴。

1.7.2　冷却方法

1. 流水冷却

需冷却到室温的溶液，可用此法。将需冷却的物品直接用流动的自来水冷却。

冷却

2. 冰水冷却

将需冷却的物品直接放在冰水中。

3. 冰盐浴冷却

冰盐浴由容器和冷却剂（冰盐或水盐混合物）组成，可冷至 273 K 以下。所能达到的温度由冰盐的比例和盐的品种决定。干冰和有机溶剂混合时，其温度更低。为了保持冰盐浴的效率，要选择绝热较好的容器，如杜瓦瓶等。

表 1-1-6 是常用的制冷剂及其达到的温度。

表 1-1-6 制冷剂及其达到的温度

制冷剂	T/K	制冷剂	T/K
30 份 NH_4Cl+100 份水	270	125 份 $CaCl_2 \cdot 6H_2O$+100 份碎冰	233
4 份 $CaCl_2 \cdot 6H_2O$+100 份碎冰	264	150 份 $CaCl_2 \cdot 6H_2O$+100 份碎冰	224
29g NH_4Cl+18gKNO_3+冰水	263	5 份 $CaCl_2 \cdot 6H_2O$+4 份冰块	218
100 份 NH_4NO_3+100 份水	261	干冰+二氯乙烯	213
75gNH_4SCN+15gKNO_3+冰水	253	干冰+乙醇	201
1 份 NaCl(细)+3 份冰水	252	干冰+乙醚	196
100 份 NH_4NO_3+100 份 $NaNO_3$+冰水	238	干冰+丙酮	195

1.8 固、液分离

常用的分离方法有三种:倾滗法、过滤法和离心分离。

1.8.1 倾滗法

当沉淀的结晶颗粒较大或相对密度较大时,可用此法分离。待溶液和沉淀分层后,倾斜器皿,把上部溶液慢慢倾入另一容器中,即能达到分离的目的。如沉淀需要洗涤,则往沉淀中加入少量纯水(或其他洗涤液),用玻璃棒充分搅拌、静置、沉降,倾去纯水。重复洗涤几次,即可洗净沉淀。

倾滗

1.8.2 过滤法

这是分离沉淀和溶液的最常用操作,有常压和减压两种过滤法。

1. 减压过滤

减压过滤又称吸滤法过滤、抽滤,过滤所用的吸滤漏斗又称布氏漏斗。吸滤装置见图 1-1-28。

减压过滤

(1) 吸滤操作

① 将滤纸剪成比布氏漏斗内径略小,但又能将全部瓷孔盖住的圆形。

② 将滤纸放入漏斗内,用少量水润湿滤纸,先打开循环水泵的开关,再把橡胶管连接吸滤瓶支管,滤纸便吸紧在漏斗上(如有缝隙一定要除去),即可过滤。需注意:若抽吸时间长,滤纸一旦

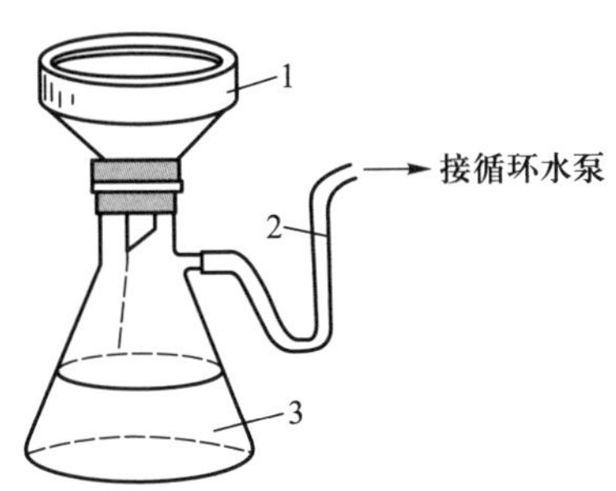

图 1-1-28 吸滤装置

1—布氏漏斗;2—橡胶管;3—吸滤瓶

干燥便不再紧贴在漏斗上。

③ 过滤时,一般先将溶液沿着玻璃棒流入漏斗(注意:溶液不要超过漏斗总容量的2/3),最后转移沉淀,继续抽吸至干燥为止。

④ 当过滤完毕关闭水泵时,由于滤瓶内压力低于外界压力,循环水会倒流入吸滤瓶,这一现象称为倒吸。所以,过滤完毕,必须先拔掉吸滤瓶支管处的橡胶管,再关水泵,防止倒吸。

(2) 洗涤沉淀　洗涤沉淀前,先拔掉橡胶管并关闭水泵,再加入洗涤液润湿沉淀,打开水泵微接橡胶管,让洗涤液慢慢透过全部沉淀。最后接上橡胶管抽吸干燥。如沉淀需洗涤多次,则重复以上操作,洗至达到要求为止。

(3) 具有强酸性、强碱性或强氧化性溶液的过滤　由于这些溶液会与滤纸作用而破坏滤纸。若过滤后只需要留用溶液,则可用石棉纤维代替滤纸。将石棉纤维在水中浸泡一段时间,搅匀,然后倾入布氏漏斗内,减压,使它紧贴在漏斗底部。过滤前要检查是否有小孔,如有则在小孔上补铺一些石棉纤维,直至无小孔为止。石棉纤维要铺得均匀,不能太厚。过滤操作同减压过滤。过滤后,沉淀和石棉纤维混在一起,只能弃去。

热过滤

若过滤后要留用的是沉淀,则用玻璃滤器(见1.11滤纸、滤器及其应用)代替布氏漏斗(强碱不适用)。过滤操作同减压过滤。

(4) 热过滤　当需要除去热、浓溶液中的不溶性杂质,而又不能让溶质析出时,一般采用热过滤。过滤前把布氏漏斗放在水浴中预热,使热溶液在趁热过滤时,不至于因冷却而在漏斗中析出溶质。

2. 常压过滤

见1.14重量分析的基本操作。

1.8.3　离心分离

1. 少量沉淀与溶液的分离

少量沉淀与溶液的分离

少量的沉淀与溶液分离时不能用过滤法,因沉淀会粘在滤纸上难以取下,此时用离心分离。将盛有溶液和沉淀的小试管在离心机中离心沉降后,用滴管把清液和沉淀分开。先用手指捏紧橡胶头,排除空气后将滴管轻轻插入清液(切勿在插入溶液以后再捏橡胶头),缓缓放松手,溶液则慢慢进入滴管中,随试管中溶液的减少,将滴管逐渐下移至全部溶液吸入滴管为止。滴管末端接近沉淀时要特别小心,勿使滴管触及沉淀(图1-1-29)。

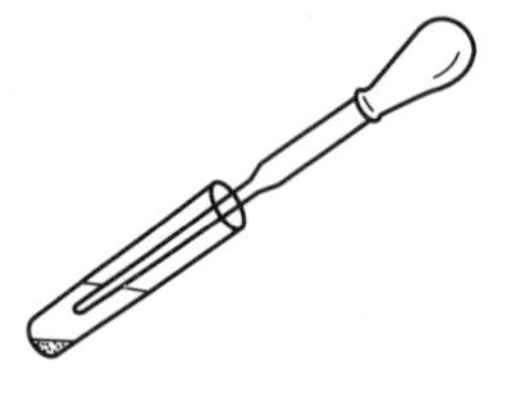
图1-1-29　溶液与沉淀的分离

2. 沉淀的洗涤

如果沉淀溶解后再做鉴定，则在溶解之前，必须将沉淀上的溶液和吸附的杂质洗去。常用纯水作洗涤剂，用滴管加数滴纯水（应沿小试管内壁周围流下，但滴管下端不要碰到内壁），使沉淀刚好浸没在水中，用玻璃棒充分搅拌，离心分离，溶液用滴管吸出，并尽可能吸尽。一般洗涤 2~3 次即可。必要时可检验是否洗净（取 1 滴分离后的洗涤液，加入适当试剂，检查应洗去的离子是否存在），以决定是否要继续洗涤。此外，还应根据实验需要，决定是否应将第一次洗涤液并入离心液中。

3. 沉淀的转移

如需将沉淀分成几份，可在洗净后的沉淀上加少许纯水，用玻璃棒搅匀后，用滴管吸出浑浊液，转移至另一干净的小试管中。

1.9 分析天平及其使用

分析天平是进行精确称量的精密仪器，是化学实验室中最重要、最常用的仪器之一。习惯上将具有较高灵敏度、全载不超过 200 g 的天平称为分析天平。

1.9.1 分析天平简介

1. 分析天平的分类

根据天平的结构特点，可分成等臂（双盘）天平、不等臂（单盘）天平和电子天平三大类。常用分析天平的型号与主要技术数据列在表 1-1-7 中。其中，具有光学读数装置的天平称微分标牌天平，又称电光天平，有全自动、半自动之分。

根据分度值的大小，分析天平分为常量（0.1 mg）、微量（0.01 mg）、超微量（0.001 mg）。

表 1-1-7 常用分析天平的型号及规格

种类	型号	名称	规格	
			最大载荷/g	分度值/mg
等臂天平	TG—328A	全机械加码（全自动）电光天平	200	0.1
	TG—328B	半机械加码（半自动）电光天平	200	0.1
	TG—332A	微量天平	20	0.01

续表

种类	型　号	名　　称	规　　格	
			最大载荷/g	分度值/mg
不等臂天平	DT—100	单盘精密天平	100	0.1
	DTG—160	单盘电光天平	160	0.1
	BWT—1	单盘微量天平	20	0.01
电子天平	MD100—2	上皿式电子天平	100	0.1
	MD200—3	上皿式电子天平	200	1

2. 天平的精度与级别

天平的精度(相对精度)定义为天平的名义分度值与最大载荷的比值。国家计量部门规定,单杠杆天平的精度分为 10 级,列在表 1-1-8 中。

表 1-1-8　天平的精度与级别

天平级别	1	2	3	4	5
精度(名义分度值与最大载荷之比)≤	1×10^{-7}	2×10^{-7}	5×10^{-7}	1×10^{-6}	2×10^{-6}
天平级别	6	7	8	9	10
精度(名义分度值与最大载荷之比)≤	5×10^{-6}	1×10^{-5}	2×10^{-5}	5×10^{-5}	1×10^{-4}

3. 等臂天平的构造原理

天平是根据杠杆原理制成的,它用已知质量的砝码来衡量被称物体的质量。

设杠杆 ABC 的支点为 B(图 1-1-30),AB 和 BC 的长度相等,A、C 两点是力点,A 点悬挂的称量物质量 P,C 点悬挂的砝码质量 Q。当杠杆处于平衡状态时,力矩相等。

$$P\times AB=Q\times BC \qquad (1-1-2)$$

因为 $AB=BC$,所以 $P=Q$。

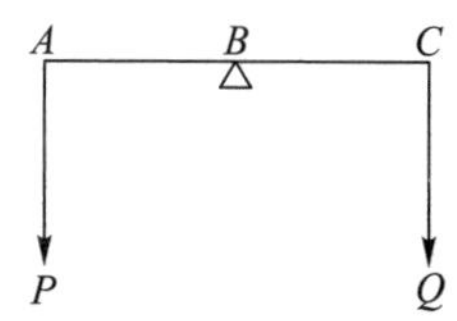

图 1-1-30　天平的构造原理

1.9.2 电子天平

最新一代的天平是电子天平，它是利用电子装置完成电磁力补偿的调节，使物体在重力场中实现力的平衡。或通过电磁力矩的调节，使物体在重力场中实现力矩的平衡。常见电子天平的结构都是机电结合式的，由载荷接受与传递装置、测量与补偿装置等部件组成。可分成顶部承载式和底部承载式两类，目前常见的大多数是顶部承载式的上皿天平。从天平的校准方法来分，则有内校式和外校式两种。前者是标准砝码预装在天平内，启动校准键后，可自动加码进行校准。后者则需人工取拿标准砝码放到秤盘上进行校正。

现以 BS 系列上皿天平为例作简单介绍。

1. 外形结构

见图 1-1-31。

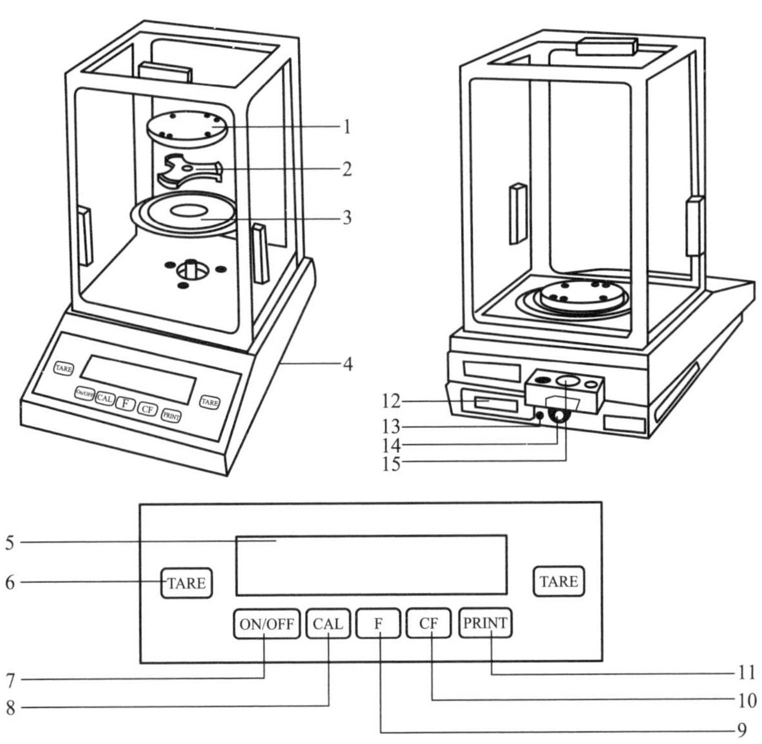

图 1-1-31 BS 系列电子天平外形结构

1—秤盘；2—秤盘支架；3—屏蔽环；4—地脚螺栓；

5—显示器；6—去皮键；7—开关键；8—校正键；9—功能键；10—清除键；

11—打印键；12—数据接口；13—菜单-去连锁开关；14—电源接口；15—水平仪

2. 电子天平简易操作程序

不同结构及类型的 BS 系列天平在操作方法上是相同的。

(1) 调水平　调整地脚螺栓高度,使水平仪内空气气泡位于圆环中央。

(2) 开机　接通电源,按开关键"ON/OFF"直至全屏自检。

(3) 预热　电子天平在初次接通电源或长时间断电之后再次使用,都需要预热。为取得理想的测量结果,电子天平应保持在待机状态。

(4) 校正　首次使用电子天平必须进行校正,按校正键"CAL",天平将显示所需校正砝码质量,放上砝码直至出现"g",校正结束。

(5) 称量　将称量物轻放在秤盘上,这时显示器上数字不断变化,待数字稳定并出现质量单位"g"后,即可读数,并记录称量结果。

如在容器或称量纸上称样,在称出它们的质量后,按去皮键"TARE",去皮清零。放置试样后,所示质量即为试样质量(是"+"号)。

(6) 关机　电子天平应一直保持通电状态(24 h),不使用时将开关键关至待机状态,使天平保持保温状态,可延长电子天平使用寿命。

3. 电子天平的使用

电子天平的使用

(1) 称量前的检查　取下天平罩,折叠好后,放在天平箱上面,逐项检查:

① 称量物的温度与天平箱内温度是否相同,称量物外部是否清洁和干燥;

② 天平箱内,秤盘上是否清洁,如有灰尘,用毛刷刷净;

③ 天平位置是否水平。

(2) 称量规则

① 称量者面对天平正中端坐,只能用指定的天平完成一次实验的全部称量,中途不能更换天平;

② 称量物只能由边门取放;

③ 粉末状、潮湿、有腐蚀性的物质绝对不能直接放在秤盘上,必须用干燥、洁净的容器(称量瓶、坩埚等)盛好,才能称量;

④ 称量物应放在秤盘中央,称量物不得超过天平最大载荷,外形尺寸也不宜过大;

⑤ 读数时,应关闭天平门;

⑥ 称量结束时,关闭天平,取出称量物,关好天平门,罩好天平罩。填写使用登记卡,经教师同意后,方可离开天平室。

4. 称样方法

根据试样的不同性质和分析工作中的不同要求,可分别采用直接称量法(简称直接法)、指定质量(固定样)称量法、差减称量法(也称相减法)和减量法进行称量。

（1）直接称量法　对一些在空气中无吸湿性的试样或试剂，如金属或合金等可用直接法称量。称量时将试样放在洁净且干燥的小表面皿上或称量纸上，一次称取一定质量的试样。

先称出干燥洁净的表面皿或称量纸的质量，按去皮键“TARE”，显示“0.000 0”后，打开天平门，缓缓往表面皿中加入试样，当达到所需质量时，停止加样，关上天平门，显示平衡后即可记录所称试样的净质量。

（2）指定质量称量法　对于可用直接法称量的试样，在例行分析中，为简化计算工作往往需要称出预定质量的试样。这时可在已知质量的称量容器（如表面皿或不锈钢等金属材料做成的小皿）内，直接投放待称试样，直至达到所需要的质量。

称量时，将称量容器（如表面皿）置于天平秤盘上，称出质量后，按去皮键“TARE”，手持盛试样的骨匙小心地伸向表面皿的近上方，以手指轻击匙柄，将试样抖入。让匙里的试样以尽可能少的量慢慢抖入表面皿。这时，既要注意试样抖入量，同时也要注意天平的读数，当读数正好到所需要量时，立即停止抖入试样，即可记录数据。若不慎多加了试样，可用骨匙取出多余的试样（不要放回原试样瓶中）。称好后，用干净的小纸片衬垫取出表面皿，将试样全部转移到接受的容器内。试样若为可溶性盐类，可用少量纯水将粘在表面皿上的粉末吹洗进容器。

（3）差减称量法（相减法）　如果试样是粉末或易吸湿的物质，则需把试样装在称量瓶内称量。倒出一份试样前后两次质量之差，即为该份试样的质量。

称量时，用纸条叠成宽度适中的两三层纸带，毛边朝下套在称量瓶上。左手拇指与食指拿住纸条，由天平的左门放在天平秤盘的正中，取下纸带，称出瓶和试样的质量。然后左手仍用纸带把称量瓶从盘上取下，放在容器上方。右手用另一小纸片衬垫打开瓶盖，但勿使瓶盖离开容器上方。慢慢倾斜瓶身至接近水平，瓶底略低于瓶口，切勿使瓶底高于瓶口，以防试样冲出。此时原在瓶底的试样慢慢下移至接近瓶口。在称量瓶口离容器上方约 1 cm 处，用盖轻轻敲瓶口上部使试样落入接受的容器内（图 1-1-32）。倒出试样后，把称量瓶轻轻竖起，同时用盖敲打瓶口上部，使粘在瓶口的试样落下（或落入称量瓶或落入容器，所有倒出试样的步骤必须在容器口正上方进

图 1-1-32　倾倒试样的方法

行)。盖好瓶盖,放回天平秤盘上,称出其质量。两次质量之差,即为倒出的试样质量。若不慎倒出的试样超过了所需的量,则应弃之重称。如果接受的容器口较小(如锥形瓶等),也可以在瓶口上放一只洗净的小漏斗,将试样倒入漏斗内,待称好试样后,用少量纯水将试样洗入容器内。

(4) 减量法 称出称量瓶(装有试样)的质量后,按去皮键“TARE”,取出称量瓶向容器中敲出一定量的试样(倒出试样的方法和注意事项与差减称量法相同),再将称量瓶放在天平秤盘上称量,如果所示质量(是“-”号)达到要求范围,即可记录数据。再按去皮键“TARE”,称取第二份试样。

5. 使用注意事项

电子天平的开机、通电预热、校准均由实验室技术人员负责完成。学生称量时只需按“ON”键、“TARE”键及“OFF”键就可使用,其他键不按。

电子天平自重较轻,容易被碰撞移位,造成不水平,从而影响称量结果。所以在使用时要特别注意,动作要轻、缓,并要经常查看水平仪。

1.10 量器及其使用

1.10.1 吸管的使用

要准确移取一定体积的液体时,常使用吸管。吸管有无分度吸管(又称移液管)和有分度吸管(又称吸量管)两种。如需移取 5 mL、10 mL、25 mL 等整数,用相应大小的无分度吸管,而不用有分度吸管。量取小体积且不是整数时,一般用有分度吸管,使用时,令液面从某一分度(通常为最高标线)降到另一分度,两分度间的体积刚好等于所需量取的体积,通常不把溶液放到底部。在同一实验中,尽可能使用同一吸管的同一段,而且尽可能使用上面部分,不用末端收缩部分。

吸管的使用

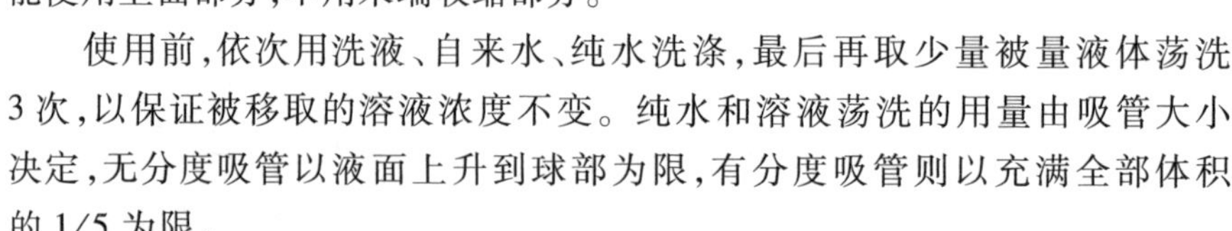

使用前,依次用洗液、自来水、纯水洗涤,最后再取少量被量液体荡洗3次,以保证被移取的溶液浓度不变。纯水和溶液荡洗的用量由吸管大小决定,无分度吸管以液面上升到球部为限,有分度吸管则以充满全部体积的1/5为限。

用吸管移取溶液时,左手拿洗耳球(预先排除空气),右手拇指及中指拿住管颈标线以上的地方(图1-1-33)。吸管下端至少伸入液面1 cm,不要伸入太多,以免管口外壁附着溶液过多,也不要伸入太少,以免液面下降后吸空。用洗耳球慢慢吸取溶液,眼睛注意正在上升的液面位置,吸管应随容器中液面下降而降低。当溶液上升到标线以上时迅速用右手食指紧按管口,取出吸管,左手拿住盛溶液的容器,并倾斜 30°~45°,右手垂直地拿住吸管,使其管尖靠住液面以上的容器壁(参考图 1-1-34),微微抬起食指,当液面缓缓下降到与标线相切时,立即紧按食指,使流体不再流出。再把吸管移入准备接收溶液的容器中,仍使其管尖接触容器壁,让接收容器倾斜,吸管直立(图 1-1-34),抬起食指,溶液就自由地沿壁流下。待溶液流尽后,约等 15 s,取出吸管。注意,不要把残留在管尖的液体吹出(除非吸管上注明“吹”字),因为在校准吸管容积时没有把这部分液体包括在内。

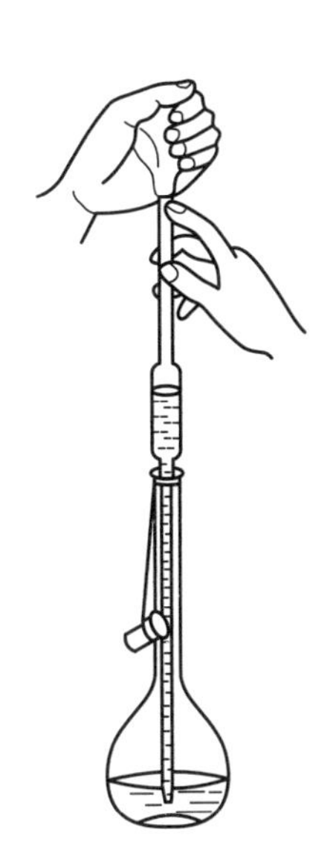

图 1-1-33 吸管移取溶液

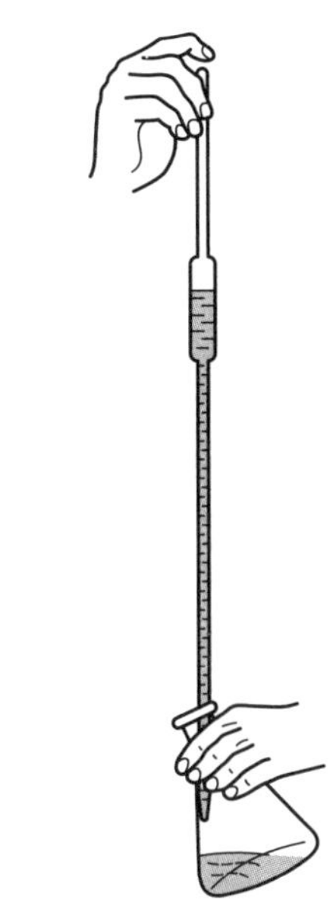

图 1-1-34 从吸管中放出溶液

各种吸管的检定和使用方法见表 1-1-9。

表 1-1-9 各种吸管的检定和使用方法

吸管的型制		检定和使用方法
无分度吸管	具一条标线	液体自标线自然流至口端,A 级等待 15 s,B 级等待 3 s(保留流液口残留液)
	具二条标线	液体自上标线自然流至下标线上 5 mm,A 级等待 15 s,B 级等待 3 s,然后调至下标线
完全流出式吸管	慢 流 速	液体自标线自然流至口端,A 级等待 15 s,B 级和快流速等待 3 s(保留流液口残留液)
	快 流 速	

续表

吸管的型制	检定和使用方法
不完全流出式吸管	液体自标线流至最低标线上约 5 mm 处，A 级等待 15 s，B 级等待 3 s，然后调至最低标线
吹出式吸管	液体自标线流至口端，随即将口端残留液全部排出

1.10.2　容量瓶的使用

容量瓶用于配制准确浓度的溶液。一般的容量瓶都是“量入”容量瓶，标有“In”（过去用“E”表示），当液体充满到瓶颈标线时，表示在所指温度（一般为 293 K）下，液体体积恰好与标称容量相等。另一种是“量出”容量瓶，标有“Ex”（过去用“A”），当液体充满到标线后，按一定的要求倒出液体，其体积恰好与瓶上的标称容量相同，这种容量瓶是用来量取一定体积的溶液用的。使用时应辨认清楚。

使用前应检查瓶塞是否漏水。在瓶中放入自来水到标线附近，盖好塞子，左手按住塞子，右手指尖顶住瓶底边缘，倒立 2 min，观察瓶塞周围是否有水渗出。将瓶直立后，转动瓶塞约 180°，再试一次。不漏水的容量瓶才能使用。为了避免打破磨口玻璃塞，应用线绳把塞子系在瓶颈上，平头玻璃塞可倒立于桌面上。

容量瓶的洗涤方法与吸管相同。尽可能只用水冲洗，必要时才用洗液浸洗。倒入 10~20 mL 洗液，边转动边将瓶口倾斜，至洗液布满全部内壁，放置几分钟，将洗液由上口慢慢倒出，边倒边转，使洗液在流经瓶颈时，布满全颈。然后用自来水冲洗，纯水荡洗 3 次。

容量瓶

配制溶液时，若固体试样（试剂）易溶解，且溶解时没有很大的热效应，则可用漏斗将试样直接倒入容量瓶中溶解。一般将称好的固体试样溶解在烧杯中，冷至室温后定量地转移到容量瓶中。转移时，要顺着玻璃棒加入。玻璃棒的底端靠近瓶颈内壁，使溶液顺壁流下（图 1-1-35），待溶液全部流完后，将烧杯轻轻向上提，同时直立，使附着在玻璃棒和烧杯嘴之间的 1 滴溶液收回到烧杯中。

用洗瓶洗涤玻璃棒、烧杯壁 3 次，每次的洗涤液都要转移到容量瓶中，再加纯水到容量瓶容积的 2/3。右手拇指在前，中指、食指在后，拿住瓶颈标线以上处，直立旋摇容量瓶，使溶液初步混合（此时切勿加塞并倒立容量瓶)。然后慢慢加水到接近标线 1 cm 左右,等 1~2 min,使附着在瓶颈上的水流下,用滴管伸入瓶颈,但稍向旁侧倾斜,使水顺壁流下,直到弯月面最低点和标线相切为止。盖好瓶塞,左手大拇指在前,中指及无名指、小指在后,拿住瓶颈标线以上部分,而以食指压住瓶塞上部,用右手指尖顶住瓶底边缘(图 1-1-36)。如容量瓶小于100 mL,则不必用手顶住。将容量瓶倒转,使气泡上升到顶,此时将瓶振荡,再倒转仍使气泡上升到顶,如此反复倒转十余次即可。

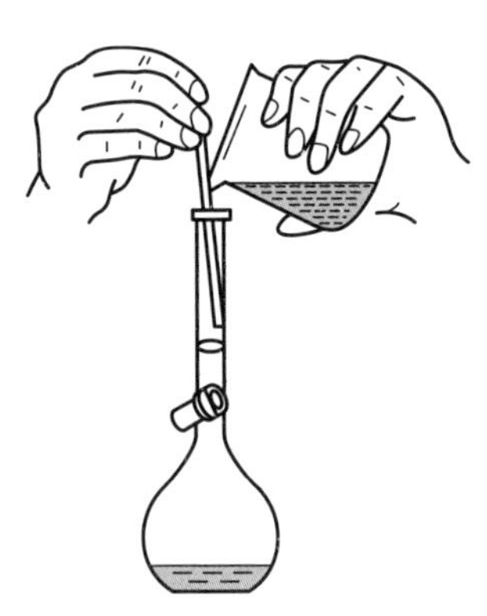

图 1-1-35 溶液的转移

图 1-1-36 容量瓶的拿法

如稀释溶液,则用吸管移取一定体积的溶液,放入瓶中后,按上述方法稀释至标线。

1.10.3 滴定管的使用

滴定管分酸式和碱式两种。酸式滴定管下端有一玻璃旋塞;碱式滴定管下端用乳胶管连接一段一端有细嘴的玻璃管,乳胶管内装有玻璃珠,以代替旋塞。除了碱性溶液装在碱式滴定管中使用,其他溶液都使用酸式滴定管。

现在还有旋塞是用聚四氟乙烯做的滴定管,既可用于滴定酸,也可用于滴定碱。

1. 滴定管的洗涤

当滴定管没有明显污染时,可以直接用自来水冲洗,或用滴定管刷[①]蘸上肥皂水或洗涤剂刷洗,不能用去污粉。如果用肥皂或洗涤剂不能洗干

酸式滴定管的使用

① 实验室可自行制作,在一根长约 80 cm、直径约 5 mm 的有机玻璃棒的一端,扎一块长约 8 cm 的软泡沫塑料(或用化纤纤维、细塑料绳扎成)即可。

净,则可用洗液 5~10 mL 清洗。洗涤酸管时,要预先关闭旋塞,倒入洗液后,一手拿住滴定管上端无刻度部分,另一手拿住旋塞上部无刻度部分,边转动边将管口倾斜,使洗液流经全管内壁,然后将滴定管竖起,打开旋塞使洗液从下端放回原洗液瓶中。洗涤碱管时,应先去掉下端的乳胶管和细嘴玻璃管,接上一小段塞有玻璃棒的橡胶管,再按上法洗涤。

用肥皂、洗涤剂或洗液洗涤后都需用自来水充分洗涤,然后检查滴定管是否洗净。滴定管的外壁亦应保持清洁。

用自来水洗涤后,应检查滴定管是否漏水。对于酸式滴定管,先关闭旋塞,装水至"0"线以上,直立约 2 min,仔细观察有无水滴滴下,然后将旋塞转 180°,再直立 2 min,观察有无水滴滴下。对碱式滴定管,装水后直立 2 min,观察是否漏水即可。如发现有漏水或酸式滴定管旋塞转动不灵活的现象,酸式滴定管则需将旋塞拆下重涂凡士林,碱式滴定管需要更换玻璃珠和乳胶管。

旋塞涂凡士林的方法是,把滴定管平放在桌面上,取下旋塞,将旋塞和旋塞槽用滤纸擦干,用手指沾上少量凡士林,在旋塞孔的两边沿圆周涂上一薄层(图 1-1-37)(凡士林不宜涂得太多,尤其是在孔的两边,以免堵塞小孔)。然后把旋塞插入槽中,向同一方向转动旋塞,直到从外面观察时全部透明为止。如果发现旋转不灵活或出现纹路,表示涂凡士林不够;如果有凡士林从旋塞缝隙溢出或被挤入旋塞孔,表示涂凡士林太多。凡出现上述情况,都必须重新涂凡士林,最后还应检查旋塞是否漏水。

图 1-1-37 旋塞涂凡士林

用自来水冲洗以后,再用纯水洗涤 3 次,每次 10 mL。每次加入纯水后,要边转动边将管口倾斜,使水布满全管内壁,然后将酸式滴定管竖起,打开旋塞,使水流出一部分以冲洗滴定管的下端,关闭旋塞,将其余的水从管口倒出。对碱式滴定管,从下面放水洗涤时,要用拇指和食指轻轻往一边挤压玻璃球外面的乳胶管,并随放随转,将残留的自来水全部洗出。

最后用操作溶液洗涤 3 次,每次用量为 10 mL,其洗法同纯水荡洗。

2. 滴定管下端气泡的清除

碱式滴定管的使用

当操作溶液装入滴定管后,如下端留有气泡或有未充满的部分,用右手拿住酸管上部无刻度处,将滴定管倾斜 30°,左手迅速打开旋塞使溶液冲出(下接一个烧杯),从而使溶液布满滴定管下端。如使用碱管,则把乳胶管向上弯曲(图 1-1-38),用两指挤压稍高于玻璃球所在处,使溶液从管尖喷出,这时一边仍挤压乳胶管,一边把乳胶管放直,等到乳胶管放直后,再松开手指，否则末端仍会有气泡。

3. 读数

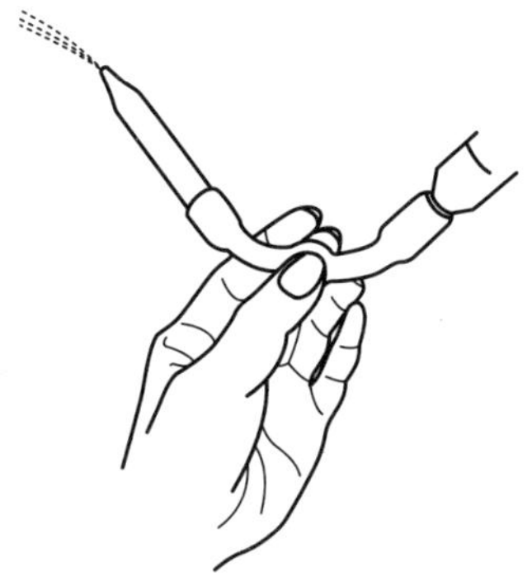
图 1-1-38 碱管赶去气泡的方法

把滴定管架在滴定管夹上，并保持垂直，或用右手拿住滴定管上部无刻度处，让其自然下垂，否则会造成读数误差。把一小烧杯放在滴定管下，按操作法以左手轻轻打开酸式滴定管的旋塞，使液面下降到 0.00~1.00 mL 范围内的某一刻度为止，等 1~2 min 后再检查一下液面有无改变，如果没有改变，则记下读数作为滴定管的“初读”。滴定管最好是在零或接近零的任一刻度开始，并每次都从上端开始，以消除因上下刻度不匀所造成的误差。

读数时应遵守下列规则：

(1) 装满溶液或放出溶液后，必须等 1~2 min，使附着在内壁上的溶液流下后再取读数。当放出溶液相当慢时，例如滴定到最后阶段，标准溶液每次只加 1 滴，则等 0.5~1 min 即可。

(2) 读数时，对无色或浅色溶液，视线应在弯月面的最低点处，而且要与液面成水平。若溶液颜色太深，不能观察到弯月面时，可读两侧最高点。初读数与终读数应取同一标准。

(3) 读数必须读到小数后第二位，而且要求估计到 0.01。

(4) 为更好地读数，可在滴定管后面衬一读数卡。读数卡可用一张黑纸或涂有一黑长方形的白纸，手持读数卡放在滴定管背后，使黑色部分在弯月面下 1 mm 左右，即看到弯月面的反射层成为黑色，读此黑色弯月面的最低点。

4. 滴定

通常把酸式滴定管夹在滴定管夹的右边，旋塞柄向外。开始滴定前，先将悬挂在滴定管尖端处的液滴除去，读下初读数。将滴定管下端伸入烧杯内 1 cm，左手操纵旋塞（图 1-1-39），使滴定液逐滴滴入，右手拿玻璃棒轻轻搅拌溶液。如在锥形瓶内进行滴定（图 1-1-40），滴定管下端伸入瓶口约 1 cm，瓶底离下面白或黑的瓷板 2~3 cm。左手操作滴定管，右手前三指拿住瓶颈，随滴随摇（以同一方向做圆周运动）。在整个滴定过程中，左手一直不能离开旋塞。在滴定时必须熟练掌握转动旋塞的方法，能根据不同的需要，控制转动旋塞的速度和程度，既能使溶液逐滴滴入，也能只滴加 1 滴就能立即关闭旋塞或使液滴悬而未落。

锥形瓶中的滴定方法

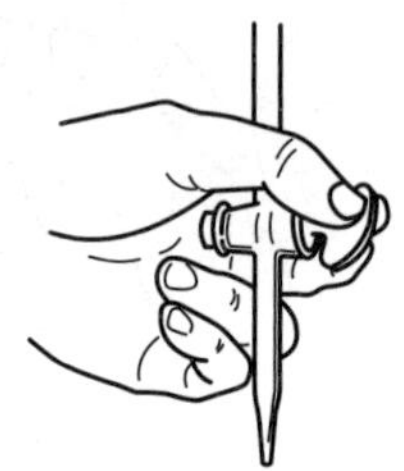

图 1-1-39　左手操纵旋塞

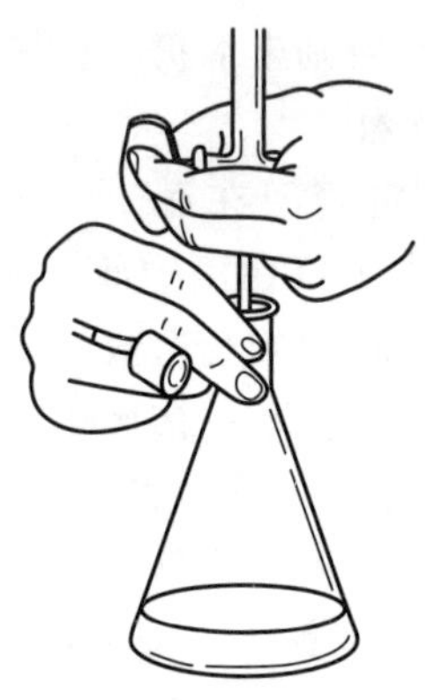

图 1-1-40　滴定

使用碱式滴定管时，左手拇指和食指拿住乳胶管中玻璃珠所在部位稍上一些的地方，向右或向左挤乳胶管（图 1-1-41），使在玻璃珠旁边形成空隙，让溶液从空隙流出。但要注意，不能使玻璃珠上下移动，更不要按玻璃珠以下的地方，那样会把下部乳胶管按宽，待放开手时，就会有空气进入而形成气泡。

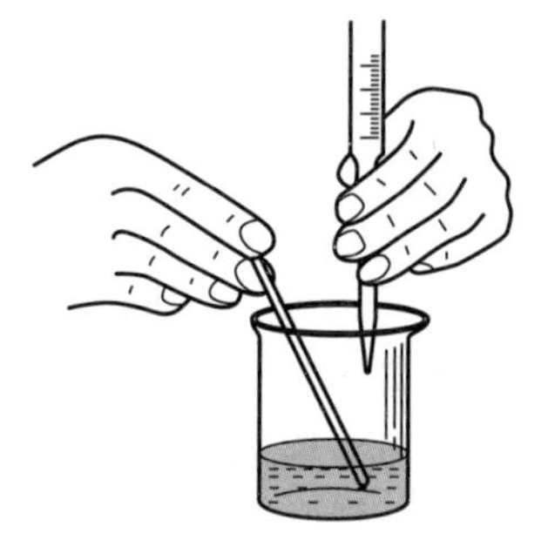

图 1-1-41　操纵碱式滴定管

无论用哪种滴定管，都必须熟练掌握三种加液方法：① 逐滴滴加；② 加 1 滴；③ 加半滴。

滴定过程中，须注意观察滴定的滴落点，一般在滴定开始时，由于离终点很远，滴下时无明显变化，但滴到后来，滴落点周围会出现暂时性的颜色变化。在离终点还比较远时，颜色变化一般立即消逝；随着终点越来越近，颜色消失渐慢，快到终点时，颜色甚至可以暂时扩散到全部溶液，搅拌或转动 1～2 次后才完全消失，此时应改为滴 1 滴，搅拌或摇几下。接近终点时，用洗瓶冲洗烧杯或锥形瓶内壁，把壁上的溶液洗下。最后仅能微微转动旋塞，使溶液悬在管尖上形成半滴但未落下，用玻璃棒靠下（或用洗瓶洗下），并搅拌溶液或摇动锥形瓶。如此重复，直到出现达到终点时应有的颜色不再消逝为止。

实验完毕后，倒出滴定管内剩余溶液，用自来水冲洗干净，再用纯水荡洗 3 次，然后装满纯水，罩上滴定管盖，备用。

1.10.4　玻璃量器的校准

吸管、容量瓶和滴定管是滴定分析用的主要量器。量器的实际容量与标称容量并不完全一致,总是存在或多或少的差值。在准确度要求较高的工作中,必须对量器进行校准,有相对校准和绝对校准两种方法。

1. 量器使用中的几个名称

(1) 标准温度　由于玻璃具有热胀冷缩的特性,因此在不同的温度下,量器的容量并不相同。例如,由钠钙玻璃制成的 1 000 mL 量器,当温度改变 1 K 时,引起 0.026 mL 的容量变化。为了消除温度的影响,必须规定一个共用的温度,称为标准温度。国际上规定玻璃量器的标准温度为 293 K,我国也采用这一标准。

(2) 标称容量　量器上标出的标线和数字(通过标准量器给出)称为量器在标准温度 293 K 时的标称容量。

(3) 玻璃容器的分级　玻璃容器按其标称容量准确度的高低分为 A 级和 B 级两种。此外还有一种 A_2 级,实际上是 A 级的副品。量器上均有相应的等级标志,如无上述字样符号,则表示此类量器不分级别,如量筒等。

(4) 量器的容量允差　由于制造工艺的限制,量器的实际容量与标称容量之间必然存在或多或少的差值。但是,为保证量器的准确度,这种差值必须符合一定的要求。允许存在的最大差值叫容量允差(293 K)。

容量允差主要是根据量器的结构、用途和生产的工艺水平确定的。对于有分度的量器,容量允差应包括从零分度至任意分度的最大误差和任意两分度之间的最大误差均不得超过允差。但由于目前工艺上的限制,对后者的要求尚未特别强调。

容量允差是量器的重要技术指标。使用时了解并熟悉这一指标,无疑对正确选用量器和合理的要求测定结果都是十分重要的。

这三种量器的容量允差分别列在表 1-1-10 和表 1-1-11 中。

表 1-1-10　293 K 时滴定管和吸管标称容量允差

标称容量/mL	滴定管允差/mL		分度吸管允差/mL		无分度吸管允差/mL	
	A 级	B 级	A 级	B 级	A 级	B 级
100	0.1	0.2			0.08	0.16
50	0.05	0.1	0.1	0.2	0.05	0.10
25	0.05	0.08	0.05	0.1	0.03	0.06
10	0.025	0.05	0.05	0.1	0.02	0.04
5	0.01	0.02	0.025	0.050	0.015	0.030
2	0.01	0.02	0.012	0.025	0.010	0.020
1	0.01	0.02	0.008	0.015	0.007	0.015

表 1-1-11 293 K 时容量瓶的标称容量允差

标称容量/mL	1 000	500	250	200	100	50	25	10	5
A 级允差/mL	0.40	0.25	0.15	0.15	0.10	0.05	0.03	0.02	0.02
B 级允差/mL	0.80	0.50	0.30	0.30	0.20	0.10	0.06	0.04	0.04

(5) 流出时间和等待时间　当水自量器中流出时,流出速度不同,残存于量器内壁的水量就不同,因而直接影响量器示值的准确度,所以必须对流出时间和等待时间作出规定。

流出时间是量器内以水充到全量标线(即最高标线),然后通过排液嘴自然流出至最低标线所需的时间(s)。

等待时间是指在被检量器中,当水流至所需标线以上约 5 mm 处时,需要等待的一定时间。目的是让残留在量器内壁上的水全部流下,然后再调整液面至所需读数的位置。

量器的流出时间和等待时间列在表 1-1-12 和表 1-1-13 中。

表 1-1-12 滴定管的流出时间和等待时间

标称容量/mL	A、A_2 级流出时间/s	B 级流出时间/s
1~2	20~35	15~35
5	30~45	20~45
10	30~45	20~45
25	45~70	35~70
50	60~90	50~90
100	70~100	60~100
等待时间/s	自然流出至标线以上约 5 mm 处,等 30 s 后,在 10 s 内调至标线	

表 1-1-13 吸管的流出时间和等待时间

标称容量/mL	无分度吸管流出时间/s		分度吸管流出时间/s	
	A 级	B 级	A、A_2 级	B 级
1~2	7~12	5~12	15~25	10~25
5	15~25	10~25	15~25	10~25
10	20~30	15~30	20~30	15~30
25	25~35	20~35	25~40	20~40
50	30~40	25~40	30~45	25~45
100	35~45	30~45		
等待时间/s	15	3	15	3

2. 相对校准

在实际工作中,常利用两件量器配套使用,如用容量瓶配制溶液后,用吸管取出其中一部分进行测定。此时,重要的不是要知道这二者的准确容量,而是二者的容量是否为准确的整倍数关系,这就需要对这两件量器进行相对校准。此法简单,在实际工作中使用较多,但只有在这两件量器配套使用时才有意义。

3. 绝对校准

(1) 校准原理　采用称量法,亦称衡量法校准量器,即在分析天平上称量被校量器中量出或量入的纯水的质量,再根据该温度下纯水的密度计算出被校量器的实际容量。但实际计算时要复杂得多。因为,纯水的质量是在空气中与砝码平衡求得,由于两者的密度不同,所受空气的浮力也不同;其次,纯水的密度和量器的容量都与温度有关。所以在校准时,必须考虑以下因素:① 空气浮力的影响;② 温度的影响,水的密度、玻璃的体膨胀系数均随温度而变化。

如果校准的准确度要求较高,而且温度又超出(293±5)K,大气压力及湿度变化又较大时,则应根据实测时的温度、空气压力和相对湿度计算空气密度。

综合考虑以上的各种影响因素后,可利用下式计算被检量器中量出或量入的纯水质量:

$$m=V_{293}\rho_{K}[1+\beta(T-293\ K)]\frac{\rho_{\delta}}{\rho_{\delta}-\rho_{0}}\left(1-\frac{\rho_{0}}{\rho_{K}}\right) \qquad (1-1-3)$$

式中,m——平衡纯水时所需用砝码的质量;

V_{293}——量器在标准温度 293 K 时的标称容量;

ρ_K——水在温度 T 时的密度;

ρ_δ——砝码的密度;

ρ_0——空气的密度;

T——测定时水的热力学温度;

β——玻璃的体膨胀系数。

ρ_δ 值可取砝码统一的名义密度值 8.0 g · mL^{-1};空气密度 ρ_0 值一般采用平均密度 0.001 2 g · mL^{-1};$\frac{\rho_0}{\rho_K}$可近似地看作$\frac{\rho_0}{\rho_{293}}$,293K 时,纯水密度 ρ_K 值是 0.998 21 g · mL^{-1},将这些值代入式(1-1-3)中,计算后得

$$m=V_{293}\rho_{K}[1+\beta(T-293\ K)]\times 0.998\ 947 \qquad (1-1-4)$$

然后将不同的 V_{293}、ρ_K、β 和 T 代入式(1-1-4)中,便可计算出各种玻璃材料制成的量器,在不同温度下各种容积的纯水与砝码平衡时的质量 m 和“差值”,编制成表 1-1-14。

表 1-1-14　钠钙玻璃量器容积校正用表($\beta=2.6\times10^{-5}\ K^{-1}$)

标称容量/mL	温度/K															
	283	284	285	286	287	288	289	290	291	292	293	294	295	296	297	298
1 000	998.39 1.61	998.32 1.68	998.24 1.76	998.14 1.86	998.04 1.96	997.92 2.08	997.79 2.21	997.64 2.36	997.49 2.51	997.32 2.68	997.15 2.85	996.96 3.04	996.77 3.23	996.56 3.44	996.35 3.65	996.12 3.88
500	499.19 0.81	499.16 0.84	499.12 0.88	499.07 0.93	499.02 0.98	498.96 1.04	498.89 1.11	498.82 1.18	498.74 1.26	498.66 1.34	498.57 1.43	498.48 1.52	498.38 1.62	498.28 1.72	498.17 1.83	498.06 1.94
250	249.60 0.40	249.58 0.42	249.56 0.44	249.54 0.46	249.51 0.49	249.48 0.52	249.45 0.55	249.41 0.59	249.37 0.63	249.33 0.67	249.29 0.71	249.24 0.76	249.19 0.81	249.14 0.86	249.09 0.91	249.03 0.97
200	199.678 0.322	199.664 0.336	199.648 0.352	199.628 0.372	199.608 0.392	199.58 0.42	199.56 0.44	199.53 0.47	199.50 0.50	199.46 0.54	199.43 0.57	199.39 0.61	199.35 0.65	199.31 0.69	199.27 0.73	199.22 0.78
125	124.80 0.20	124.79 0.21	124.78 0.22	124.77 0.23	124.76 0.24	124.74 0.26	124.72 0.28	124.71 0.29	124.69 0.31	124.67 0.33	124.64 0.36	124.62 0.38	124.60 0.40	124.57 0.43	124.54 0.46	124.52 0.48
100	99.839 0.161	99.832 0.168	99.824 0.176	99.814 0.186	99.804 0.196	99.792 0.208	99.779 0.221	99.764 0.236	99.749 0.251	99.732 0.268	99.715 0.285	99.696 0.304	99.677 0.323	99.656 0.344	99.635 0.365	99.612 0.388
50	49.919 0.081	49.916 0.084	49.912 0.088	49.907 0.093	49.902 0.098	49.896 0.104	49.889 0.111	49.882 0.118	49.874 0.126	49.866 0.134	49.857 0.143	49.848 0.152	49.838 0.162	49.828 0.172	49.817 0.183	49.806 0.194
30	29.952 0.048	29.950 0.050	29.947 0.053	29.944 0.056	29.941 0.059	29.937 0.063	29.934 0.066	29.929 0.071	29.925 0.075	29.920 0.080	29.914 0.086	29.909 0.091	29.903 0.097	29.897 0.103	29.890 0.110	29.884 0.116
15	14.976 0.024	14.975 0.025	14.974 0.026	14.972 0.028	14.971 0.029	14.969 0.031	14.967 0.033	14.965 0.035	14.962 0.038	14.960 0.040	14.957 0.043	14.954 0.046	14.952 0.048	14.948 0.052	14.945 0.055	14.942 0.058

注:上行为质量值(g),下行为差值。25 mL 可查 250 mL 一行,将小数点向左移一位。

(2) 计算方法 在实际操作时,利用表 1-1-14,只要将称量时所用的平衡砝码的质量值 $m_{称}$ 与表中相应温度时水的质量值相比较,便能确定量器在标准温度 293 K 时的实际容量。或者将平衡纯水时所用的砝码质量值 $m_{称}$ 与表中相应温度时的差值 Δm 相加,也可同样确定量器的实际容量。因此可有三种计算方法:① 用表观密度 ρ'_K 计算;② 用平衡砝码质量 $m_{称}$ 计算;③ 用差值 Δm 计算。

例:有一支标称容量为 25 mL 的吸管,当水温为 291 K 时,称得吸管排出的纯水质量 $m_{称}$ 为 24.948 g。该吸管由钠钙玻璃制成,试计算该吸管的实际容量。

解:方法 1 用表观密度 ρ'_K 计算。

在表 1-1-14 中,查得水的表观密度 ρ'_K,即在 291 K 时,标称容量为 1 000 mL 的纯水在空气中用砝码称得的质量为 997.49 g,即 0.997 49 g · mL^{-1}。则

$$V_{293}=\frac{m_{称}}{\rho'_K}=\frac{24.948\ \text{g}}{0.997\ 49\ \text{g}\cdot\text{mL}^{-1}}\approx 25.01\ \text{mL}$$

方法 2 用平衡砝码质量 m 计算。

由表 1-1-14 中查得,291 K 时 25 mL 纯水的质量 m 为 24.937 g。

$$V_{293}=V_{称}+\Delta V$$

当 $m_{称}$ 与 m 数值相差很小时,其质量之差可近似地看作体积之差。

$$\begin{aligned}V_{293}&=V_{称}+\Delta V=V_{称}+(m_{称}-m)\\&=25.00+(24.948-24.937)\\&\approx 25.01\ \text{mL}\end{aligned}$$

方法 3 用差值 Δm 计算。

表 1-1-14 中已列出相应的差值 Δm,可直接查到 291 K 时,25 mL 的差值为 0.063。

$$V_{293}=m_{称}+\Delta m=24.948+0.063\approx 25.01\ \text{mL}$$

可见三种计算方法所得结果是一致的,比较起来,用 Δm 计算最为方便。

1.11 滤纸、滤器及其应用

1. 滤纸

化学实验中常用的滤纸有定量滤纸和定性滤纸之分,两者的差别在于灼烧后的灰分质量不同。定量滤纸的灰分质量很低,故又称无灰滤纸。按过滤速度和分离性能的不同,滤纸又可分为快速、中速和慢速三类。滤纸产品按质量分为优等品、一等品和合格品,在此只将优等品按国家标准所规定的技术指标列于表 1-1-15 和表 1-1-16,应根据沉淀的性质和沉淀的量合理地选用滤纸。

除滤纸外,还可使用一定孔径的金属网或高分子材料制成的网膜进行

过滤。这些材料和滤纸一样,用于过滤时,都要和适当的滤器(布氏漏斗或玻璃漏斗等)配合使用。

表 1-1-15　定量滤纸(优等品)技术指标

项　　目	规　　定		
	快速	中速	慢速
	201	202	203
面质量/($g\cdot m^{-2}$)	80±4.0		
分离性能(沉淀物)	$Fe(OH)_3$	$PbSO_4$	$BaSO_4$(热)
过滤速度/s　≤	35	70	140
湿耐破度(水柱)/mm　≥	130	150	200
灰分/%　≤	0.009		
圆形纸直径/mm	55,70,90,110,125,180,230,270		

表 1-1-16　定性滤纸(优等品)技术指标

项　　目	规　　定		
	快速	中速	慢速
	101	102	103
面质量/($g\cdot m^{-2}$)	80±4.0		
分离性能(沉淀物)	$Fe(OH)_3$	$PbSO_4$	$BaSO_4$(热)
过滤速度/s　≤	35	70	140
灰分/%　≤	0.11		
圆形纸直径/mm	55,70,90,110,125,150,180,230,270		
方形纸尺寸/mm	600×600,300×300		

2. 烧结过滤器

(1) 烧结过滤器的分类　这是一类由颗粒状的玻璃、石英、陶瓷、金属等经高温烧结,并具有微孔的过滤器。其中最常用的是玻璃滤器,它的底部是用玻璃砂在 873K 左右烧结成的多孔片,故又称玻璃砂芯滤器,有坩埚式和漏斗式两种(图 1-1-42)。根据烧结玻璃的孔径大小分成 6 种规格(表 1-1-17)。

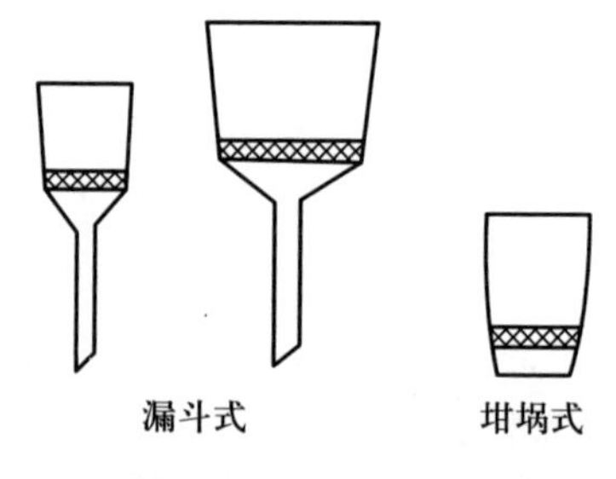

图 1-1-42　玻璃滤器

表 1-1-17 玻璃滤器的规格和用途

滤片号	孔径/μm	一 般 用 途
1	80~120	过滤粗颗粒沉淀
2	40~80	过滤较粗颗粒沉淀
3	15~40	过滤化学分析中一般结晶沉淀和含杂质的水银
4	6~15	过滤细颗粒沉淀
5	2~5	过滤极细颗粒沉淀
6	<2	过滤细菌

从 1990 年开始实施新的标准,规定在每级孔径的上限值前置以字母"P"表示(表 1-1-18)。各种滤器都有不同的规格,例如容量、高度、直径和滤片牌号等。

表 1-1-18 玻璃滤器的分级、牌号

牌　　号		P1.6	P4	P10	P16	P40	P100	P160	P250
孔径/μm 分级	>	—	1.6	4	10	16	40	100	160
	≤	1.6	4	10	16	40	100	160	250

在化学分析中常用 3 号、4 号滤器,如丁二酮肟合镍(Ⅱ)沉淀,可用 3 号玻璃滤器(坩埚式)。

(2) 玻璃滤器的洗涤和使用　玻璃滤器配合吸滤瓶使用,如坩埚式滤器可通过特制的橡胶座接在吸滤瓶上,操作同减压过滤。

新的滤器使用前要经酸洗、吸滤、水洗、吸滤、晾干或烘干。

滤器用过后,应及时清洗,先尽量倒出沉淀,再用适当的洗涤剂(能溶解或分解沉淀)浸泡。不能用去污粉洗涤,也不能用硬物擦划滤片。常见的洗涤剂见表 1-1-19。

表 1-1-19 玻璃滤器常用洗涤剂

沉　淀　物	洗　涤　液
油脂等有机物	CCl_4 等适当的有机溶剂洗涤,再用洗液洗
氯化亚铜、铁斑	含 $KClO_4$ 的热、浓盐酸
汞　　渣	热、浓硝酸
氯　化　银	$NH_3 \cdot H_2O$ 或 $Na_2S_2O_3$ 溶液
铝质、硅质残渣	先用 2% HF 洗,再用浓硫酸洗涤,随即用水反复清洗
二 氧 化 锰	$HNO_3-H_2O_2$

这类滤器不宜过滤较浓的碱性溶液、热浓磷酸和氢氟酸溶液(会腐蚀玻璃),也不宜过滤浆状沉淀(会堵塞砂芯细孔)、不易溶解的沉淀(因沉淀无法清洗,如二氧化硅)。

为防止裂损和滤片脱落,在加热和冷却时都要缓缓进行。干燥后,要在烘箱中降至温热后再取出。

若用作重量分析,则洗涤干净后不能用手直接接触,而要用洁净的软纸衬垫着拿。将其放在烧杯中,在烧杯口搁三只玻璃钩,再盖上表面皿,置于烘箱中烘干(烘干温度与烘沉淀的温度同),直至恒重。

1.12　标准物质和标准溶液

1.12.1　标准物质

为了保证分析、测试的结果有一定的准确性,并具有公认的可比性,必须要用标准物质校准仪器、标定溶液浓度和评价分析方法。可见,标准物质是物质成分、结构测定中不可缺少的一种计量标准。

1. 标准物质的定义和特征

参照国际标准化组织的标准物质委员会提出的标准物质的定义,国家计量局颁布了标准物质的定义:已确定其一种或几种特性,用于校准测量器皿、评价测量方法或确定材料特性量值的物质。因此,它必须具备以下特征:材质均匀、性能稳定、批量生产、准确定值,有标明标准值及定值的准确度等项内容的标准物质证书。此外,某些标准物质还应具有与待测物质相近似的组成与特性,以消除待测试样与标准物质间因主体成分的差异给测定结果带来的系统误差。

2. 标准物质的分级

标准物质分为两个级别。一级标准物质主要用于研究与评价标准方法、二级标准物质的定值等。二级标准物质主要用于评价现场分析方法、现场实验室的质量保证和不同实验室之间的质量保证。二级标准物质常称为工作标准物质。

3. 化学试剂中的标准物质

化学试剂中仅有容量分析基准试剂和 pH 基准试剂属于标准物质。常用的工作基准试剂见附录十一。

容量第一基准试剂(一级标准物质)的主体含量为 99.98%~100.02%。工作基准试剂(二级标准物质)的主体含量为 99.95%~100.05%,这是滴定分析工作中常用的计量标准，可使被标定溶液的不确定度在0.2%以内。

一级pH基准试剂（一级标准物质）的pH(S)总不确定度为±0.005，用这种试剂按规定方法配制的溶液称为一级pH标准缓冲溶液，用于pH基准试剂的定值和高精密度pH计的校准。pH基准试剂（二级标准物质）的pH(S)总不确定度为±0.01，用这种试剂按规定方法配制的溶液称为pH标准缓冲溶液，主要用于pH计的校准（定位）。

1.12.2 标准溶液

标准溶液是已确定其主体物质浓度或其他特性量值的溶液。化学实验中常用的标准溶液有滴定分析用标准溶液、仪器分析用标准溶液和pH测量用标准缓冲溶液。

1. 滴定分析用标准溶液

配制方法有：

(1) 用工作基准试剂或纯度相当的其他物质直接配制。此法比较简单，但成本太高不实用，而且像盐酸、氢氧化钠等许多标准溶液无适当的物质可用以直接配制。

(2) 先用分析纯试剂配成接近所需浓度的溶液，再用适当的工作基准试剂或其他标准物质进行标定。

配制时，所用工作基准试剂要按规定预先进行干燥。此外，还应根据实验要求选用适当级别的纯水来配制，一般不能低于三级水的规格。

2. pH测量用标准缓冲溶液

配制方法有：

(1) 用袋装pH基准试剂配制　将塑料袋内的试剂全部溶解并稀释至规定体积即可使用。

(2) 用pH基准试剂配制　将pH基准试剂事先经干燥处理后，再配制成规定的浓度（附录十二）。

缓冲溶液可以保存2~3个月，若发现有浑浊、沉淀或发霉时，则不能再用。

1.13 分析试样的准备和分解

1.13.1 分析试样的准备

送到实验室分析的试样，对一整批物料应具有代表性。在制备分析试样的过程中，不使其失去足够的代表性，这与分析结果的准确性同等重要。下面介绍各种类型的试样采取方法。

1. 气体试样的采取

(1) 常压下取样　用一般吸气装置，如吸筒、抽气泵，使盛气瓶产生真空，自由吸入气体试样。

(2) 气体压力高于常压取样　可用球胆、盛气瓶直接盛取试样。

(3) 气体压力低于常压取样　先将取样器抽成真空，再用取样管接通进行取样。

2. 液体试样的采取

(1) 装在大容器中的液体试样的采取　采用搅拌器搅拌或用无油污、水等杂质的空气，深入到容器底部充分搅拌，然后用内径约 1 cm、长 80~100 cm 的玻璃管，在容器的各个不同深度和不同部位取样，经混合后供分析。

(2) 密封式容器的采样　先弃去前面放出的一部分，再接取供分析的试样。

(3) 一批中分几个小容器分装的液体试样的采取　先分别将各容器中试样混匀，然后按该产品规定取样量，从各容器中取近等量试样于一个试样瓶中，混匀供分析。

(4) 炉水按密封式取样。

(5) 水管中试样的采取　应先放去管内静水，取一根橡胶管，其一端套在水管上，另一端插入取样瓶底部，在瓶中装满水后，让其溢出瓶口少许时间即可。

(6) 河、池等水源中采样　在尽可能背阴的地方，离水面以下 0.5 m 深度，离岸 1~2 m 采取。

3. 固体试样的采取

(1) 粉状或松散试样的采取　如精矿、石英砂、化工产品等其组成较均匀，可用探料钻插入包内钻取。

(2) 金属锭块或制件试样的采取　一般可用钻、刨、切削、击碎等方法，按锭块或制件的采样规定采取试样。如无明确规定，则从锭块或制件的纵横各部位采取。如送检单位有特殊要求，可协商采取之。

(3) 大块物料试样的采取　如矿石、焦炭、块煤等，不但组分不均匀，而且其大小相差很大。所以，采样时应以适当的间距，从各个不同部分采取小样，原始试样一般按全部物料的万分之三至千分之一采集小样，对极不均匀的物料，有时取五百分之一，取样深度在 0.3~0.5 m 处。固体试样加工的一般程序如下：

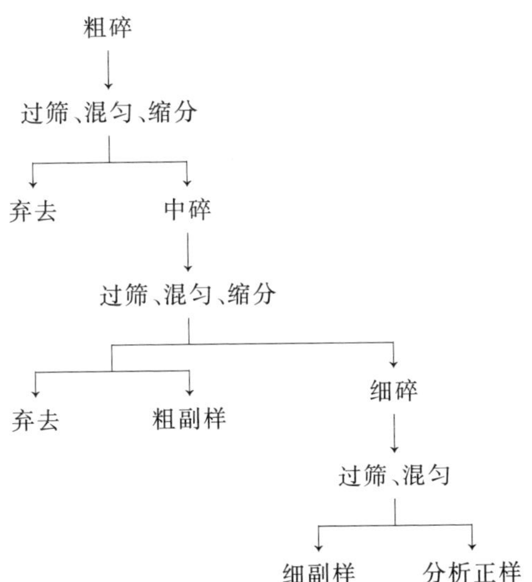

实际上不可能把全部试样都加工成为分析试样，因此在处理过程中要不断进行缩分。具有足够代表性的试样的最低可靠质量，按照切乔特公式进行计算：

$$m_Q = kd^2$$

式中，m_Q——试样的最低可靠质量(kg)；

k——根据物料特性确定的缩分系数；

d——试样中最大颗粒的直径(mm)。

试样的最大颗粒直径，以粉碎后试样能全部通过的孔径最小的筛号孔径为准。

根据试样的颗粒大小和缩分系数，可以从手册上查到试样最低可靠质量的 m_Q 值。最后将试样研细到符合分析试样的要求。

缩分采用四分法，即将试样混匀后堆成锥状，然后略为压平，通过中心四等分，弃去任意对角的两份。由于试样中不同粒度、不同比重的颗粒大体上分布均匀，留下试样的量是原样的一半，仍然代表原样的成分。

缩分的次数不是任意的。每次缩分时，试样的粒度与保留的试样之间，都应符合切乔特公式，否则就应进一步破碎，才能缩分。如此反复经过多次破碎缩分，直到试样质量减至供分析用的数量为止。然后放入玛瑙研钵中磨到规定的细度。根据试样的分解难易，一般要求试样通过 100~200 号筛，这在生产单位均有具体规定。

1.13.2　试样的分解

分解试样的要求是完全分解，且在分解过程中不能引入待测组分，也不能使待测组分有所损失，所有试剂及反应产物对后续测定应无干扰。分解试样的方法因试样性质不同而不同，常用的分解方法有溶解法和熔融法（见附录二十）。

1.14　重量分析的基本操作

1. 试样的干燥

研磨得很细的试样具有极大的表面积，会从空气中吸附相当多的水分，因此在称样前应作干燥处理，以除去吸附的水，这样才能得到正确的结果。

由于试样的吸湿性与其性质不尽相同，干燥所需要的温度和时间也不一样。所用的温度应既能赶去水分，又不致引起试样中组成水和挥发性组分的损失。一般用的温度为 378～383 K。干燥时，将试样放在称量瓶内，瓶盖斜放在瓶口上。将称量瓶置于一只干燥烧杯中，烧杯沿口搁三只玻璃钩或一只玻璃三脚架，上面盖一只表面皿（凸面向下，图 1-1-43）。干燥试样需一定的温度，而且最好不时搅动，以利干燥。若处理的试样较多，可平铺于蒸发皿或培养皿中，上面同样盖一表面皿进行干燥。经干燥的试样应在干燥器中保存。

图 1-1-43　试样的干燥

有的试样也用空气干燥（风干）。风干的试样应保存在无干燥剂的干燥器中，或用纸将称量瓶包好放在干净的烧杯内保存。含结晶水的试样也不能放在干燥器中。

计算各组分的含量时，应该注明试样的干燥情况。必要时应换算成干基试样表示。

2. 试样的溶解

试样的溶解是一个很复杂的问题。许多固体试样，特别是许多矿物和岩石试样，需用各种溶剂（或熔剂）分解（附录二十），下面只介绍易溶试样的一些实验操作。

试样溶解时若有气体产生（如用盐酸溶解碳酸盐），则应先用少量水将试样润湿,以防止产生的气体将轻细的试样扬出。用表面皿将烧杯盖好,凸面向下。为防止反应过于猛烈,应用滴管将溶剂自杯嘴逐滴加入。

溶解试样时若需加热,则必须用表面皿盖好烧杯。溶液沸腾后改用小火,以防止溶液剧烈沸腾和迸溅。应注意防止溶液蒸干,因溶液蒸至稠状时,极易迸溅,而且许多物质脱水后很难再溶解。若在锥形瓶中加热,可在瓶口搁置一只小漏斗,既可防灰尘落入瓶中,又可减缓溶剂挥发过快。

待溶样结束后,用洗瓶将表面皿、烧杯(锥形瓶)内壁上附着的溶液冲洗回烧杯(锥形瓶)内。

3. 溶液的蒸发

如果溶液需要蒸发,应在水浴锅上进行。若用电热板或在石棉网上直接加热,切勿使溶液猛烈沸腾。蒸发时烧杯必须用表面皿盖好。蒸发后用洗瓶冲洗表面皿和杯壁。如需将溶液蒸干,也必须在水浴锅上进行。重量法测定二氧化硅时,硅胶脱水的操作即属此例。

4. 沉淀操作

沉淀剂加入的速度应根据沉淀类型而定。如果需要一次性加入沉淀剂,如沉淀非晶形沉淀时或加有机沉淀剂时,则应将沉淀剂沿着烧杯内壁加到溶液中去,边加边搅拌,以防溶液溅出。形成晶形沉淀时,通常用滴管滴加,边滴边搅拌,以使沉淀剂不致局部过浓,使形成的沉淀太细。太细的沉淀更易吸附杂质,难于洗涤;过滤时,还可能造成穿滤,以致实验失败。搅拌时玻璃棒不要碰撞或摩擦杯壁。沉淀若需在热溶液中进行,则不得使溶液沸腾(最好在水浴中加热)。溶液加热后,用洗瓶冲洗表面皿和杯壁,以免溶液损失。

沉淀后应检查沉淀是否完全。待沉淀下沉后,在上层清液中,缓缓滴加几滴沉淀剂,仔细观察是否有新的沉淀形成。若仍有沉淀形成,则应补加足量的沉淀剂使沉淀完全。

5. 沉淀的过滤和洗涤

这是重量分析成败的关键步骤。根据沉淀的性质选用适当的滤纸或玻璃滤器,两者操作基本相同。以下着重介绍用滤纸过滤的步骤:

(1) 漏斗的准备　将滤纸轻轻地对折后再对折(暂不压紧),然后展开成圆锥体(图 1-1-44),放入预先洗净的漏斗中。若滤纸圆锥体与漏斗不密合,可改变滤纸折叠的角度,直到与漏斗密合为止(这时可把滤纸压紧,但不能用手指在纸上抹,以免滤纸破裂造成沉淀穿滤)。为了使滤纸三层的那边能紧贴漏斗,常把这三层的外面两层撕去一角(撕下来的滤纸角保存起来,以备需要时擦拭沾在烧杯口外或漏斗壁上少量残留的沉淀用)。

用手指按住滤纸中三层的一边,以少量的水润湿滤纸,使它紧贴在漏斗壁上。轻压滤纸,赶走气泡(切勿上下搓揉,湿滤纸极易破损!)。加水至滤纸边缘,使之形成水柱(即漏斗颈中充满水)。若不能形成完整的水柱,可一边用手指堵住漏斗下口,一边稍掀起三层那一边的滤纸,用洗瓶在滤纸和漏斗之间加水,使漏斗颈和锥体的大部分被水充满,然后一边轻轻按下掀起的滤纸,一边断续放开堵在出口处的手指,即可形成水柱。将准备好的漏斗安放在漏斗板上,盖上表面皿,下接一洁净烧杯,烧杯的内壁与漏斗出口尖处接触,收集滤液的烧杯也用表面皿盖好。

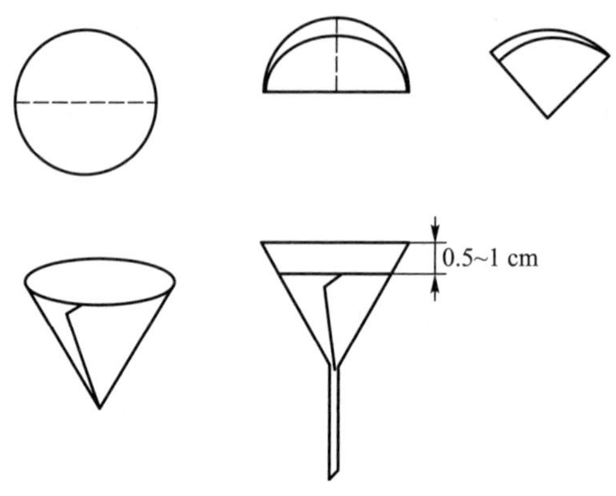

图 1-1-44 滤纸的折叠和安放

(2) 过滤 一般采用倾滗法进行过滤:首先过滤上层清液,将沉淀留在烧杯中,加入洗涤液初步洗涤沉淀,澄清后再滤去上层清液,经几次洗涤后,最后转移沉淀。倾滗法的主要优点是过滤开始时,不致因沉淀堵塞滤纸而减缓过滤速度,而且在烧杯中初步洗涤沉淀可提高洗涤效果。

第一步:用倾滗法把清液倾入滤纸中,留下沉淀。为此,在漏斗上将玻璃棒从烧杯中慢慢取出并直立于漏斗中,下端对着三层滤纸的那一边约 2/3 滤纸高处,尽可能靠近滤纸,但不要碰到滤纸(图 1-1-45)。将上层清液沿着玻璃棒引入漏斗,漏斗中的液面不得高于滤纸高度的 2/3,以免部分沉淀可能由于毛细管作用越过滤纸上缘而损失。用 15 mL 左右洗涤液冲洗玻璃棒和杯壁并进行搅拌,澄清后,再按上法滤去清液。当倾滗暂停时,要小心把烧杯扶正,玻璃棒不离杯嘴,到最后一液滴流完后,立即将玻璃棒收回直接放入烧杯中(此时玻璃棒不要靠在烧杯嘴处,因此处可能沾有少量的沉淀),然后将烧杯从漏斗上移开。如此反复用洗涤液洗 2~3 次,使黏附在杯壁的沉淀洗下,并将杯中的沉淀进行初步洗涤。

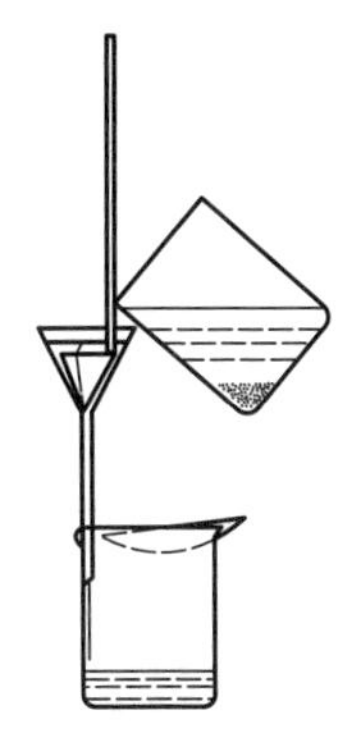

(a) 玻璃棒垂直紧靠烧杯嘴，下端对着滤纸三层的一边，但不能碰到滤纸

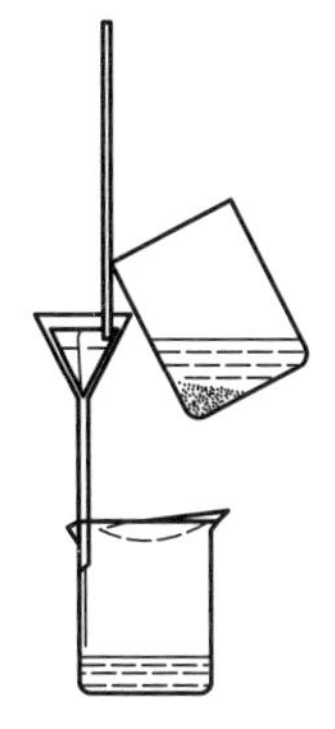

(b) 慢慢扶正烧杯，但杯嘴仍与玻璃棒贴紧，接住最后一滴溶液

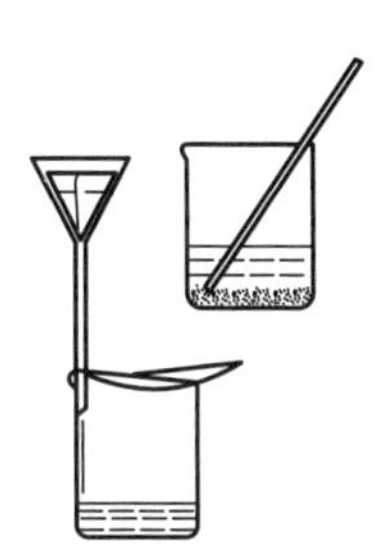

(c) 玻璃棒远离烧杯嘴搁放

图 1-1-45 过滤

第二步:把沉淀转移到滤纸上。先用少量洗涤液冲洗杯壁和玻璃棒上的沉淀,再把沉淀搅起,将悬浮液小心转移到滤纸上,每次加入的悬浮液不得超过滤纸高度的 2/3。如此反复几次,尽可能地将沉淀转移到滤纸上。烧杯中残留的少量沉淀,则可按图1-1-46所示,用左手将烧杯倾斜放在漏斗上方,杯嘴朝向漏斗。用左手食指按住架在烧杯嘴上的玻璃棒上方,其余手指拿住烧杯,杯底略朝上,玻璃棒下端对准三层滤纸处,右手拿洗瓶冲洗杯壁上所黏附的沉淀,使沉淀和洗液一起顺着玻璃棒流入漏斗中(注意勿使溶液溅出)。

第三步:洗涤烧杯和沉淀。附着在烧杯壁和玻璃棒上的沉淀,可用淀帚自上而下刷至杯底,再转移到滤纸上。最后在滤纸上将沉淀洗至无杂质。洗涤时应先使洗瓶出口管充满液体后,用细小缓慢的洗涤液流从滤纸上部沿漏斗壁螺旋向下冲洗,绝不可骤然浇在沉淀上。待上一次洗涤液流完后,再进行下一次洗涤。在滤纸上洗涤沉淀主要是洗去杂质,并将黏附在滤纸上部的沉淀冲洗至下部。

图 1-1-46 残留沉淀的转移

为了检查沉淀是否洗净,先用洗瓶将漏斗颈下端外壁洗净,用小试管收集滤液少许,用适当的方法(例如用 $AgNO_3$ 检验是否有 Cl^-)进行检验。

过滤和洗涤沉淀的操作必须不间断地一

气呵成,否则搁置较久的沉淀干涸后,因结成团块而几乎无法将其洗涤干净。

6. 沉淀的烘干、灼烧及恒重

(1) 瓷坩埚的准备　将洗净的瓷坩埚斜放[图 1-1-47(a)],坩埚盖斜靠在坩埚口和泥三角上,用小火(必须是氧化焰)小心加热坩埚盖[图 1-1-47(c)],使热空气流反射到坩埚内部将其烘干。稍冷,用硫酸亚铁铵溶液(或硝酸钴溶液)在坩埚和盖上编号,小心烘干,然后在坩埚底部[图 1-1-47(b)]灼烧至恒重。灼烧温度和时间应与灼烧沉淀时相同(沉淀灼烧所需的温度和时间,随沉淀而异)。在灼烧过程中,要用热坩埚钳慢慢转动坩埚数次,使其灼烧均匀。

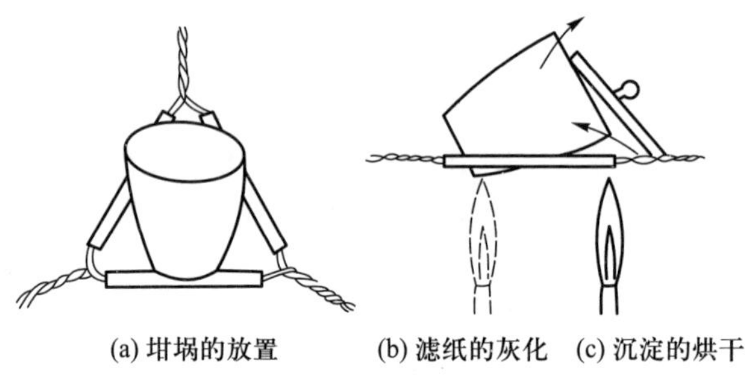

(a) 坩埚的放置　　(b) 滤纸的灰化　(c) 沉淀的烘干

图 1-1-47　沉淀的烘干和灼烧

空坩埚第一次的灼烧时间为 15~30 min,稍冷(红热退去,再冷 1 min 左右),用热坩埚钳夹取后放入干燥器内冷却 45~50 min,称量(称量前 10 min 应将干燥器拿到天平室),第二次再灼烧 15 min,冷却、称量(每次冷却时间要相同),直至两次称量相差不超过 0.2 mg,即为恒重。将恒重后的坩埚放在干燥器中备用。

若使用马弗炉灼烧,可将编好号、烘干的瓷坩埚,用长坩埚钳逐渐移入 1 073~1 123 K 的马弗炉中(坩埚直立并盖上坩埚盖,但留有空隙)。第一次和第二次灼烧的时间和冷却、称量条件与上述煤气灯的灼烧类同。

(2) 沉淀的包裹　晶形沉淀一般体积较小,可用清洁的玻璃棒将滤纸的三层部分挑起,再用洗净的手将滤纸小心取出,按图 1-1-48 所示打开成半圆形,自右边半径的 1/3 处向左折叠,再从上边向下折,然后自右向左卷成小卷,将滤纸放入已恒重的坩埚中,包卷层数较多的一面朝上,以便于炭化和灰化。

对于胶状沉淀,由于体积一般较大,不宜用上述包裹方法,而用玻璃棒从滤纸的三层部分将其挑起,然后用玻璃棒将滤纸向中间折叠,将三层部分的滤纸折在最外面,包成锥形滤纸包。用玻璃棒轻轻按住滤纸包,旋转漏斗颈,慢慢将滤纸包从漏斗的锥底移至上沿,这样可擦下附着在漏斗上的沉淀(图 1-1-49)。将滤纸包移至恒重的坩埚中,尖头向上,再仔细检查原烧杯嘴和漏斗内是否残留沉淀。如有沉淀可用准备漏斗时撕下的滤纸再擦拭,一并放入坩埚内,此法也可以用于包裹晶形沉淀。

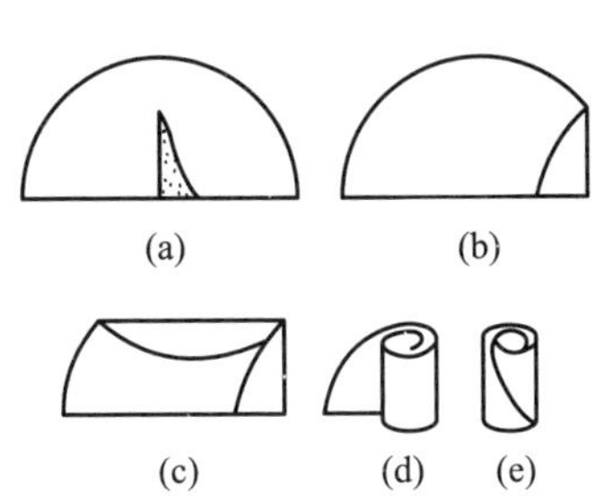

图 1-1-48　包裹沉淀方法一

图 1-1-49　包裹沉淀方法二

(3) 沉淀的烘干、灼烧和恒重　按图 1-1-47(a)和(c)放置好坩埚及盖,用煤气灯小火加热坩埚盖,这时热空气流反射到坩埚内部,使滤纸和沉淀烘干,并利于滤纸的炭化。要防止温度升得太快,坩埚中氧不足致使滤纸变成整块的炭。如果大块炭生成,将使滤纸完全炭化非常困难。在炭化时不能让滤纸着火,否则会将一些微粒扬出。如万一着火,应立即将坩埚盖盖住,同时移去火源使其熄灭,不可用嘴吹灭。

滤纸炭化后,将灯放在坩埚下[图 1-1-47(b)],用小火使滤纸大部分灰化后,再逐渐加大火焰把炭完全烧成灰。炭粒完全消失后,可改用喷灯在一定的温度下灼烧沉淀片刻,如 $BaSO_4$ 沉淀一般第一次灼烧 30 min,按空坩埚冷却方法冷却、称量,然后进行第二次灼烧(只需 15 min)、冷却、称量,直至恒重。

使用马弗炉煅烧沉淀时,沉淀和滤纸的干燥、炭化和灰化过程,应事先在煤气灯上或电炉上进行,然后将坩埚移入适当温度的马弗炉中。在与灼烧空坩埚相同的温度下,第一次灼烧 40~45 min,第二次灼烧 20 min,冷却、称量条件同空坩埚。

2 光、电仪器的使用

2.1 pH 计的使用

pH 计的使用

pH 计(又称酸度计)是测定溶液 pH 的常用仪器。它的型号有多种,如 pHS—2 型、pHSW—3D 型等。各种型号的结构虽有不同,但基本上由电极和电位计两大部分组成,电极是 pH 计的检测部分,电位计是指示部分。

1. 测量原理

pH 计的两个工作电极与待测溶液组成原电池,其中一个电极的电势固定不变,称参比电极,常用饱和甘汞电极、银-氯化银电极;另一电极的电势随待测溶液 pH 而变,称指示电极,用玻璃电极。测定原电池的电动势就可知道指示电极的电势,进而求算待测溶液的 pH。

2. 电极

(1) 甘汞电极(图 1-2-1) 甘汞电极由金属汞、甘汞(Hg_2Cl_2)和氯化钾(KCl)溶液组成,它们的反应为

$$Hg_2Cl_2+2e^- \xlongequal{} 2Hg+2Cl^-$$

其电极电势与溶液的 pH 无关。饱和甘汞电极(用饱和 KCl 溶液)在 298 K 的电极电势为 0.242 V。

(2) 玻璃电极(图 1-2-2) 玻璃电极的下端是一极薄的玻璃球泡,它是由特殊成分的玻璃(72% SiO_2、22% Na_2O、6% CaO)吹制而成,球中有 $0.1\ mol \cdot L^{-1}$ HCl 溶液,内插入 Ag-AgCl 电极(内参比电极),把它插入待测溶液便组成一个电极:

$$Ag+AgCl(s)\,|\,HCl(0.1\ mol\cdot L^{-1})\,\underset{\text{玻璃膜}}{|}\,\text{待测溶液}$$

由于球内$[H^+]$是固定的,该电极的电势随待测溶液 pH 而变:

$$E_{玻}=E^{\ominus}_{玻}+0.059\ 1\ V\ lg[H^+]$$
$$=E^{\ominus}_{玻}-0.059\ 1\ V\ pH$$

将玻璃电极和甘汞电极一起插入待测溶液组成原电池,接上精密电位计,即可测得电池的电动势:

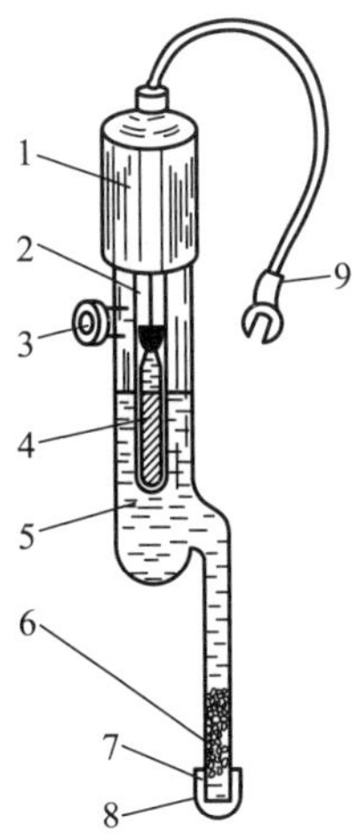

图 1-2-1 饱和甘汞电极

1—胶木帽;2—铂丝;3—小橡胶塞;
4—汞、甘汞内部电极;5—饱和 KCl 溶液;
6—KCl 晶体;7—陶瓷芯;8—橡胶帽;9—电极引线

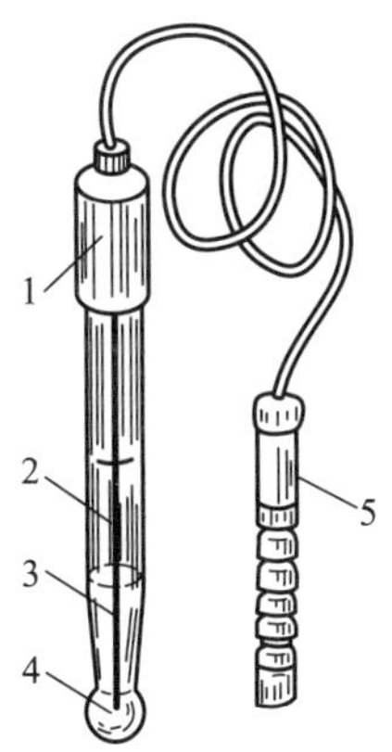

图 1-2-2 玻璃电极

1—胶木帽;2—Ag-AgCl 电极;
3—HCl 溶液;4—玻璃球泡;5—电极插头

$$E = E_{+} - E_{-} = E_{甘汞} - E_{玻}$$
$$= 0.242\ \mathrm{V} - E^{\ominus}_{玻} + 0.0591\ \mathrm{V}\ \mathrm{pH}$$

所以
$$\mathrm{pH} = \frac{E - 0.242\ \mathrm{V} + E^{\ominus}_{玻}}{0.0591\ \mathrm{V}}$$

其中,$E^{\ominus}_{玻}$可以由测定一个已知 pH 的缓冲溶液的电动势求得。

(3) 复合电极 将参比电极和玻璃电极设计组装成一支电极即称为复合电极。

现以 pHSW—3D 型、pHS—3D 功能型为例介绍。

2.1.1 pHSW—3D 型 pH 计

1. 仪器的外形结构

pHSW—3D 型 pH 计外形结构见图 1-2-3。

2. 复合电极的结构

电极主要由电极球泡、电极支持杆、内参比电极、内参比溶液、电极塑壳、外参比电极、外参比溶液、液接界、电极导线等部分组成(图 1-2-4)。

3. 复合电极的测量原理

复合电极在溶液中组成如下电池:

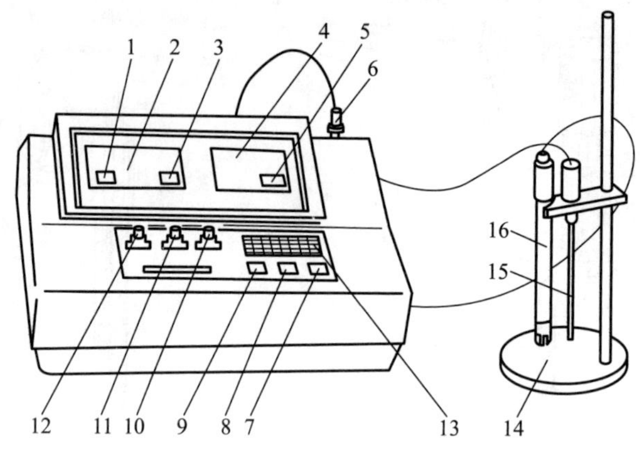

图 1-2-3 pHSW—3D 型 pH 计外形结构图

1—pH 指示灯;2—pH 及 mV 值显示屏;3—mV 指示灯;4—温度显示屏;5—温度指示灯;6—pH 电极插座;7—温度轻触开关;8—“mV”轻触开关;9—“pH”轻触开关;10—温度补偿调节器;11—斜率调节器;12—定位调节器;13—缓冲溶液 pH 表格;14—电极架;15—温度电极;16—pH 电极

内参比电极|内参比溶液|电极球泡||被测溶液|外参比溶液|外参比电极

(-) $E_{内参}$ $E_{内玻}$ $E_{外玻}$ $E_{液接}$ $E_{外参}$(+)

其中,$E_{内参}$——内参比电极与内参比溶液之间的电势差;

$E_{内玻}$——内参比溶液与电极球泡内壁之间的电势差;

$E_{外玻}$——电极球泡外壁与被测溶液之间的电势差;

$E_{液接}$——被测溶液与外参比溶液之间的接界电势;

$E_{外参}$——外参比电极与外参比溶液之间的电势差。

电池的电极电势为各级电势之和。

$$E=-E_{内参}-E_{内玻}+E_{外玻}+E_{液接}+E_{外参}$$

其中,$E_{外玻}=E^{\ominus}_{玻}-\dfrac{2.303\ RT}{F}\text{pH}$

再设 $A=-E_{内参}-E_{内玻}+E_{液接}+E_{外参}+E^{\ominus}_{玻}$

在固定条件下,A 为常数,所以

$$E=A-\frac{2.303\ RT}{F}\text{pH}$$

可见电极电势 E 与被测溶液的 pH 呈线性关系,其斜率为 $-2.303RT/F$。

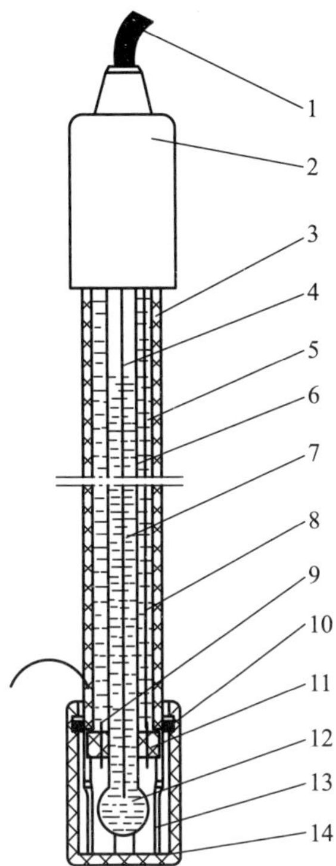

图 1-2-4 201—C 型塑壳 pH 复合电极结构图

1—电极导线;2—电极帽;3—电极塑壳;4—内参比电极;5—外参比电极;
6—电极支持杆;7—内参比溶液;8—外参比溶液;9—液接界;
10—密封圈;11—硅胶圈;12—电极球泡;13—球泡护罩;14—护套

因为上式中常数项 A 随各支电极和各种测量条件而异,因此,只能用比较法,即用已知 pH 的标准缓冲溶液定位,通过 pH 计中的定位调节器消除式中的常数项 A,以便保持相同的测量条件来检测被测溶液的 pH。

4. pH 的调节功能

(1) 定位调节 用来消除常数 A,使测量标准化的步骤叫做“定位”。实际操作时,利用 pH 计的定位旋钮将数字直接调整到已知的标准缓冲溶液的 pH,进行“定位”。这是 pH 计最重要的调节功能。

(2) 斜率调节 pH 电极的实际斜率与斜率项 $2.303RT/F$ 的理论值总有一定偏差,大多低于理论值,而且随着使用时间的增加,电极老化,偏差会更大,因此,必须对电极的斜率进行补偿后方能使测量标准化。设置斜率调节旋钮,能提高 pH 计的精度,使测量的准确度达到要求。

(3) 温度补偿调节　斜率项 $2.303RT/F$ 与溶液的温度 T 成正比。当溶液温度变化时,电极的斜率也随之变化,因此,要设置温度补偿器,使电极在不同温度下,能产生相同的电势变化。温度补偿调节的方法有手动和自动两种。

5. 使用方法

(1) 准备工作

① 插上电源,按下开关,仪器预热约 30 min。

② 将 pH 复合电极在纯水中搅动洗净,甩干或用滤纸吸干。旋下插座护罩,将 pH 电极插入插座,将已配制的标准缓冲液分别倒入烧杯。

(2) 仪器标定

① 调温度:插入温度电极,测量缓冲溶液的温度,并将温度电极浸在缓冲溶液中(或者拔下温度电极,将温度补偿旋钮调节到该温度值)。

② 调定位:将 pH 复合电极浸入 pH=7 的标准缓冲溶液中,搅动后静止放置,调节定位旋钮,使仪器稳定显示该缓冲溶液在此温度下的 pH(具体数值查面板上的表格,如 pH=7 的缓冲溶液在 293 K 时 pH=6.88)。

③ 调斜率:取出 pH 复合电极,用纯水洗净甩干,插入 pH=4(或 pH=9)的标准缓冲溶液中,搅动后静止放置,调节斜率旋钮,使仪器稳定显示该缓冲溶液在此温度下的 pH(具体数值查面板上的表格)。

④ 重复②、③步骤,使电极在两种缓冲溶液中稳定显示相应数值,仪器标定即告完成。

(3) pH 测量

① 进行高精度测量时,测量和标定应在相同温度下进行,即缓冲溶液和被测量溶液的温度应一致。将电极洗净浸入被测溶液,搅动后静止放置,读取显示器上的数值,即为该被测溶液的 pH。

② 进行一般精度测量时,缓冲溶液和被测溶液的温度相差不宜太大,一般将温差控制在-10~10 K。将温度电极浸入被测溶液(即仪器处于自动温度补偿状态),或者用温度电极测得被测溶液的温度后,将温度补偿旋钮调节至该温度值(此时即为手动温度补偿),将 pH 复合电极浸入被测溶液中进行测量。

仪器标定与测量时,将电极放入溶液中均应充分搅动后静止放置,以加速响应。

(4) 电极电势的测量(mV)

① 按下“mV”开关,接上甘汞电极和适当的离子电极。

② 将两电极插入待测溶液，仪器即能显示该离子选择电极的电势(mV)，并自动显示极性。温度、定位、斜率调节器在测电极电势时不起作用。

(5) 温度值测量　按下温度开关，插上温度电极，并浸入待测溶液中，即能显示该溶液的温度。

2.1.2 pHS—3D 功能型 pH 计

1. pHS—3D 功能型 pH 计的外形图如图 1-2-5 所示。

2. 测试 pH

(1) 接通电源　插上电源，按下开关键，接通电源。

(2) 接好电极　旋下 pH 插座上的短路保护罩，将 201B—F 塑壳 pH 三复合电极的两个插口分别插入 pH 插座和温度插座，将电极在纯水中搅动洗涤并甩干。

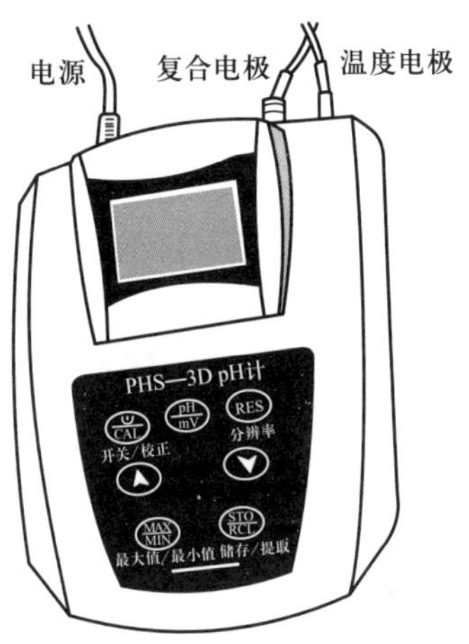

图 1-2-5　pHS—3D 功能型 pH 计的外形图

(3) 定位校正　将 pH 电极浸入 pH6.86 缓冲溶液中，稍加搅动后静止放置十几秒，待显示值稳定后，按住校正键“CAL”数秒，当液晶显示“CAL”符号时放开，此时显示闪烁的 6.86，数秒后，液晶屏显示“END”符号和稳定的 pH 校准数值以及温度值(此时显示的 pH 随温度不同而不同，例如 25 ℃时显示 6.86，15 ℃时显示 6.90，这些都是仪器内置设定的数值，下同)，表示完成校正并被仪器记忆。

(4) 斜率Ⅰ校正　取出电极，用纯水洗净并甩干，再插入 pH4.00 缓冲溶液中，稍加搅动后静止放置十几秒，待显示值稳定后按住校正键“CAL”数秒，当液晶显示屏显示“CRL”符号时放开，此时显示闪烁的 4.00，数秒后，液晶屏显示“END”符号和稳定的 pH 校准数值以及温度值，表示完成校正并被仪器记忆。当完成校正后会自动显示电极在该线性段的斜率百分比。

(5) 斜率Ⅱ校正　取出电极，用纯水洗净并甩干，再插入 pH9.18 缓冲溶液中，稍加搅动后静止放置十几秒，待显示值稳定后按住校正键“CAL”数秒，当液晶显示屏显示“CRL”符号时放开，此时显示闪烁的 9.18，数秒后，液晶屏显示“END”符号和稳定的 pH 校准数值以及温度值，表示完成校正并被仪器记忆。当完成校正后会自动显示电极在该线性段的斜率百分比。

(6) 被测溶液测定　将 pH 电极洗净后浸入被测溶液中,稍加搅动后静止放置,待显示稳定后读数,即为所测的 pH。注意:被测溶液的温度与校准溶液的温度越接近,其测量的准确度就越高,这是 pH 测试的等温测量原理。

3. 测试 mV 值

(1) 按下"pH/mV"键,将仪器切换至 mV 挡;

(2) 接上 ORP 电极或离子电极,插入被测溶液中,稍加搅动后静止放置,待显示值稳定后读数,即为所测的 ORP 电极或该离子电极的电位值;

(3) 如果 ORP 电极或离子电极是复合型的,只要插入 pH/mV 插口就可;如不是复合型的,还应选购合适的参比电极,将参比电极接入"参比"插座上,两支电极同时测试才行。

2.2　分光光度计的使用

分光光度计的型号较多,如 72 型、722 型、752 型等,这里介绍实验室常用的 722S 型可见分光光度计。

2.2.1　基本原理

光通过有色溶液后有一部分被有色物质的质点吸收,如果有色物质浓度越大或液层越厚,即有色质点越多,则对光的吸收也越多,透过的光就越弱。如果 I_o 为入射光的强度,I_t 为透过光的强度,则 I_t/I_o 是透射比,$\lg(I_o/I_t)$ 定义为吸光度 A(也称光密度 D 或消光度 E)。吸光度越大,溶液对光的吸收越多。实验证明,当一束单色光(具有一定波长的光)通过一定厚度 b 的有色溶液时,有色溶液对光的吸收程度与溶液中有色物质的浓度 c 成正比:

$$A = Kbc$$

这就是光的吸收定律(朗伯-比尔定律)的数学表达式。其中 K 是一个比例常数,它与入射光的波长以及溶液的性质、温度等因素有关。当光束的波长一定时,K 即为溶液中有色物质的一个特征常数。这个定律是分光光度法分析的理论基础。式中的 K 值随 b、c 所取的单位不同而不同。当液层厚度 b 为 cm、浓度 c 用 $mol \cdot L^{-1}$ 为单位,则 K 用另一符号 κ 来表示。κ 称为摩尔吸收系数,其单位为 $L \cdot mol^{-1} \cdot cm^{-1}$,它表示物质的量浓度为 1 $mol \cdot L^{-1}$,液

层厚度为 1 cm 时溶液的吸光度。这时上式变为

$$A = \kappa bc$$

在分析实践中,不能直接取浓度为 1 mol·L^{-1}的有色溶液来测定 κ 值,而是在适当的低浓度时测定该有色溶液的吸光度,通过计算求得 κ 值。κ 反映吸光物质对光的吸收能力,也反映用吸光光度法测定该吸光物质的灵敏度。在一定条件下它是一常数。同一物质与不同显色剂反应生成不同有色化合物时,具有不同的 κ 值。因此 κ 值是选择显色反应的重要依据。

白光通过棱镜或衍射光栅的色散,成为不同波长的单色光。将单色光通过待测溶液,经待测液吸收后的透射光射向光电转换元件,变成电信号,在检流计或数字显示器上就可读出吸光度。

722S 型分光光度计

有色物质对光的吸收有选择性,通常用光的吸收曲线来描述有色溶液对光的吸收情况。将不同波长的单色光依次通过一定浓度的有色溶液,分别测定吸光度,以波长为横坐标,吸光度为纵坐标作图,所得曲线称为光的吸收曲线(图 1-2-6)。当单色光的波长为最大吸收峰处的波长时,称为最大吸收波长(λ_{max}),选用 λ_{max} 的光进行测量,光的吸收程度最大,测定的灵敏度和准确度都高。

在测定试样前,首先要做工作曲线,即在与试样测定相同的条件下,测量一系列已知准确浓度的标准溶液的吸光度,做出吸光度-浓度曲线,即得工作曲线(图 1-2-7),测出试样的吸光度后,就可从工作曲线求出其浓度。

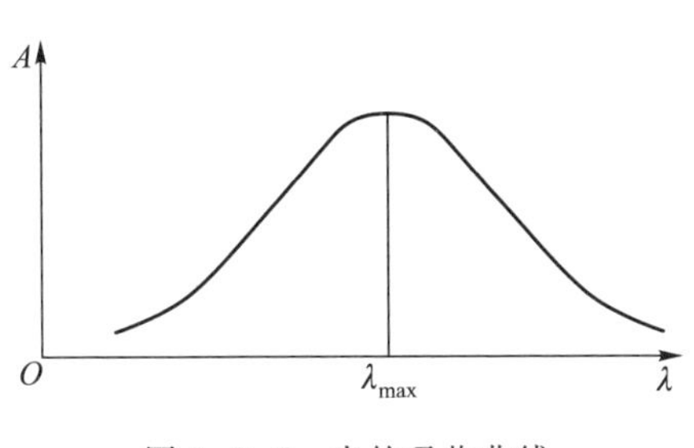

图 1-2-6　光的吸收曲线

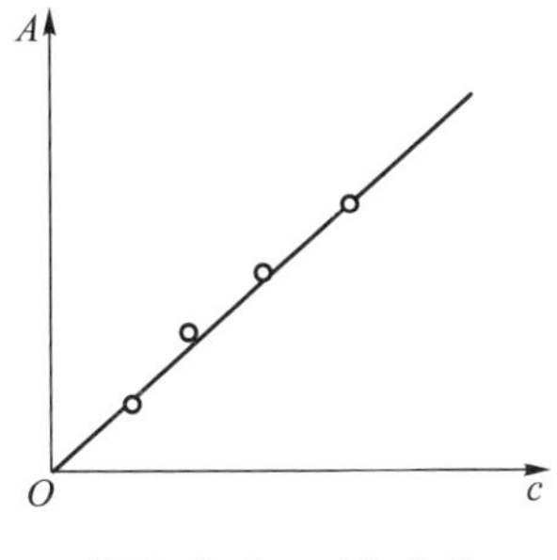

图 1-2-7　工作曲线

2.2.2　722S 型可见分光光度计

1. 722S 型可见分光光度计的外形及操作键

如图 1-2-8 所示。

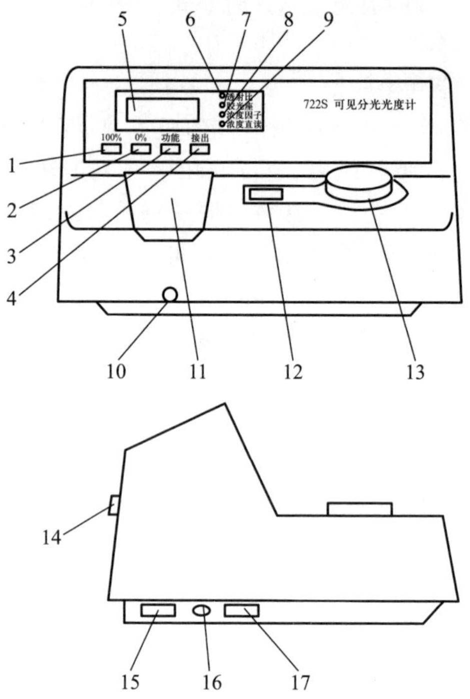

图 1-2-8 722S 型可见分光光度计

1—100%键;2—0 键;3—功能键;4—模式键;5—显示窗;
6—透射比指示灯;7—吸光度指示灯;8—浓度因子指示灯;
9—浓度直读指示灯;10—试样槽架拉杆;11—试样室;12—波长指示窗;
13—波长调节旋钮;14—RS232C 串行接口插座;15—电源插座;16—熔丝座;17—总开关

2. 仪器的使用

(1) 预热 打开电源开关预热,由于灯及电子部分需热平衡,故开机预热30 min后才能进行测定工作,如紧急应用时请注意随时调 $0T$、$100\%T$。

开机时,透射比指示灯亮,显示窗显示透射比数据。

(2) 确定滤光片位置 仪器备有减少杂光、提高 340~380 nm 波段光度准确性的滤光片,它位于试样室内的左侧,用一拨杆来改变位置。

当测试波长在 340~380 nm 波段内,如作高精度测试可将拨杆推向前(见机内印字指示)。通常可不用此滤光片,将拨杆放在 380~1 000 nm 的位置。

注:若在 380~1 000 nm 波段测试时,误将拨杆放在 340~380 nm 波段,仪器将出现不正常现象,如噪声增加、不能调整 $100\%T$ 等。

(3) 调整波长　旋转波长调节旋钮,调整仪器的波长为测试波长。具体波长由旋钮左侧的显示窗显示,注意观察波长数值时目光应垂直。

(4) 调整 0T(又称调零)、100% T　调整“0”“100%”键用于校正基本读数标尺两端,使仪器进入正确测试状态。当开机预热后,或改变测试波长,或测试一段时间后,以及作高精度测试前,均需调整。

将纯水或试剂空白液置于试样室光路中,粗调 100%T(一般在调零前加一次 100%T 调整,使仪器内部自动增益到位),打开试样盖(关闭光门),按“0”键,即能自动调整零位。盖下试样室盖(同时打开光门),按“100%”键,仪器自动调整 100%透射比(一次有误差时可加按一次)。反复调整“0”“100%”键,直至数值稳定。

(5) 吸光度的测定　按模式键,吸光度指示灯亮。若吸光度不为“0”,则点按“100%”键调整。将第一份试样进入光路,显示窗显示吸光度数据。拉动试样槽架拉杆,依次测定第二份、第三份试液。注意:当拉杆到位时有定位感,到位时请前后轻轻推动一下以保定位正确。

(6) 浓度直读功能的使用　在标准曲线过零的情况下,可直接采用浓度直读功能。配制一已知浓度的标准溶液,测出标准溶液的吸光度。按模式键,使浓度直读灯亮,按“100%”或“0“键,分别用作增加或减少浓度值,若持续按 1 s 后,可进入快速增加或减少,使读数为已知浓度或它的 10 n 倍。按模式键,自动确定设定值。将未知溶液推入光路,读出显示值,即为未知液的浓度或含量值的10 n 倍。

(7) 浓度因子功能的使用　在使用浓度直读功能时,当显示窗显示已知浓度或它的 10 n 倍时,按模式键,浓度因子指示灯亮,显示窗中出现的数字即为这一标准溶液的浓度因子,记录。下次开机测试时,不必重测已知标准溶液的浓度,调好 0T、100%T 后,只要按模式键,浓度因子指示灯亮,输入浓度因子即可。按模式键,浓度直读指示灯亮,未知液进入光路,读出显示值,即为未知液的浓度值或含量的 10 n 倍。

2.3　DDSJ—308 型电导率仪的使用

2.3.1　基本概念

电导率仪

导体导电能力的大小常以电阻(R)或电导(G)表示,电导是电阻的倒数:

$$G=\frac{1}{R} \qquad (1-2-1)$$

电阻、电导的 SI 单位分别是欧姆(Ω)、西门子(S),显然 1 S=1 Ω^{-1}。

导体的电阻与其长度(L)成正比,而与其截面积(A)成反比:

$$R \propto \frac{L}{A} \qquad R=\rho\frac{L}{A}$$

式中,ρ 为比例常数,称电阻率或比电阻。根据电导与电阻的关系,容易得出:

$$G=\kappa\frac{A}{L} \quad 或 \quad \kappa=G\frac{L}{A} \qquad (1-2-2)$$

式中:κ 称为电导率,是长 1 m、截面积为 1 m^2 导体的电导,SI 单位是西门子每米,用符号 $S\cdot m^{-1}$ 表示。对于电解质溶液来说,电导率是电极面积为 1 m^2,且两极相距 1 m 时溶液的电导。

电解质溶液的摩尔电导率(Λ_m)是指把含有 1 mol 电解质的溶液置于相距为 1 m 的两个电极之间的电导。溶液的浓度为 c,通常用 $mol\cdot L^{-1}$ 表示,则含有 1 mol 电解质溶液的体积为 $\frac{1}{c}L$ 或 $\frac{1}{c}\times10^{-3}\,m^3$,此时溶液的摩尔电导率等于电导率和溶液体积的乘积:

$$\Lambda_m=\kappa\times\frac{10^{-3}}{c} \qquad (1-2-3)$$

摩尔电导率的单位是 $S\cdot m^2\cdot mol^{-1}$。摩尔电导率的数值通常是测定溶液的电导率,用上式计算得到。

测定电导率的方法是用两个电极插入溶液,测出两极间的电阻 R_x。对于一个电极而言,电极面积 A 与间距 L 都是固定不变的,因此 L/A 是常数,称电极常数,以 Q 表示。根据式(1-2-1)和式(1-2-2)得:

$$\kappa=\frac{Q}{R_x} \qquad (1-2-4)$$

由于电导的单位西门子太大,常用毫西门子(mS)、微西门子(μS)表示。它们间的关系是 1 S=10^3 mS=10^6 μS。

2.3.2 测量原理

由图 1-2-9 可知:

$$V_m=\frac{VR_m}{R_m+R_x}=\frac{VR_m}{R_m+(Q/\kappa)} \qquad (1-2-5)$$

式中，R_x ——液体电阻；

　　R_m ——分压电阻。

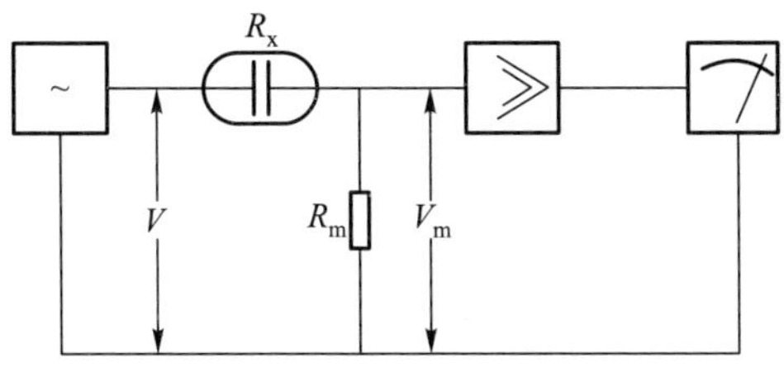

图 1-2-9　测量原理图

由式（1-2-5）可见，当 V、R_m 和 Q 均为常数时，电导率 κ 的变化必将引起 V_m 作相应的变化，所以测量 V_m 的大小，也就测得溶液电导率的数值。

2.3.3　仪器结构

1. 仪器外形如图 1-2-10 所示。

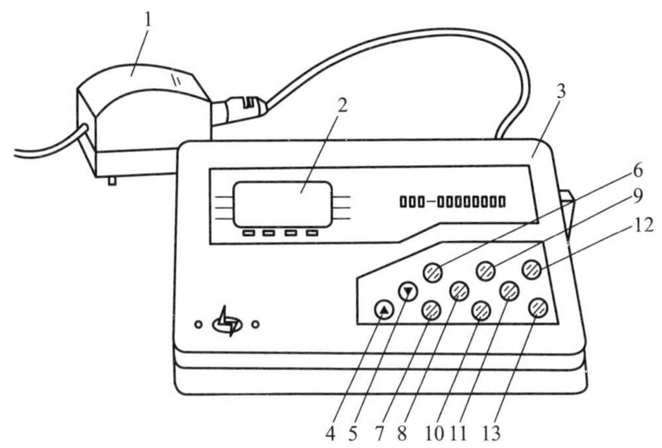

图 1-2-10　仪器外形

1—DY—1 型电源插头；2—显示屏；3—电导率仪；4—上行键；5—下行键；6—帮助键；7—打印键；8—取消键；9—删除键；10—设置键；11—标定键；12—储存键；13—确认键

2. 仪器后面板如图 1-2-11 所示。

注：若将温度探头拔出，仪器则认为温度为 25.0 ℃，此时仪器所显示的电导率值是未经温度补偿的绝对电导率值。

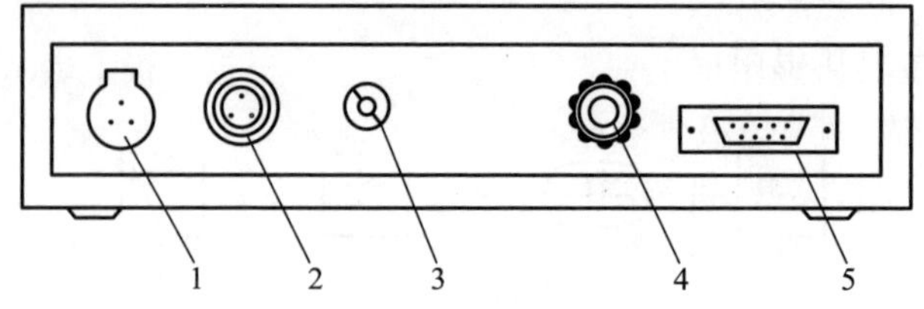

图 1-2-11　仪器后面板

1—电源插座;2—测量电极插座;3—温度传感器插座;
4—接地接线柱;5—打印机插座

2.3.4　仪器的使用

1. 根据电导率的范围选用合适的电极

电导率范围($\mu S \cdot cm^{-1}$)	选用电极的电极常数(cm^{-1})
0.05～20	0.01
1～200	0.10
10～10 000	1.00
$100 \sim 2\times10^5$	10.00

注意:当电导率≥20 000 $\mu S \cdot cm^{-1}$时,一定要用电极常数为 10 的电极。

2. 将电导电极和温度电极分别插进各自的插座上

注意:电导电极插头的豁口对准插座的豁口后插上。用纯水冲洗电导电极,但不能碰黑色的铂黑部分,再用待测溶液冲洗 3 次。将电极浸入被测溶液中。

3. 接通电源

将 DY—1 型电源插头接到后面板±12 V 插座上,接通电源,稍预热。仪器首先显示仪器型号,片刻后直接进入测量状态,此时仪器采用的参数为最新设置的参数。如不需要改变参数,则不需进行任何操作,即可直接进行测量(仪器出厂时,初始值定为 $K=1.00$,$\alpha=0.020$)。

4. 选择电极常数的挡位

如需改变参数则按“设置”键,闪烁标记指向设置。用上行或下行键选择 E——5。

按“确认”键,左上标记指向电极常数,用上行或下行键选择电极常数的挡位。

5. 调节电极常数

按“确认”键，显示屏上“◀”指到常数调节，根据电极上表示的数据，按上行或下行键，调节电极常数至某一固定值。

6. 选择温度系数，进行测量

按“确认”键，显示屏上“◀”指到温度系数至 0.020，按“确认”键，仪器返回电极常数设置。按“取消”键，显示屏上“▶”指到测量，仪器进入测量状态，稍等即显示溶液的电导率。

2.4　电位差计的使用

2.4.1　基本概念

用伏特计直接度量原电池的电动势不能得到正确的结果，因伏特计与电池接通后，由于电池中发生了化学变化，有电流流出，电池中溶液的浓度不断改变，因而电动势也会有变化。此外，电池本身也有内电阻，因此用伏特计量出的只是电极上的电位降而不是电池的电动势。要正确测定一个电池的电动势，必须在没有电流或仅仅有极小电流通过的情况下进行，一般采用对消法，亦称补偿法。即用一个大小近似相等而方向相反的工作电池并联相接，具体线路如图 1-2-12。AB 为均匀的电阻线，E_w 为工作电池，经 AB 构成一个通路，在 AB 线上产生了均匀的电位降。D 为双刀双向开关，E_s 为已知的标准电池电动势，E_x 为待测电池，E_s、E_x 与 E_w 并联，G 为检流计。当双刀双向开关向上时，与 E_s 相通，移动滑动接触点到 H，恰使检流计中没有电流通过，AH 线段的电位差等于标准电池的电动势 E'。将双刀双向开关向下与待测电池 E_x 相通，移动滑动接触点到 C，使检流计中无电流通过，此时电池的电动势恰好和 AC 线段所代表的电位差相同而方向相反。由于电位差与电阻线的长度成正比，待测电池的电动势为

$$E_x = E'\frac{AC}{AH}$$

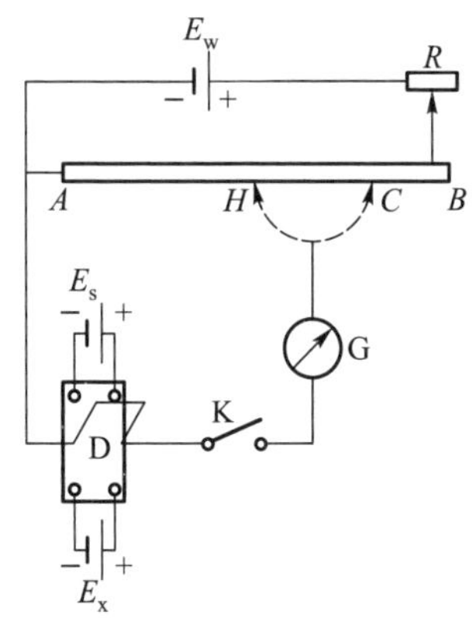

图 1-2-12　对消法测电动势示意图

测量电动势的仪器常用电位差计。电位差计的种类很多，有高阻式、低阻式。其型号有学生型、UJ—1 型、UJ—25

型等。可根据被测系统选用不同的电位差计。对于高阻系统,如测量较大电阻的电位降时,选用高阻式电位差计,相反,对于低内阻系统,则采用低阻式电位差计。这里介绍 UJ—25 型电位差计(高阻式,与高灵敏度的检流计配套)的使用。

2.4.2 使用方法

仪器的外形结构如图 1-2-13。

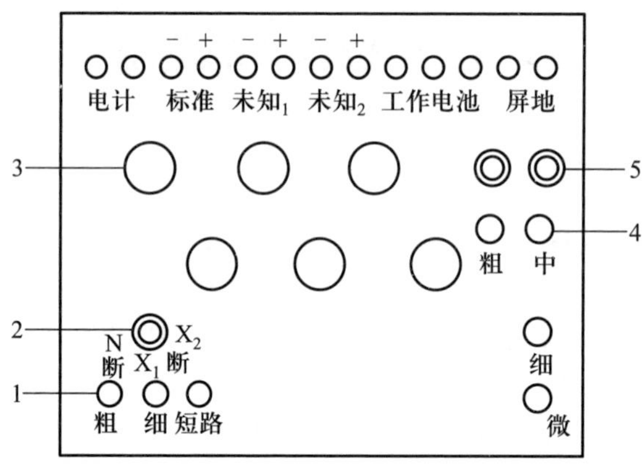

图 1-2-13 UJ—25 型直流电位差计面板示意图

1—电计按钮;2—转换开关;3—电动势测量旋钮(共 6 只);
4—工作电流调节旋钮(共 4 只);5—标准电池温度补偿旋钮

1. 使用前准备

先将“标准”“未知”“断”转换开关放在“断”的位置,将左下方的 3 个电计按钮全部松开,然后将电池电源、被测原电池、标准电池按正、负极性接在相应的端钮上。接检流计时,没有极性要求。根据工作电源电压的大小,选用 1.9~2.2 V 挡或 2.9~3.3 V 挡,例如用两节干电池串联作工作电源,接 2.9~3.3 V 挡。仪器可同时测定两个未知 X_1 和 X_2。

2. 校准仪器

把“标准”“未知”“断”转换开关旋至 N,把标准电池温度补偿旋钮调节在标准电池的电动势处,旋动粗、中、细、微电阻盘,依次按左下角的粗、细按钮,直到检流计指零,电位计已校好。

3. 测量电池电动势

把“标准”“未知”“断”转换开关旋至 X_1(或 X_2),调节中间的 6 个电动势测量旋钮(从大到小),首先在“粗”按钮按下时使检流计指零,然后再使“细”按钮按下时检流计指零，6个小窗口的读数即为被测电池的电动势。

测量前最好预先估计一下被测电动势的大小，并使大旋钮下方小窗口中出示的数字与之接近。

在测量过程中经常注意校对工作电流的准确度。

3 实验结果的表示

3.1 误差和数据处理

化学是一门实验科学，常进行许多定量的测定，然后由测得的数据，经过计算得到分析结果。分析结果是否可靠是一个很重要的问题，不准确的分析结果往往会导致错误的结论。但是，在测定过程中，即使是技术非常熟练的人，用同一方法，对同一试样进行多次测定，也不可能得到完全一致的结果。这就是说，难以达到绝对准确，分析过程中的误差是客观存在的，应根据实际情况正确测定、记录并处理实验数据，使分析结果达到一定的准确度。所以树立正确的误差及有效数字的概念，掌握分析和处理实验数据的科学方法十分必要。

3.1.1 误差

1. 误差的分类

在定量分析中，由各种原因造成的误差，按照性质可分为系统误差、随机误差和过失误差三类。

（1）系统误差　又称可测误差。由于实验方法、所用仪器、试剂、实验条件的控制以及实验者本身的一些主观因素造成的误差，称系统误差。这类误差的性质是：① 在多次测定中会重复出现；② 所有的测定或者都偏高，或者都偏低，即具有单向性；③ 由于误差来源于某一个固定的原因，因此，数值基本是不变的。

（2）随机误差　又称偶然误差或未定误差，是由一些偶然的原因造成的，例如，测量时环境温度、气压的微小变化，都能造成误差。这类误差的性质是：由于来源于随机因素，因此，误差数值不定，且方向也不固定，有时为正误差，有时为负误差。这种误差在实验中无法避免。从表面看，这类误差也无什么规律，但若用统计的方法去研究，可以从多次测量的数据中找到它的规律性。

（3）过失误差　这是由于实验工作者粗心大意、不按操作规程办事、过度疲劳或情绪波动等原因造成的。这类错误有时无法找到原因，但是完全可以避免。

2. 误差的表示方法

(1) 真实值、平均值和中位值的含义

① 真实值:是一个客观存在的真实数值,但又不能直接测定出来。如一个物质中的某一组分含量,应该是一个确切的真实数值,但又无法直接确定。由于真实值无法知道,往往都是进行许多次平行实验,取其平均值或中位值作为真实值,或者以公认的手册上的数据作为真实值。

② 平均值:是指算术平均值($\bar{X}$),即测定值的总和除以测定总次数所得的商。

$$\bar{X}=\frac{X_1+X_2+X_3+\cdots+X_n}{n}=\frac{\sum_{i=1}^{n}X_i}{n}$$

式中,X_i——各次测定值;

n——测定次数。

③ 中位值:将一系列测定数据按大小顺序排列时的中间值。若测定的次数是偶数,则取正中两个值的平均值。

(2) 准确度和精密度

① 准确度:准确度表示测定值与真实值接近的程度,表示测定的可靠性,常用误差来表示,它分为绝对误差和相对误差两种。

$$绝对误差=X_i-X_t$$

$$相对误差=\frac{X_i-X_t}{X_t}\times100\%$$

式中,X_i——测定值;

X_t——真实值。

绝对误差表示测定值与真实值之间的差,具有与测定值相同的量纲;相对误差表示绝对误差与真实值之比,一般用百分率表示,是量纲一的量。绝对误差和相对误差都有正值和负值,正值表示测定结果偏高,负值则反之。

② 精密度:精密度表示各次测定结果相互接近的程度,表达了测定数据的再现性,常用偏差来表示,分为绝对偏差和相对偏差两种。

$$绝对偏差=X_i-\bar{X}$$

$$相对偏差=\frac{X_i-\bar{X}}{\bar{X}}\times100\%$$

准确度和精密度是两个不同的概念,它们是实验结果好坏的主要标志。在分析工作中,最终的要求是测定准确,要做到准确,首先要做到精密度好,没有一定的精密度,也就很难谈得上准确。但是,精密度高的不一定准确,这是由于可能存在系统误差。控制了随机误差,就可以使测定的精密度好,只有同时校正了系统误差,才能得到既精密又准确的分析结果。

(3) 精密度的量度——标准偏差 个别数据的精密度是用绝对偏差或相对偏差表示的。对一系列测定数据的精密度则要用统计学上的方法来量度。因为,即使在相同条件下测得的一系列数据,也总会有一定的离散性,分散在总体平均值的两端。样本标准偏差(s)是统计学上用来表示数据的离散程度,也可用来表示精密度的高低。计算式如下:

$$s=\sqrt{\frac{\sum_{i=1}^{n}(X_i-\bar{X})^2}{n-1}}$$

为了计算方便,也可用下面的等效式计算:

$$s=\sqrt{\frac{\sum_{i=1}^{n}X_i^2-\frac{(\sum X_i)^2}{n}}{n-1}}=\sqrt{\frac{\sum_{i=1}^{n}X_i^2-n\bar{X}^2}{n-1}}$$

由于标准偏差不考虑偏差的正、负号,同时又增强了大的偏差数据的作用,所以能较好地反映测定数据的精密度。

3.1.2 测定数据的取舍

在定量分析中,常用统计的方法来评价实验所得的数据,决定测定数据的取舍就是其中的一个内容。

1. 置信水平和置信区间

多次测定的平均值比单次测定的更可靠,测定次数愈多,所得平均值愈可靠。但是平均值的可靠性是相对的,仅有一个平均值不能明确说明测定结果的可靠性。如果再求出平均值的标准偏差($s_{\bar{X}}=s/\sqrt{n}$),以 $\bar{X}\pm s_{\bar{X}}$ 来表示测定结果会更好一些。但是要使所有测定结果落在 $\bar{X}\pm s_{\bar{X}}$ 这个范围内的机会有多大呢?从误差的概率分布可知,这个机会,即概率约为 68%,也就是说能有 68% 的测定结果是在 $\bar{X}\pm s_{\bar{X}}$ 范围内,这 68% 称为置信水平,$\pm s_{\bar{X}}$ 称为置信区间。但是置信水平为 68% 对化学分析的要求来说是不够的,因为还有约 1/3 的测定结果不在此范围内。通常在化学分析中,都按置信水平为 95%或 99%来要求。

2. 可疑数据舍弃的实质

若置信水平确定为95%,有一个可疑数据,如在95%的范围内,则可取;如在5%范围内,可认为这个数据的误差不属于随机误差,而属于过失误差,故这个可疑数据应舍弃。由此可见,可疑数据的舍弃问题,实质上就是区别两种性质不同的随机误差和过失误差。

3. 数据取舍的方法

数据取舍的方法通常有:$4d$ 准则、Q 检验法、Dixon 检验法和 Grubbs 检验法。由于 Grubbs 检验法较合理,且适用性强,故本教材采用此法。

Grubbs 检验法又称 Smiroff-Grubbs 检验法,应用此法处理数据时,按下述三种不同情况来处理:

(1) 只有一个可疑数据 有 n 个测定数据,$X_1<X_2<X_3<\cdots<X_n$,X_1 为可疑数据时,统计量 T 的计算式为

$$T_1=\frac{\overline{X}-X_1}{s}$$

X_n 为可疑数据时,统计量计算式为

$$T_n=\frac{X_n-\overline{X}}{s}$$

(2) 可疑数据有两个或两个以上,且都在平均值的同一侧 例如,X_1 和 X_2 都为可疑数据,则先检验最内侧的一个数据,即 X_2,通过计算 T_2 来检验 X_2 是否应舍弃。如 X_2 可舍弃,则 X_1 自然也应舍弃。在检验 X_2 时,测定次数应作少一次。

(3) 可疑数据有两个或两个以上,而又在平均值两侧 例如 X_1 和 X_n 都为可疑数据,那么应分别先后检验 X_1 和 X_n 是否应舍弃。如果有一个数据决定舍弃,则另一个数据检验时,测定次数应作少一次,此时,应选择99%的置信水平。

当 $T\geqslant T_{临界}$ 时,可疑值应舍去。

例:测定碱灰总碱量 $w(Na_2O)$ 得到了 6 个数据,按其大小次序排列:46.25%,46.15%,46.14%,46.13%,46.12%,45.86%,若首尾两数据为可疑值,试用 Grubbs 检验法判断是否应舍弃。

解:求 $\overline{X}=(46.25\%+46.15\%+46.14\%+46.13\%+46.12\%+45.86\%)/6=46.11\%$

$$s=\sqrt{\frac{\sum(X_i-\overline{X})^2}{n-1}}=0.130\%$$

$$T_6=(46.11\%-45.86\%)/0.130\%=1.92$$

查表 1-3-1 Grubbs 检验法的临界值,测定次数为 6 时,95%的临界值为 1.89,故

45.86%这个可疑值应舍弃。再检验46.25%这个数据是否应舍弃，求得：

$\bar{X}=(46.25\%+46.15\%+46.14\%+46.13\%+46.12\%)/5=46.16\%$

$s=0.0526\%$

$T_1=1.71$

测定次数为5时，99%的临界值是1.76，故46.25%这个数据不应舍去。

4. 本教材中实验结果表示的要求

（1）测定次数是2时，计算平均值 $\bar{X}$ 和相对误差 $\frac{X_1-X_2}{\bar{X}}\times100\%$。

（2）测定次数在3以上（包括3次在内）时，用Grubbs检验法判断，计算 $\bar{X}$、s 和 T，决定舍弃后，还应算出舍弃后的平均值 $\bar{X}_{舍}$。

表1-3-1列出Grubbs检验法的临界值。

表1-3-1 Grubbs检验法的临界值

测定次数	置信水平		测定次数	置信水平	
	95%	99%		95%	99%
3	1.15	1.15	15	2.55	2.81
4	1.48	1.50	16	2.59	2.85
5	1.71	1.76	17	2.62	2.89
6	1.89	1.97	18	2.65	2.93
7	2.02	2.14	19	2.68	2.97
8	2.13	2.27	20	2.71	3.00
9	2.21	2.39	21	2.73	3.03
10	2.29	2.48	22	2.76	3.06
11	2.36	2.56	23	2.78	3.09
12	2.41	2.64	24	2.80	3.11
13	2.46	2.70	25	2.82	3.14
14	2.51	2.76			

3.1.3 分析结果的误差——误差传递的计算

在定量化学分析中，分析的结果往往是根据所称试样质量、滴定体积等几个可测量的物理量，然后通过数学运算求得的，所以各个物理量的测量误差最终要传递给分析结果。系统测量误差和随机测量误差传递的方式各不相同。传递规律如下：

1. 系统误差的传递

和或差（y）的绝对误差（ε_y）等于各个测量物理量的绝对误差的代

数和。

积或商(y)的相对误差(ε_y/y)等于各个测量物理量的相对误差的代数和。

2. 随机误差的传递

相互独立的随机变量的和或差(y)的方差(即标准偏差的平方,s_y^2)等于各个随机变量的方差之和。

积或商(y)的相对标准偏差的平方$(s_y/y)^2$等于各个随机变量的相对标准偏差的平方和。

具体计算公式总结于表1-3-2中。

表1-3-2 测量的误差传递计算

计算式*	系统误差	随机误差
$y = ka + b - c$	$\varepsilon_y = k\varepsilon_a + \varepsilon_b - \varepsilon_c$	$s_y^2 = k^2 s_a^2 + s_b^2 + s_c^2$
$y = \frac{kab}{c}$	$\frac{\varepsilon_y}{y} = \frac{\varepsilon_a}{a} + \frac{\varepsilon_b}{b} + \frac{\varepsilon_c}{c}$	$\left(\frac{s_y}{y}\right)^2 = \left(\frac{s_a}{a}\right)^2 + \left(\frac{s_b}{b}\right)^2 + \left(\frac{s_c}{c}\right)^2$
$y = ka^x$	$\frac{\varepsilon_y}{y} = x\frac{\varepsilon_a}{a}$	$\frac{s_y}{y} = x\frac{s_a}{a}$
$y = k\lg a$	$\varepsilon_y = 0.434k\frac{\varepsilon_a}{a}$	$s_y = 0.434k\frac{s_a}{a}$

* 计算式中的k为常数。

3. 极值误差

由于误差传递的计算比较复杂,所以,在实际工作中也采用这样一种简便的方法来估算测量过程中可能出现的最大误差:即在考虑极端情况下,各个测量物理量的误差都是最大的,而且是互相叠加的。当然这种方法不是很合理的,因为这种极端情况出现的概率很小。但是,这种方法用于估算可能出现的最大误差,简单,具有一定的应用价值。计算方法如下:

(1) 和或差 如果计算式为$y=ka+b-c$,则极值误差是$\varepsilon_y=k|\varepsilon_a|+|\varepsilon_b|+|\varepsilon_c|$。

(2) 积或商 如果计算式为$y=\frac{kab}{c}$,则极值相对误差是$\frac{\varepsilon_y}{y}=\left|\frac{\varepsilon_a}{a}\right|+\left|\frac{\varepsilon_b}{b}\right|+\left|\frac{\varepsilon_c}{c}\right|$。

现以实验6.5为例说明误差传递在滴定结果误差分析中的应用。在该实验中,以无水碳酸钠为基准物质，标定 HCl 标准溶液的浓度。用差减称量法称取基准物质 $m=0.149\,0$ g，滴定至终点用去 HCl 标准溶液 $V=26.86$ mL。如果天平称量和滴定管读数的标准偏差分别为 $s_1=0.1$ mg 和 $s_2=0.01$ mL，计算所测得 HCl 标准浓度的标准偏差 s_c。

解：HCl 标准溶液的浓度为

$$c(\mathrm{HCl})=\frac{2\times m}{VM(\mathrm{Na_2CO_3})}=\frac{2\times 0.149\,0\ \mathrm{g}}{(26.86/1\,000)\ \mathrm{L}\times 106.0\ \mathrm{g\cdot mol^{-1}}}$$

$$=0.104\,7\ \mathrm{mol\cdot L^{-1}}$$

称量误差和滴定管读数误差传递给 $c(\mathrm{HCl})$ 的误差有多大呢？由于称量误差和滴定管读数误差都是属于随机误差，所以可以利用下面公式计算它们传递给 HCl 标准溶液浓度的相对标准差：

$$\left(\frac{s_c}{c(\mathrm{HCl})}\right)^2=\left(\frac{s_m}{m}\right)^2+\left(\frac{s_V}{V}\right)^2$$

基准物质 m 是用差减法两次称量所得，所以其标准偏差为

$$s_m^2=s_1^2+s_1^2=2s_1^2$$

同样标定体积的标准偏差为

$$s_V^2=s_2^2+s_2^2=2s_2^2$$

代入上式：

$$\left(\frac{s_c}{c(\mathrm{HCl})}\right)^2=2\left(\frac{s_1}{m}\right)^2+2\left(\frac{s_2}{V}\right)^2=2\left(\frac{0.000\,1}{0.149\,0}\right)^2+2\left(\frac{0.01}{26.86}\right)^2=1.2\times10^{-6}$$

$$\frac{s_c}{c(\mathrm{HCl})}=1.1\times10^{-3}$$

$$s_c=c(\mathrm{HCl})\times1.1\times10^{-3}=0.104\,7\times1.1\times10^{-3}=0.000\,1$$

由此可见，在 HCl 标准溶液标定中，称量误差和滴定管读数误差传递给 $c(\mathrm{HCl})$，所导致的单次滴定结果的标准偏差为 0.000 1、相对标准偏差为 0.11%。

也可以用极值误差的计算方法，估算 HCl 溶液浓度单次滴定结果的最大误差。因为基准物质 m 是用差减法两次称量所得，所以其最大误差为

$$\varepsilon_m=\pm2\times s_1=\pm(2\times0.1)\ \mathrm{mg}=\pm0.2\ \mathrm{mg}$$

同样标定体积的最大误差：

$$\varepsilon_V=\pm2\times s_2=\pm(2\times0.01)\ \mathrm{mg}=\pm0.02\ \mathrm{mL}$$

虽然称量误差和滴定管读数误差都是随机误差，但是由于极值误差相当于规定了这些误差的方向，所以单次滴定结果的最大相对误差可以用乘除法中系统误差的传递公式计算：

$$\frac{\varepsilon_c}{c(\mathrm{HCl})}=\pm\left(\frac{\varepsilon_m}{m}+\frac{\varepsilon_V}{V}\right)\times100\%=\pm\left(\frac{0.000\ 2}{0.149\ 0}+\frac{0.02}{26.86}\right)\times100\%=\pm0.2\%$$

由此可见,在 HCl 标准溶液标定中,称量误差和滴定管读数误差传递给$c(\mathrm{HCl})$,所导致的单次滴定结果的最大相对误差为±0.2%。

再用极值误差的计算方法估算 HCl 标准溶液浓度两次平行滴定结果的最大相对相差:

$$相对相差=\frac{0.000\ 1+0.000\ 1}{0.104\ 7}\times100\%=0.2\%$$

在此基础上可以进一步分析 HCl 标准溶液标定结果的总误差。除了以上所述的物理量的测量误差外,还存在的误差有:滴定管标度误差和滴定终点判断误差。这两种误差都属于系统误差,可以通过校正或者保持测量过程中滴定和测定条件相一致而相互抵消予以消除。所以,在 HCl 标准溶液浓度标定中,如果称量大于 0.2 g,滴定体积大于 20 mL,当滴定不存在系统误差或系统误差可以校正时,完全可以保证两次平行滴定结果的相对相差小于 0.2%;滴定结果的相对误差小于±0.2%。

3.2 有效数字

1. 有效数字的概念

有效数字是以数字来表示有效数量,也是指在具体工作中实际能测量到的数字。例如,将一蒸发皿用分析天平称量,称得质量为 30.511 9 g,证明这些数字是有效数字,即有六位有效数字。如用台天平称量,则称得质量为 30.5 g,这样仅有三位有效数字。所以有效数字是随实际情况而定,不是由计算结果决定的。

如果数字中有“0”时,则要具体分析。“0”有两种用途,一种是表示有效数字,另一种是决定小数点的位置。例如,30.511 9 g 及 5.320 0 g 中的“0”都是表示有效数字。0.003 6 g 中的“0”只表示位数,不是有效数字,表明 36 中的 3 是在小数点后的第三位,它的有效数字仅有两位。在 0.001 00 中,“1”左边的 3 个“0”不是有效数字,仅表示位数,只起定位作用,而“1”右边的 2 个“0”是有效数字,这个数的有效数字是三位。

在化学计算中,如 3 600、1 000 以“0”结尾的正整数,它们的有效数字位数比较含糊。一般可以看成是四位有效数字,也可以看成是两位或三位有效数字,需按照实际测量的准确度来确定。如果是两位有效数字,则写成 3.6×10^3、1.0×10^3;如果是三位有效数字,则写成 3.60×10^3、

1.00×10^3。还有倍数或分数的情况，如 2 mol 铜的质量 $=2\times63.54$，式中的 2 是个自然数，不是测量所得，不应看作一位有效数字，而应认为是无限多位的有效数字。

对数的有效数字的位数仅取决于小数部分（尾数）数字的位数，其整数部分（首数）为 10 的幂数，不是有效数字。比如 pH = 11.20，其有效数字为两位，所以 $[H^+]=6.3\times10^{-12}\ mol\cdot L^{-1}$。

2. 应用有效数字的规则

（1）有效数字的最后一位数字，一般是不定值。例如，在分析天平上称得蒸发皿的质量为 30.511 9 g，这个“9”是不定值，也就是讲这个数值可以是30.511 8 g，也可以是 30.512 0 g，这不定值差别的大小，是由仪器的准确度所决定。记录数据时，只应保留一位不定值。

（2）运算时，应采用“四舍六入五留双”的原则修约数字。当尾数 ≤4 时，弃去。当尾数 ≥6 时，进位。尾数 = 5 时，如进位后得偶数，则进位，如弃去后得偶数，则弃去；若 5 的后面还有不是 0 的任何数，无论进位后是奇数还是偶数，均进位。

（3）几个数值相加或相减时，和或差的有效数字保留位数，取决于这些数值中小数点后位数最少的数字。运算时，可先确定有效数字保留的位数，弃去不必要的数字，然后再做加减运算。例如，35.620 8、2.52 及 30.519 相加时，首先考虑有效数字的保留位数。在这三个数中，2.52 的小数点后仅有两位数，其位数最少，故应以它作标准，取舍后是 35.62、2.52、30.52 相加，具体计算见算式①（在不定值下面加一短横线来表示）。如果保留到小数点后三位，具体计算见算式②。算式①的和只有一位不定值，而算式②的和有两位不定值。由于规定在有效数字中，只能有一位不定值，所以应按①式计算。

$$
① \quad \begin{array}{r} 35.62 \\ 2.5\underline{2} \\ 30.5\underline{2} \\ \hline 68.6\underline{6} \end{array}
\qquad\qquad
② \quad \begin{array}{r} 35.620 \\ 2.5\underline{2} \\ 30.51\underline{9} \\ \hline 68.6\underline{5}\underline{9} \end{array}
$$

（4）几个数字相乘或相除时，积或商的有效数字的保留位数，由其中有效数字位数最少的数值的相对误差所决定，而与小数点的位置无关。例如，$0.154\ 5\times3.1=?$，假定它们的绝对误差分别为 ±0.000 1 和 ±0.1，两个数值的相对误差分别是

$$\frac{\pm1}{1\ 545}\times100\%=\pm0.06\%$$

$$\frac{\pm 1}{31}\times 100\% = \pm 3.2\%$$

第二个数值的有效数字位数少，仅有两位，其相对误差最大，应以它为标准来确定其他数值的有效数字位数。具体计算时，也是先确定有效数字的保留位数，然后再计算。

$$③\quad \begin{array}{r} 0.15 \\ \times\ 3.\underline{1} \\ \hline \underline{15} \\ 45 \\ \hline 0.4\underline{65} \end{array} \qquad\qquad ④\quad \begin{array}{r} 0.155 \\ \times\ 3.\underline{1} \\ \hline \underline{1}\,\underline{55} \\ 465 \\ \hline 0.4\underline{805} \end{array}$$

在③式中积是 0.465，有两位不定值，最后得数应弃去一位，得 0.46。而在④式中积是 0.480 5，有三位不定值。实际计算应按③式计算。

在乘除运算中，常会遇到 9 以上的大数，如 9.00、9.83 等。其相对误差约为±0.1%，与 10.08、12.10 等四位有效数字数值的相对误差接近，所以通常将它们当作四位有效数字的数值处理。

在较复杂的计算过程中，中间各步可暂时多保留一位不定值数字，以免多次舍弃，造成误差的积累。待到最后结束时，再弃去多余的数字。

目前，电子计算器的应用相当普遍。由于电子计算器上显示的数值位数较多，虽然在运算过程中不必对每一步计算结果进行数字修约，但应注意正确保留最后计算结果的有效数字位数。

3.3　实验数据的表示

3.3.1　实验数据的表示方法

化学实验数据的表示方法主要有列表法、图解法和数学方程式三种。现将本书实验中用到的方法分述如下。

1. 列表法

这是表达实验数据的最常用的方法。把实验数据列入简明合理的表格中，使得全部数据一目了然，便于进一步的处理、运算与检查。一张完整的表格应包含表的顺序号、名称、项目、说明及数据来源五项内容。因此，作表格时要注意以下几点：

(1) 每张表格都应编有序号，有完整而又简明的名称。

(2) 表格的横排称为“行”，竖排称为“列”。每个变量占表中一行，一般先列自变量,后列应变量。每一行的第一列应写出变量的名称和单位。

(3) 每一行所记数据,应注意其有效数字位数。同一列数据的小数点要对齐。数据应按自变量递增或递减的次序排列,以显示出变化规律。

2. 图解法

通常是在直角坐标系统中,用图解法表示实验数据,即用一种线图描述所研究的变量间的关系,使实验测得的各数据间的关系更为直观,并可由线图求得变量的中间值,确定经验方程中的常数等。现举例说明图解法在实验中的作用。

(1) 表示变量间的定量依赖关系 将主变量作横轴,应变量作纵轴,所得曲线表示二变量间的定量关系。在曲线所示范围内,对应于任意主变量的应变量值均可方便地从曲线上读得。如温度计校正曲线、比色法中的吸光度-浓度曲线等。

(2) 求外推值 对一些不能或不易直接测定的数据,在适当的条件下,可用作图外推的方法取得。所谓外推法,就是将测量数据间的函数关系外推至测量范围以外,以求得测量范围以外的函数值。但必须指出,只有在有充分理由确信外推所得结果是可靠时,外推法才有实际价值,即外推的那段范围与实测的范围不能相距太远,且在此范围内被测变量间的函数关系应呈线性或可认为是线性。外推值与已有的正确经验不能相抵触。如测定反应热时,两种溶液刚混合时的最高温度不易直接测得,但可测得混合后随时间变化的温度值,通过作温度-时间图,外推得最高温度。

(3) 求直线的斜率和截距 对 $y=mx+b$ 来说,y 对 x 作图是一条直线,m 是直线的斜率,b 是截距。两个变量间的关系如符合此式,都可用作图法来求得 m 和 b。如一级反应速率公式是:$\lg c=\lg c_0-\dfrac{k}{2.300}t$,以 $\lg c$ 对 t 作图,得一直线,其斜率是 $-k/2.303$,即可求算出反应速率常数 k。又如电极电势与浓度和温度间的关系可用能斯特方程表示:

$$E=E^{\ominus}-\frac{RT}{zF}\ln\frac{[\text{还原型}]}{[\text{氧化型}]}$$

同样 E 对 $\ln([\text{还原型}]/[\text{氧化型}])$ 作图也是一条直线,其截距就是这电对的标准电极电势 $E^{\ominus}$,从斜率可求得得失电子数 z。

若测量数据间的函数关系不符合线性关系,则可变换变数,使新的函数关系符合线性关系。如反应速率常数 k 和活化能 E_a 的关系为指数函数关系:

$$k=Ae^{-\frac{E_a}{RT}}$$

若对两边取对数,则可使其线性化,作 lg$k$ 对 $1/T$ 图,由直线的斜率可求出活化能 E_a。

3.3.2 作图技术的简单介绍

图解法是实验结果的表示方法之一,利用图解法能否得到良好的结果,这与作图技术的高低有十分密切的关系。下面简单地介绍用直角坐标纸作图的要点。

(1) 一般以主变量作横轴,应变量作纵轴。

(2) 坐标轴比例选择的原则如下:首先要使图上读出的各种量的准确度和测量得到的准确度一致,即使图上的最小分度与仪器的最小分度一致,要能表示出全部有效数字。其次是要方便易读,例如用 1 cm(即一大格)表示 1、2、5 这样的数比较好,而表示 3、7 等数字则不好。还要考虑充分利用图纸,不一定所有的图均要把坐标原点作为 0,可根据所做的图来确定。

(3) 把所测得的数值画到图上,就是代表点,这些点要能表示正确的数值。若在同一图纸上画几条直(曲)线时,则每条线的代表点需用不同的符号表示。

(4) 在图纸上画好代表点后,根据代表点的分布情况,做出直线或曲线。这些直线或曲线描述了代表点的变化情况,不必要求它们通过全部代表点,而是能够使代表点均匀地分布在线的两边。

曲线的具体画法:先用笔轻轻地按代表点的变化趋势,手描一条曲线,然后再用曲线板逐段凑合手描曲线,做出光滑的曲线。

(5) 图作好后,要写上图的名称,注明坐标轴代表的量的名称、所用单位、数值大小以及主要的测量条件。

(6) 为了作好图,对所用的主要工具要有选择。如铅笔硬度以 1H 为好;直尺和曲线板选用透明的比较好,因在作图时,能全面地看到实验点的分布情况。

随着计算机硬件及软件技术的发展,应用计算机作图有快捷、美观等优点,已在各个领域得到了广泛的应用,用 Origin 作图软件作图方法的介绍见附录二十三。

4 参考资料与计算机文献检索简介

在学习和研究工作中经常需要了解各种物质的物理和化学性质、制备或提纯方法及原理;或需要了解某个研究课题的历史、现状及其发展趋势等,都需要查阅参考资料。为此,学会如何从已出版的各种期刊论文、科技报告、会议资料、专利说明书、技术标准、百科全书、大全、手册、专题述评、文献指南、教材等各种各样的图书资料中找出所需的资料尤为重要,而且学会查阅资料,也是培养分析问题和解决问题能力的重要手段。请用手机等移动终端扫描二维码,了解文献检索的一般方法。

文献检索简介

第二篇

操 作 练 习

学习要求

本篇由无机物制备、称量和滴定操作练习组成。通过初步的基本操作、基本技术的训练，要能规范地学会以下操作和方法：仪器的洗涤和干燥，试剂的取用，试纸的取用，煤气灯的使用，电子台天平、电子天平的使用，量筒、吸管、滴定管的使用，离心机的使用；直接加热和水浴加热，溶解和结晶，重结晶，溶液的蒸发、浓缩，固液分离（倾滗法、吸滤法和少量沉淀的离心分离），直接称量法、差减称量法及减量法称量，数据处理、误差表示等。

实验方法提要

无机物的种类极多，不同类型的无机物其制备方法有所不同，差别也很大。同一无机物也可有多种制备方法。本篇中只介绍常见无机物常用的制备和提纯方法。

1. 无机物常用的制备方法

（1）利用氧化还原反应制备

① 活泼金属和酸直接反应，经蒸发、浓缩、结晶、分离即可得到产品。如由铁和硫酸制备硫酸亚铁。

② 不活泼金属不能直接和非氧化性酸反应，必须加入氧化剂，反应后要有分离、除杂质的步骤。如硫酸铜的制备，不能由铜和稀硫酸直接反应制备，必须加入氧化剂（如浓硝酸），反应后有杂质硝酸铜，所以要用重结晶法来提纯制得的硫酸铜。

（2）利用复分解反应制备　利用复分解反应制备无机物，如产物是难溶物或气体，则只需通过分离或收集气体即可得产物。若产物是可溶的，就要经蒸发、浓缩、结晶、分离等步骤后才能得到产物。如由硝酸钠和氯化钾制备硝酸钾，这两种盐溶解、混合后，在溶液中有 4 种离子——K^+、Na^+、NO_3^-、Cl^-，由它们可组成 4 种盐。当温度改变时，它们的溶解度变化不同。利用这种差别，可在高温时除去氯化钠，滤液冷却后则得到硝酸钾。再用重结晶法提纯，可得到纯度较高的硝酸钾。

2. 结晶与重结晶

（1）结晶　在一定条件下，物质从溶液中析出的过程称结晶。结晶过程分为两个阶段，第一阶段是晶核的形成，第二阶段是晶核的成长。溶液的过饱和程度和温度都能影响结晶的速率,从而影响晶体颗粒的大小,其中温度的影响更大些。有时会出现过饱和现象,即当温度降低后仍不析出晶体。此时可慢慢摇动结晶容器,或用玻璃棒轻轻摩擦器壁,也可加入小粒晶种,促使晶体析出。

晶体颗粒的大小要合适,否则会影响产品的纯度。晶体颗粒大而均匀,夹带母液和杂质少,易洗涤,所得产品纯度高,但结晶时间长。晶体快速析出时则相反。

(2) 晶体制备的一般方法

① 冷却法:将一定浓度的溶液冷却至过饱和,使晶体析出的方法称冷却法。冷却速度对晶体的成长有很大的影响,温度缓慢下降,利于形成大晶体,反之则形成小晶体。

② 蒸发法:在一定温度下蒸发溶剂使溶液达到过饱和,使晶体析出的方法称蒸发法。此法适用随温度升高,溶解度降低的物质,或溶解度变化不大的物质。如 Na_2SO_4、NaCl 等。与冷却法相比,此法很难得到大晶体。

在制备实验中,常常将蒸发与冷却两法结合使用。由于析出晶体的大小与结晶条件有关,故控制结晶条件可以得到大小合适的晶体。如溶液的浓度较高,溶质的溶解度较小,冷却得较快,并不时搅拌溶液,析出的晶体就较小。反之,如溶液的浓度不高,冷却缓慢,或投入一小粒晶种后静置,则可得到较大的晶体。

(3) 重结晶 先将晶体溶解,再从溶液中使它重新结晶出来的过程称重结晶。重结晶法可以使不纯净的物质纯化,或使混合在一起的盐类彼此分离。用重结晶法提纯物质,是利用物质的溶解度随温度而变化的依赖关系。杂质一般有不溶物和可溶物两类,都可以利用溶解度差别来除去。实际操作时,在待提纯的物质中加适量水(或其他合适的溶剂),加热使成饱和溶液,趁热除去不溶性杂质;然后将滤液冷却,待提纯物质从溶液中结晶出来,而少量可溶性杂质则留在母液中,用过滤法将晶体和母液分开。此法可用来提纯溶解度随温度变化显著的物质。

如物质的溶解度随温度变化较小,则不能按上述的方法来提纯,而是先将溶液进行浓缩,蒸发掉一部分水,这时就有纯净物质部分地结晶出来,而杂质则留在溶液中。

重结晶往往需要进行多次才能获得较好的纯化效果。

5 无机物制备基础

5.1 硝酸钾的制备与提纯

(6 学时)

实验演示

预习

1. 常用仪器的洗涤及干燥,电子台天平的使用,量筒的使用,试剂及其取用,直接加热,减压过滤,热过滤,重结晶。

2. 查出硝酸钾、氯化钾、氯化钠、硝酸钠在不同温度下的溶解度,画出溶解度曲线。

思考题

1. 怎样利用溶解度的差别从氯化钾-硝酸钠制备硝酸钾?

2. 实验成败的关键在何处,应采取哪些措施才能使实验成功?

3. 产品的主要杂质是什么? 怎样提纯?

4. 重结晶时,粗产品与水的质量比为什么是 2∶1?

实验

1. 硝酸钾的制备

称取 $NaNO_3$ 8.5 g、KCl 7.5 g,放在烧杯内,加水 15 mL,在烧杯外壁沿液面处作一记号。小火加热使其中的盐全部溶解,再继续加热,蒸发至原有液体体积的 2/3。这时烧杯内有晶体析出(晶体是什么?),趁热过滤(保留漏斗中的晶体并称量)。滤液中立即有晶体析出(晶体是什么?)。另取沸水 7.5 mL 倒入滤瓶中,则晶体溶解。将滤液转移到烧杯中,小火加热,蒸发至原有体积的 3/4。将此液静置,当温度逐渐下降时,则晶体又复析出,观察晶体形状,并与漏斗中晶体比较,有何不同? 吸滤,称量,计算产率,保留 0.2 g 此粗产品做检验纯度用。

2. 粗产品的提纯

按粗产品∶水=2∶1(质量比)进行重结晶。在粗产品中加入纯水,加热,搅拌,待晶体全部溶解后盖上表面皿,冷却过滤,抽干得到纯度较高的硝酸钾晶体,称量。

3. 产品纯度检验

分别称取 0.02 g 粗产品和重结晶的产品放入两支小试管中,各加入 1 mL纯水,振荡试管至晶体溶解。各取 0.5 mL 溶液,分别滴加 1 滴 6 $mol \cdot L^{-1}$

HNO_3溶液、1 滴 0.1 mol · L^{-1} $AgNO_3$ 溶液，观察现象，进行对比。若重结晶后的产品中仍然检验出含氯离子，在实验时间允许的条件下，可对产品再次重结晶。

问题

1. 将漏斗中的晶体量与理论析出量作比较，对此步的操作进行评述。
2. 能否将除去氯化钠后的滤液直接冷却制取硝酸钾？
3. 考虑在母液中留有硝酸钾，粗略计算本实验实际得到的最高产量。

5.2 五水硫酸铜的制备

（8 学时）

实验演示

5.2.1 过氧化氢法

预习

1. 铜、过氧化氢的化学性质；五水硫酸铜的性质。
2. 查出五水硫酸铜在不同温度下的溶解度。
3. 固体的灼烧、水浴加热、倾滗法过滤。

思考题

过氧化氢在制备五水硫酸铜中的作用是什么？

实验

1. 灼烧

称取 1.5 g 铜屑，放入蒸发皿中，强烈灼烧至表面呈黑色（除去附着在铜屑表面的油污），自然冷却。

2. 制备

在通风橱内，加 8.0 mL 3 mol · L^{-1} H_2SO_4 溶液、3.5 mL 30% H_2O_2溶液于灼烧过的铜屑中，盖上表面皿，水浴加热。在反应过程中要适当补充水，以保持原体积。待铜屑近于溶解后，趁热用倾滗法将溶液转移至另一蒸发皿中。水浴加热、浓缩至有晶体膜出现，取下蒸发皿，将溶液冷至室温，吸滤，称量。

5.2.2 硝酸法

预习

1. 铜、硝酸的化学性质；五水硫酸铜的性质。
2. 查出五水硫酸铜、硝酸铜在不同温度下的溶解度，并作比较。
3. 固体的灼烧、水浴加热、倾滗法过滤，重结晶的原理与操作。

思考题

1. 硝酸在制备过程中的作用是什么？为什么要缓慢、分批加入，而且要尽量少加？

2. 在粗产品的制备过程中，分离了哪些杂质？

3. 计算与 1.5 g 铜完全反应所需的 3 mol · L^{-1} H_2SO_4 溶液和浓硝酸的理论量。为什么要用 3 mol · L^{-1} H_2SO_4 溶液？

4. 在粗产品重结晶操作中，要不要将漏斗预热后进行热过滤，为什么？

5. 实验中，怎样合理安排时间？

6. 反应生成的 NO_x 有毒，应采取什么措施以避免有毒气体排放到大气中？

实验

1. 灼烧

同 5.2.1。

2. 制备

在通风橱内，加 5.5 mL 3 mol · L^{-1} H_2SO_4 溶液，然后缓慢、分批地加入 2.5 mL浓硝酸。待反应缓和后盖上表面皿，水浴加热。在加热过程中需补加 2.5 mL 3 mol · L^{-1} H_2SO_4溶液和 0.5 mL 浓硝酸（由于反应情况不同，补加的酸量根据具体情况而定，在保持反应继续进行的情况下，尽量少加）。待铜屑近于全部反应后，趁热用倾滗法将溶液转至另一洗净的蒸发皿中，水浴加热，浓缩至表面有结晶膜出现。取下蒸发皿，冷却，结晶，吸滤，称量。

3. 重结晶

根据 353 K $CuSO_4 \cdot 5H_2O$ 的溶解度计算粗产品与溶解水的比例。按计算比例在粗产品中加水，加热使 $CuSO_4 \cdot 5H_2O$ 完全溶解，趁热过滤。将滤液收集在小烧杯中，让其自然冷却，即有晶体析出（如无晶体析出，可在水浴上再加热蒸发）。完全冷却后，吸滤（将滤液收集在小烧杯中，作培养大晶体用），称量。

扩展实验

——大晶体的制备

将适量 $CuSO_4 \cdot 5H_2O$ 投入盛有滤液的小烧杯中，加热至温度高出室温 15 K左右，获得饱和溶液。将上层清液倒在蒸发皿中，当蒸发皿里溶液冷却时，可从析出的一些较大颗粒晶体中，选 3 颗几何形状完整的晶体作为晶种，放在盛有饱和溶液的小烧杯中培养长大。

注意事项

在制备大晶体的过程中，饱和溶液的浓度是关键，溶液过浓，会形成细小、不完整的晶体；溶液过稀，会使晶体溶解。

——硫酸四氨合铜的制备

取 1 g 自制的 $CuSO_4 \cdot 5H_2O$，溶于 1.4 mL 水中，加入 2 mL 浓氨水，沿壁慢慢滴加(为什么?)3.4 mL 95%乙醇，盖上表面皿，静置。晶体析出后过滤，用乙醇洗涤。室温干燥，称量。观察晶体的颜色、形状。

问题

1. 比较 5.2.1 和 5.2.2 两种方法。请列举从铜制备硫酸铜的其他方法，并加以评说。
2. 列举以硫酸铜为原料，制备氯化铜、醋酸铜等可溶性铜盐的方法。
3. 比较倾滗法与减压过滤，直接加热与水浴加热的优缺点。

5.3 硫酸亚铁铵的制备

(8 学时)

实验演示

预习

1. pH 试纸的使用，吸管的使用。
2. 限量分析，目视比色法。
3. 查出硫酸铵、七水硫酸亚铁、六水硫酸亚铁铵在不同温度下的溶解度。
4. 亚铁化合物的性质。
5. 结晶条件与晶体大小的关系。

思考题

1. 在反应过程中，铁和硫酸哪一种应过量，为什么？反应为什么要在通风橱中进行？
2. 混合液为什么要呈酸性？
3. 限量分析时，为什么要用不含氧的水？写出限量分析的反应式。
4. 怎样才能得到较大的晶体？

实验

1. 硫酸亚铁的制备

称 1 g 铁屑，放入锥形瓶中，再加入 5 mL 3 $mol \cdot L^{-1}$ H_2SO_4 溶液，水浴加热(温度低于 348 K)至反应基本完成(产生的气泡很少)，趁热过滤。反应过程中要适当补充水，以保持原体积。

2. 硫酸亚铁铵的制备

根据加入的 H_2SO_4 量，计算所需 $(NH_4)_2SO_4$ 的量。称取 $(NH_4)_2SO_4$，并参照溶解度数据将其配成饱和溶液。将此液加到制得的 $FeSO_4$ 溶液中，并保持混合液的 pH = 1 ~ 2。水浴加热，将溶液浓缩到表面有结晶膜出现，在空气中缓慢冷却，析出 $(NH_4)_2SO_4 \cdot FeSO_4 \cdot 6H_2O$ 晶体，观察晶体颜色，吸滤、称量。装入广口瓶内保存，供后面的实验用。

3. Fe^{3+}的限量分析

（1）不含氧的水　加一定量的水在锥形瓶中，小火加热，煮沸 10~20 min，冷后即可使用。

（2）Fe^{3+}标准溶液的配制　称取 0.863 4 g $NH_4Fe(SO_4)_2 \cdot 12H_2O$ 固体溶于水（内含 2.5 mL 浓硫酸），移入 1 000 mL 容量瓶中，并冲稀至刻度。此溶液每毫升含 Fe^{3+} 0.1 mg。

（3）限量分析　称 1 g 试样于 25 mL 比色管中，加 2 mL 3 $mol \cdot L^{-1}$ HCl 溶液、15 mL 不含氧的水，振荡，试样溶解后加 1 mL 25% KSCN 溶液，继续加不含氧的水至 25 mL 刻度，摇匀，所呈红色不得深于标准。

标准：用吸管分别移取一定量的 Fe^{3+}标准溶液，加入到比色管中，使 Fe^{3+}量为：Ⅰ级：0.05 mg；Ⅱ级：0.10 mg；Ⅲ级：0.20 mg。然后与试样同体积同样处理。

问题

硫酸亚铁和硫酸亚铁铵的性质有何不同？

实验演示

5.4 粗盐的提纯

（6~8 学时）

预习

1. 离心机的使用及离心分离。
2. 查出钙、镁、钡的碳酸盐（或碱式盐）和硫酸盐的溶解度。
3. 查出 SO_4^{2-}、Ca^{2+}、Mg^{2+}、K^+的鉴定方法。
4. 晶形沉淀的沉淀条件。

思考题

1. 粗盐中不溶性、可溶性杂质如何除去？
2. 氯化钡毒性很大，切勿入口。能否用其他无毒盐如氯化钙等来除 SO_4^{2-}？
3. 能否用其他酸来除去多余的 CO_3^{2-}？
4. 除去可溶性杂质离子的先后次序是否合理，可否任意变换次序？
5. 加沉淀剂除杂质时，为了得到较大晶粒的沉淀，沉淀的条件是什么？
6. 在除杂质过程中，倘若加热温度高或时间长，液面上会有小晶体出现，这是什么物质？此时能否过滤除去杂质，若不能，怎么办？

实验

1. 粗盐的溶解

称取 5 g 粗盐，加 20 mL 水，在烧杯上做记号，估计溶液的总体积。加热搅拌使粗盐溶解。

2. 除 SO_4^{2-}

加热溶液到近沸，一边搅拌，一边逐滴加入 0.8～1.3 mL 1 mol · L^{-1} $BaCl_2$ 溶液，继续加热 5 min，使沉淀颗粒长大而易于沉降。

3. 检查 SO_4^{2-} 是否除尽

将烧杯从石棉网上取下，待沉降后取少量上层溶液，离心沉降后分离，在离心液中加几滴 6 mol · L^{-1} HCl 溶液，再加几滴 $BaCl_2$ 溶液，如果有混浊，表示 SO_4^{2-} 尚未除尽，需要再加 $BaCl_2$ 溶液。如果不混浊，表示 SO_4^{2-} 已除尽，过滤，弃去沉淀。

4. 除 Mg^{2+}、Ca^{2+}、Ba^{2+} 等阳离子

将上面滤液加热至近沸，边搅拌，边滴加饱和 Na_2CO_3 溶液，直到不生成沉淀为止，再多加 0.2 mL 饱和 Na_2CO_3 溶液，继续加热 5 min 后，静置。

5. 检查 Ba^{2+} 是否除尽

取少量上层溶液离心分离后，在离心液中加几滴 3 mol · L^{-1} H_2SO_4 溶液，如果有混浊，表示 Ba^{2+} 未除尽，需继续加饱和 Na_2CO_3 溶液，直到除尽为止（检查液用后弃去）。过滤，弃去沉淀。

6. 用盐酸调整酸度除去剩余的 CO_3^{2-}

往溶液中滴加 6 mol · L^{-1} HCl 溶液，加热搅拌，中和至溶液的 pH = 2～3。

7. 浓缩、结晶

把溶液蒸发浓缩到原体积的 1/3，冷却结晶，过滤，用少量纯水洗涤晶体，抽干。把 NaCl 晶体放在蒸发皿内，用小火边搅拌边烘干，以防止溅出和结块，再用大火灼烧 1～2 min。冷却后称量。

8. 产品质量鉴定

取原料、产品各 0.5 g，分别溶于 1.5 mL 纯水中，定性鉴定溶液中有无 SO_4^{2-}、Ca^{2+}、Mg^{2+}、K^+ 的存在，比较实验结果。

问题

1. 提纯时能否用一次过滤除去硫酸钡、碳酸盐（或碱式盐）沉淀？

2. 用计算说明加盐酸除去剩余的 CO_3^{2-}，溶液的 pH 应控制在何值？

设(1) 溶液溶解二氧化碳达到饱和时，$c(H_2CO_3) = 0.04$ mol · L^{-1}；(2) 除尽的标准：$c(HCO_3^-) = 1.0\times10^{-6}$ mol · L^{-1}。

3. 氯化钠溶液的浓缩程度对产品的质量有何影响？

6　称量和滴定操作练习

6.1　电子天平称量练习

（2 学时）

预习

1. 电子天平及其应用——称量步骤和方法。

2. 称量瓶、干燥器的使用。

思考题

1. 称量前应做哪些准备工作？

2. 如何调水平？怎样校准电子天平？

3. 有哪几种称量方法？什么情况下使用直接称量法？什么情况下使用差减称量法或减量法？

4. 使用差减称量法或减量法时，事先应做哪些准备？

5. 使用电子天平有哪些注意事项？

实验

1. 称量瓶的准备

称量瓶依次用洗液、自来水、纯水洗干净后，置于洁净的 400 mL 烧杯中，将称量瓶盖斜放在称量瓶口上，并在烧杯口上放三只玻璃钩，盖上表面皿，置于烘箱中。升温至 378 K，并保持 30 min。取出烧杯，稍冷片刻后，将称量瓶放入干燥器中，冷至室温后即可使用。

2. 电子天平的准备

（1）检查天平箱内是否清洁，检查硅胶的颜色是否正常？称量盘是否与硅胶杯、毛刷相碰？

（2）调节电子天平的水平，校准电子天平。

3. 直接称量法称量练习

（1）分别称出称量瓶、称量瓶盖（应如何拿瓶和瓶盖）的质量（$m_{瓶}$、$m_{盖}$），再把称量瓶盖盖在称量瓶上，称出总质量（$m_{总}$）。将分别称量的结果相加后与总质量进行核对。

（2）向教师领取一金属片，称出其质量，将结果与教师核对。

4. 差减称量法称量练习

(1) 准备两个洁净的 250 mL 烧杯和表面皿，并将烧杯编号。

(2) 往称量瓶中加入约 1 g 试样，盖上瓶盖，准确称量并记录其质量 m_0。估计瓶内试样的体积后，从称量瓶内转移 0.13～0.15 g 试样（约原体积的 1/7）于 1 号烧杯中，称出并记录质量 m_1。再转移 0.13～0.15 g 试样于 2 号烧杯中，称出剩余量 m_2。连续两次质量之差，即为该份试样的质量。

5. 减量法称量练习

称出装有试样的称量瓶质量后，按去皮键，取出称量瓶，转移出一定量试样后，再放在电子天平上称量，如所示质量（为“-”号）达到要求范围，记录数据。再按去皮键，称取第二份试样。

6. 指定质量法称量练习

(1) 取一块洁净并干燥的表面皿，称量后，将要称量的试样加到表面皿上，准确称取 0.500 0 g 试样。

(2) 称取表面皿的质量后按去皮键，将试样加到表面皿上，直到所示质量（为“+”号）达到要求范围。

称量结果要直接、及时、如实地记录在实验报告本上。

7. 称量后天平的检查

称量结束后，须检查：

(1) 天平是否关闭，天平门是否关上。

(2) 天平秤盘上的物品是否取出。

(3) 天平箱内及桌面上有无脏物，若有要及时清除干净。

(4) 天平罩是否罩好，凳子是否放回原位。

检查完毕后，在“使用登记本”上签名登记。

8. 实验报告示例

(1) 直接法和差减法称量记录

称量物	质量/g	烧杯编号	试样质量/g
称量瓶盖（$m_{盖}$）	9.000 8	$\Delta m=(m_{盖}+m_{瓶})-m_{总}$ $=29.501\ 5-29.501\ 2$ $=0.000\ 3$	
称量瓶（$m_{瓶}$）	20.500 7		
称量瓶盖+称量瓶（$m_{总}$）	29.501 2		
称量瓶+试样（m_0）	19.880 9		
倒出第一份试样后（m_1）	19.743 1	1	$m_0-m_1=0.137\ 8$
倒出第二份试样后（m_2）	19.611 9	2	$m_1-m_2=0.131\ 2$

(2) 减量法称量记录

烧杯编号	1	2	
试样质量/g			

(3) 指定质量称量法记录

称量物	质量(差减称量法)/g
表面皿	18.122 1
表面皿+指定量试样	18.622 3
指定试样	0.500 2
与指定质量相差(±mg)	0.2

请参考减量法称量记录的格式,自行设计指定质量称量法记录的表格。

问题

1. 在差减称量法或减量法称量时,怎样操作才能保证称量准确无误?

2. 在差减称量法或减量法称量的过程中,若称量瓶内的试样吸湿,会对称量结果造成什么误差?若试样倒入烧杯后再吸湿,对称量是否有影响?

6.2 二氧化碳相对分子质量的测定

(4 学时)

预习

1. 实验误差。
2. 有效数字及其应用规则。
3. 相对密度法测定气态物质相对分子质量的原理。

思考题

1. 使用电子天平时,下列操作是否正确?

(1) 水平装置中,气泡不在黑圈内就开始称量;

(2) 未校准电子天平就称量;

(3) 开着天平门读数;

(4) 试样温度高于室温。

2. 测定二氧化碳相对分子质量的原理是什么?需要哪些数据,如何得到?

3. 实验中，为什么充满二氧化碳气体的瓶子，连同塞子的质量要在电子天平上称？而充满水后的质量只需在电子台天平上称？

4. 导入二氧化碳气体的管子，应插入锥形瓶的哪个部位，才能把瓶内的空气赶净？

5. 怎样判断瓶内已充满了二氧化碳气体？

实验

1. 取一个干净、干燥的具塞锥形瓶，塞上塞子，在电子天平上称出质量 m_1（准确称至 0.001 g）。

2. 把经过净化的 CO_2 气体通过导管导入锥形瓶内，通气 4~5 min 后，慢慢取出导管，塞上塞子，在电子天平上称出质量 m_2。重复通入 CO_2 气体和称量，直至前后两次质量之差在 1 mg 之内为止。

3. 在锥形瓶内装满水，塞好塞子，在电子台天平上称出质量 m_3（称至 0.1 g）。

记下室温和大气压力。

处理测定数据，求出 CO_2 的相对分子质量。将数据和结果整理成表。

图 2-6-1 为二氧化碳气体的发生和净化装置。

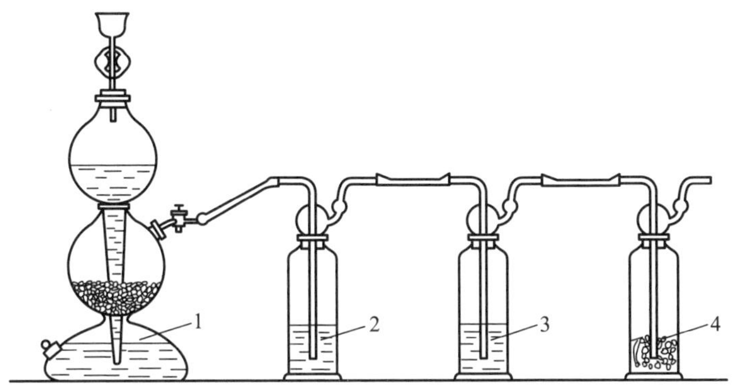

图 2-6-1　二氧化碳气体的发生和净化装置

1—启普发生器；2—洗气瓶（$NaHCO_3$ 溶液）；

3—洗气瓶（浓硫酸）；4—洗气瓶（玻璃丝）

问题

1. 为什么启普发生器产生的二氧化碳要经过净化？用碳酸氢钠溶液、浓硫酸、玻璃丝净化二氧化碳时各起什么作用？

2. 本实验产生误差的主要原因有哪些？

实验演示

6.3　摩尔气体常数的测定

（4 学时）

预习

1. 碱式滴定管的使用。

2. 气体状态方程式，分压定律。

3. 误差和数据处理。

思考题

1. 计算摩尔气体常数时，要用到哪些数据？如何得到？

2. 实验测得的摩尔气体常数应有几位有效数字？

3. 检查实验装置是否漏气的原理是什么？

4. 考虑下列情况对实验结果有何影响？

（1）量气管和橡胶管内的气泡没有赶净；

（2）量气管没有洗净，排水后内壁上有水珠；

（3）镁条称量不准；

（4）镁条表面的氧化物没有除尽；

（5）镁条装入时碰到酸；

（6）读取液面位置时，量气管和漏斗中的液面不在同一水平；

（7）读数时，量气管的温度还高于室温；

（8）反应过程中，由量气管压入漏斗的水过多而溢出；

（9）装置漏气。

实验

1. 称量

在电子天平上称取三份镁条，每份质量在 0.03 g 左右（准确称至 0.000 1 g）。

2. 安装测定装置

按图 2-6-2 所示装配好测定装置。往量气管内装水至略低于刻度“0”的位置。上下移动漏斗，以赶尽附着在橡胶管和量气管内壁的气泡，然后把反应管和量气管用乳胶管连接。

3. 检漏

把漏斗下移一段距离，并固定在一定位置上，如果量气管中的液面只在开始时稍有下降以后（3～5 min）即维持恒定，便说明装置不漏气。如果液面继续下降，则表明装置漏气，检查各接口处是否严密。经检查与调整后，再重复试验，直至确保不漏气为止。

4. 测定

(1) 取下试管,用一漏斗将 5 mL 2 mol·L^{-1} H_2SO_4 溶液注入试管中,切勿使酸沾在试管壁上。用一滴水将镁条附着在试管内壁上部,确保镁条不与酸接触。装好试管,再调整一次漏斗的高度,使量气管内液面保持在略低于刻度“0”的位置。塞紧磨口塞,检查装置是否漏气。

(2) 把漏斗移至量气管的右侧,使两者的液面保持同一水平,记下量气管中的液面位置。

(3) 把试管底部略微抬高,使镁条和 H_2SO_4 溶液接触,这时由于反应产生的氢气进入量气管中,把管中的水压入漏斗内。为避免管内压力过大,在管内液面下降时,漏斗也相应地向下移动,使管内液面和漏斗液面大体上保持同一水平。

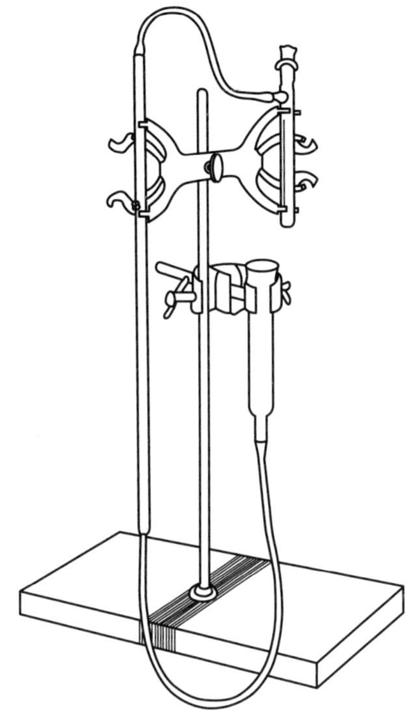

图 2-6-2 摩尔气体常数测定装置

(4) 镁条反应后,待试管冷至室温,使漏斗与量气管的液面处于同一水平,记下液面位置。稍等 1~2 min,再记录液面位置,如两次读数相等,表明管内气体温度已与室温一样。

记下室内的温度和大气压力。

用另两份已称量的镁条重复实验。

将数据和计算结果整理成表。

问题

根据你的实验结果,讨论实验误差产生的主要原因。

6.4 容量仪器的校准

(8 学时)

预习

量器及其使用。

思考题

1. 量器校准的原理是什么？有哪些校准方法？

2. 校准时，为什么称量只要称准到毫克？

3. 分段校准滴定管时，滴定管每次放出的纯水体积是否一定要整数？应注意什么？

4. 食指和中指夹持具塞锥形瓶的磨口塞时，应注意什么？

5. 校准时，应如何处理具塞锥形瓶内、外壁上的水？为什么？

实验

1. 容量瓶与吸管的相对校准

准备一只洁净并已晾干的 250 mL 容量瓶，用 25 mL 吸管移取纯水至瓶中，并重复操作 9 次。检查液面与容量瓶标线是否一致。若不一致，可在与弯月面最低点相切处贴一条开口的纸条（为什么要开口？），该标记即作为以后实验时的标线。上述校正操作要求准确，而不强调快，因此要按吸管操作要求进行。必要时可重复校准一次。

2. 吸管的校准

取一洁净的 50 mL 具塞锥形瓶，擦干外壁。在电子天平上称准至毫克，按“TARE”键，清零。将瓶塞夹在食指与中指之间（平头塞可倒放在桌面上，注意不要将瓶塞乱放），用待校准的 25 mL 吸管移取 25 mL 纯水至锥形瓶中，塞上瓶塞，再次称量，记录水的质量（$m_{水}$）。同时，用温度计测量水温。重复校准一次。计算该吸管在标准温度 293 K 时的真实体积、校正值和平均校正值。

3. 滴定管的校准

在滴定管中注入纯水，调整液面至零分度或稍低于零分度，读出并记录读数。旋开旋塞任水自然流出至已称量的 50 mL 具塞锥形瓶中，待滴定管液面降到 10 mL 以上约 5 mm 处，关闭旋塞，等 30 s 后，在 10 s 内调整至 10 mL。塞上瓶塞，称准至毫克。用同样方法分别称取 10～20 mL、20～30 mL、30～40 mL、40～50 mL 段的水质量。最后一次放水时，注意不要超过 50 mL（若超过50 mL时应如何处理？）。

重复上述操作一次。计算校正值、总校正值及其两次的平均值。

将实验数据及其处理以表格形式列出。

量器的操作是否正确是校准成败的关键。如果操作不正确或没有把握，其校准结果不宜在以后的实验中使用。

4. 报告示例

滴定管的校准

水温:298 K　　　　10 mL 的差值 Δm 为 0.038 8

滴定管读数/mL	水的体积/mL	水质量/g	真实容量/mL	校正值/mL	总校正值/mL
0.03					
10.13	10.10	10.077	10.12	+0.02	+0.02
20.10	9.97	9.914	9.95	−0.02	0.00
30.17	10.07	10.093	10.13	+0.06	+0.06
40.20	10.03	9.960	10.00	−0.03	+0.03
49.99	9.79	9.829	9.87	+0.08	+0.11

注:上表为 298 K 时校准滴定管的实验数据和计算结果。根据两次校准中校正值的平均值即可对滴定时用去溶液的体积进行校准。

问题

1. 称取 0.160 0 g 纯 Zn 片,经溶解后于实际体积为 250 mL 容量瓶中,稀释至标线,配成标准溶液(容量瓶与 25.00 mL 吸管相对校准结果,液面比标线高 0.80 mL),然后用吸管移取一份 Zn 标准溶液,问相当于 Zn 片称量的相对误差为多少?

2. 称取 0.160 0 g 纯 Zn 片,经溶解后于实际体积为 250 mL 的容量瓶中,稀释至标线,配成标准溶液,然后用 25 mL 吸管(经校准实际体积为 24.94 mL)移取一份 Zn 标准溶液,问相当于 Zn 片称量的相对误差为多少?

6.5　盐酸标准溶液的配制和标定

(8 学时)

实验演示

预习

1. 减量法称量。

2. 酸式滴定管的使用。

3. 酸碱指示剂的作用原理。查溴甲酚绿-二甲基黄混合指示剂变色点的 pH 和它的酸色、碱色。

4. 工作基准试剂。

思考题

1. 配制 0.1 $mol \cdot L^{-1}$ HCl 溶液时,用何种量器量取浓盐酸和纯水?

2. 在称量过程中出现以下情况,对称量结果有无影响? 为什么?

① 用手拿称量瓶或称量瓶盖子;

② 不在盛入试样的容器上方,打开或关上称量瓶盖子;

③ 从称量瓶中很快向外倾倒试样;

④ 倒完试样后,很快竖起瓶子,不用盖子轻轻地敲打瓶口,就盖上盖子去称量;

⑤ 倒出所需质量的试样,要反复多次以至近 10 次才能完成。

3. 以下情况对实验结果有无影响? 为什么?

① 烧杯只用自来水冲洗干净;

② 滴定过程中旋塞漏水;

③ 滴定管下端气泡未赶尽;

④ 滴定过程中,往烧杯内加少量纯水;

⑤ 滴定管内壁挂有液滴。

实验

1. 0.1 mol · L^{-1}HCl 标准溶液的配制

(1) 计算配制 500 mL 0.1 mol · L^{-1} HCl 标准溶液所需浓盐酸的体积。

(2) 量取计算体积的浓盐酸(在通风橱内进行),倒入盛有适量纯水的试剂瓶中,加水稀释至 500 mL,摇匀。

2. HCl 溶液浓度的标定

(1) 减量法称取 0.13~0.15 g 无水 Na_2CO_3(已烘过)三份,称准至 0.000 1 g。

(2) 加水 50 mL,搅拌,使 Na_2CO_3 完全溶解。

(3) 加入 9 滴溴甲酚绿-二甲基黄混合指示剂,用已读好读数的滴定管慢慢滴入待测 HCl 溶液,当溶液由绿色变为亮黄色(不带黄绿色)即为终点。

将测得数据直接记录在报告本上。测定数据、计算结果以表格形式列出。

扩展实验

——化肥碳酸氢铵中氮的测定

称取 0.17~0.21 g NH_4HCO_3 试样三份,称准至 0.000 1 g。加水 50 mL,溶解后加 9 滴溴甲酚绿-二甲基黄混合指示剂,用 0.1 mol · L^{-1}HCl 标准溶液滴定至终点。

问题

1. 氢氧化钠和盐酸能否作为工作基准试剂? 能否直接在容量瓶中配制 0.100 0 mol · L^{-1}的氢氧化钠溶液?

2. 能否用酚酞作指示剂标定 HCl 溶液？为什么？

3. 草酸钠能否用来标定盐酸溶液？

6.6 氢氧化钠标准溶液的配制和标定

（6~8 学时）

预习

1. 吸管的使用。

2. 碱式滴定管的使用。

3. 酚酞的变色范围和它的酸色、碱色。

思考题

1. 计算配制 500 mL 0.1 mol · L^{-1} NaOH 溶液所需的 NaOH 固体质量，如何称取固体 NaOH？

2. 盛放 NaOH 溶液的试剂瓶应用何种质地的塞子？

3. 计算标定 0.1 mol · L^{-1} NaOH 溶液所需的邻苯二甲酸氢钾的质量。

4. 滴定中指示剂酚酞的用量对实验结果有无影响？

5. 下列操作是否准确：

① 每次洗涤的操作液从吸管的上口倒出；

② 为了加速溶液的流出，用洗耳球把吸管内溶液吹出；

③ 移取溶液时，吸管末端伸入溶液太多；转移溶液时，任其临空流下。

实验

1. 0.1 mol · L^{-1} NaOH 溶液的配制

称取 NaOH 固体若干。在烧杯中将 NaOH 固体溶于适量水后，转移至试剂瓶内，加水稀释至 500 mL，摇匀。

在要求较高的分析实验中，需要配制不含 CO_3^{2-} 的 NaOH 标准溶液。常用的方法有两种：

（1）在配好的 NaOH 溶液中加入 1~2 mL 20% $BaCl_2$ 溶液，塞好橡胶塞，摇匀，放置过夜。将上层清液移至另一试剂瓶中待用。

（2）在塑料容器中配制 50% NaOH 溶液，静置。待 Na_2CO_3 沉淀（它不溶于浓 NaOH 溶液）下沉后，移取上层清液，用新煮沸、并冷却的纯水稀释。

2. NaOH 溶液浓度的标定

（1）按计算量±0.02 g，称取邻苯二甲酸氢钾三份，称准至 0.000 1 g。

（2）加水 50 mL，溶解后加入 1 滴 1%酚酞指示剂。

（3）用 NaOH 溶液滴定至溶液出现淡红色，0.5 min 内不褪色即到终点。

将测得的数据直接记录在报告本上。测定数据、计算结果以表格形式列出。

扩展实验

——醋酸浓度的标定

用已标定好的 NaOH 标准溶液标定 0.1 $mol \cdot L^{-1}$HAc 溶液。

(1) 用 25 mL 吸管移取 HAc 溶液。

(2) 加 1 滴 1%酚酞作指示剂。

——化肥硫酸铵中氮的测定

NH_4^+ 和 HCHO 发生以下反应：

$$4NH_4^+ + 6HCHO \xlongequal{} (CH_2)_6N_4H^+ + 3H^+ + 6H_2O$$

用标定好的 NaOH 溶液测定产生的 H^+,算出含 N 的质量分数 w(N)。

(1) 称取 0.15~0.20 g $(NH_4)_2SO_4$ 试样三份。

(2) 以 1 滴酚酞作指示剂,用 0.1 $mol \cdot L^{-1}$ NaOH 溶液中和 30 mL 20%的 HCHO 溶液至微红色,得中性 HCHO 溶液。

(3) 在试样中加水 30 mL,搅拌使之溶解,加入 10 mL 中性 HCHO 溶液。

(4) 加 1 滴酚酞,用 NaOH 标准溶液滴定。

问题

1. 以酚酞为指示剂标定氢氧化钠溶液时,终点为微红色,0.5 min 内不褪色,如果经较长时间后微红色慢慢褪去,为什么?

2. 用已知浓度的 NaOH 标准溶液标定 HCl 溶液时,能否用甲基橙作指示剂?

3. 草酸($H_2C_2O_4 \cdot 2H_2O$)能否用来标定 NaOH 溶液?

4. 测定$(NH_4)_2SO_4$ 中 N 含量时,产生误差的主要原因有哪些?

第三篇

定 量 分 析

学习要求

本篇由滴定分析、重量分析与若干分离方法组成，以滴定分析为重点。要求掌握化学分析的基本原理，树立准确的量的概念，正确掌握化学分析的基本操作。能规范、熟练地使用滴定管、吸管、容量瓶、分析天平；正确掌握称量、溶样、试样的预处理、干扰离子的排除、溶液 pH 的调节、指示剂与缓冲溶液的选用、终点的判断；正确掌握沉淀剂的选择，沉淀反应条件的控制，沉淀、沉淀的过滤、洗涤、烘干、灼烧与恒重；了解纸色谱分离法、离子交换分离法；学习误差分析及减少误差的方法。

实验方法提要

化学分析是以化学反应为基础的分析方法。化学分析法的各种具体的分析方法，都是以化学反应的性质及其规律为根据而建立起来的，主要分为滴定分析法和重量分析法两大类，通常用于待测组分的含量大于 1% 的测定。

一、滴定分析法

用滴定管将一种已知准确浓度的滴定剂溶液（标准溶液）滴加到待测组分溶液中，直到所加滴定剂恰好与待测组分定量反应，达到化学计量点，根据所消耗的滴定剂溶液的体积，计算待测组分的含量，这种方法称为滴定分析法，又称容量分析法。在滴定过程中，一般根据指示剂的变色来确定反应的化学计量点，指示剂正好发生颜色变化的转变点称为“滴定终点”，滴定终点与化学计量点不一定恰好符合，由此而造成的分析误差称为“终点误差”。

若被测组分和滴定剂间的反应完全满足以下几个条件：

（1）反应能定量完成，到达化学计量点时要求反应进度达到 99.9% 左右，这是定量计算的基础；

（2）反应速率快，加入标准溶液后，反应能立刻完成；

（3）能有适当的方式确定滴定终点。

即可选用合适的标准溶液作滴定剂，直接进行滴定，称为直接滴定法。

若反应速率慢，或找不到合适的指示剂或被测组分不够稳定时，则不能用直接滴定法而必须选用返滴定法、置换滴定法或间接滴定法。

根据化学反应类型的不同,滴定分析法可分为四类,如表 3-0-1 所示。

表 3-0-1　滴定分析法

反应类型	反应本质	滴定分析法	反应示例
酸碱反应	质子传递	酸碱滴定法（也称中和法）	$KHC_8H_4O_4+NaOH = KNaC_8H_4O_4+H_2O$
配位反应	形成稳定配合物	配位滴定法	$Ca^{2+}+Y^{4-} = [CaY]^{2-}$
氧化还原反应	电子转移	氧化还原滴定法	$5H_2O_2+2MnO_4^-+6H^+ = 5O_2\uparrow+2Mn^{2+}+8H_2O$
沉淀反应	形成难溶化合物	沉淀滴定法	$Ag^++Cl^- = AgCl\downarrow$（白色） $2Ag^++CrO_4^{2-} = Ag_2CrO_4\downarrow$（砖红色）

1. 酸碱滴定法

酸碱滴定法(见表 3-0-1)以酸碱反应为基础,是滴定分析法中重要的方法之一。酸碱滴定中的实验目标是去发现中和试样酸(碱)所需标准碱(酸)的化学计量点,测定中和试样酸(碱)所需已知浓度的标准碱(酸)液的量。

酸碱中和反应中的 H^+(H_3O^+)或者来自在水中完全解离的强酸,如盐酸,或者来自仅仅部分解离的弱酸,如醋酸。同样地,OH^-可能来自完全解离的强碱,如氢氧化钠,或可能来自弱碱,如氨水。几乎总是用强酸和强碱作为标准滴定剂。最常用作滴定剂的强酸为稀盐酸,因为盐酸所形成的盐,绝大部分可溶于水中,而且具有较好的稳定性。稀硫酸有时也可作为滴定剂,但很少用硝酸作滴定剂,因为它稳定性稍差,且具氧化性,对某些指示剂有破坏作用。最常用的标准碱是稀氢氧化钠溶液。

能够被直接准确滴定的酸(碱),一般必须满足 $cK\geqslant10^{-8}$ 的条件(c 为被滴定酸或碱的浓度,一般为 $0.1\ mol\cdot L^{-1}$,K 为该酸或碱的解离常数),否则必须通过各种转化手续(称弱酸、弱碱的强化),将 $K\leqslant10^{-7}$ 的酸(碱)转化为 $K\geqslant10^{-7}$ 的酸(碱),然后再用强碱(强酸)来滴定。例如,氯化铵中 NH_4^+ 的 $K_a=5.6\times10^{-10}$,不能用强碱准确滴定,但可用甲醛将其转化为 $K_a=7.1\times10^{-6}$ 的质子化六亚甲基四胺和氢离子:

$$4NH_4^++6HCHO = (CH_2)_6N_4H^++3H^++6H_2O$$

就可使用强碱准确滴定。而极弱酸硼酸可以与某些有机多羟基化合物作用,强化成较强的酸,如硼酸与甘露醇形成 $L_2B^-H^+$ 型配合物:

$$2\begin{array}{c}\diagdown\\ C(OH)\\ \diagup \mid \\ \diagdown \mid \\ C(OH)\\ \diagup\end{array} + H_3BO_3 \Longrightarrow \left[\begin{array}{ccccc} \diagdown & & & & \diagup \\ C—O & & & & O—C \\ \diagup \mid & \diagdown & & \swarrow & \mid \diagdown \\ & & B & & \\ \diagdown \mid & \diagup & & \diagdown & \mid \diagup \\ C—O & & & & O—C \\ \diagup & & & & \diagdown \end{array}\right]^- + H^+ + 3H_2O$$

其 $K_a = 8.4\times10^{-6}$,经强化后的配位酸就可用标准碱直接滴定,终点 pH = 8.9。酸碱滴定法中常用的单指示剂是酚酞、甲基橙、甲基红等,有时为了使终点变色更为敏锐,也用混合指示剂,如溴甲酚绿-二甲基黄、百里酚蓝-甲酚红、改良甲基橙等。根据滴定终点时 pH 的突跃范围来选择合适的指示剂。选择指示剂时,通常要求指示剂的变色范围处在滴定终点时的 pH 突跃范围内,指示剂指示终点,变色敏锐。

盐酸不是工作基准试剂,其准确浓度通常用碳酸钠或硼砂等工作基准试剂标定。氢氧化钠也不是工作基准试剂,它的准确浓度常用邻苯二甲酸氢钾或草酸标定。

2. 配位滴定法

该法以形成稳定配合物的配位反应为基础,常用氨羧螯合剂类的乙二胺四乙酸的二钠盐(EDTA)为配位滴定剂,具有快速、准确、应用范围广等优点。EDTA 能与大多数金属离子形成 1∶1 配合物,利用配位滴定法能直接或间接测定周期表中大多数元素。

EDTA 可以制成工作基准试剂,直接配制成准确浓度的标准溶液,但一般是用分析纯 EDTA 先配制成近似浓度的溶液,然后进行标定,标定 EDTA 溶液用的工作基准试剂有锌、铜、铅、氧化锌、氧化钙、碳酸钙、七水硫酸镁等。

因为螯合剂本身是有机酸,在反应后有 H^+ 析出,例如:

$$H_2Y^{2-} + Al^{3+} \Longrightarrow [AlY]^- + 2H^+$$

因此,随着配位反应的进行,溶液的酸度将增大。溶液酸度的增大,不仅会影响已生成的配合物的稳定性,而且会破坏指示剂变色的最适宜酸度范围,导致产生很大的误差。因此,在测定溶液中必须加入适量的缓冲剂,以控制溶液的酸度,使其保持在能准确测定待测离子的 pH 范围内。例如,用锌作工作基准试剂,以铬黑 T(EBT)为指示剂标定 EDTA 时,用氨-氯化铵缓冲溶液(pH = 10)。这里使用 pH = 10 的缓冲溶液,由于氨配合物的形成,水解效应可忽略,满足了该条件下配位滴定锌时对酸度的要求。对指示剂铬黑 T 来说,由于溶液中,存在下列酸碱平衡:

$$H_2In^- \underset{}{\overset{pK_{a2}=6.3}{\rightleftharpoons}} HIn^{2-} \overset{pK_{a3}=11.55}{\rightleftharpoons} In^{3-}$$

紫红　　　　蓝　　　　橙

在 pH=10 的条件下,滴定前,Zn^{2+}与指示剂反应:

$$HIn^{2-}+Zn^{2+} \rightleftharpoons [ZnIn]^-+H^+$$

纯蓝色　　　　酒红色

滴定至终点时,反应为

$$[ZnIn]^-+H_2Y^{2-} \rightleftharpoons [ZnY]^{2-}+HIn^{2-}+H^+$$

酒红色　　　　纯蓝色

此时,溶液从酒红色变为纯蓝色,变色敏锐。若 pH<6.3,或 pH>11.5,由于指示剂本身接近于红色而不能使用。根据实验结果,使用铬黑 T 的最适宜酸度是 pH=9~10.5,pH=10 的缓冲液符合要求。

通常选用的标定条件,应尽可能与被测物的测定条件一致,以减少误差。

待测离子能够准确测定的条件是 $\lg cK'_{MY} \geqslant 6$。当待测溶液中同时含有几种离子时,首先根据配合物的稳定常数,判断能否利用控制酸度的方法,分别测定它们的含量;其次可以用配位掩蔽、沉淀掩蔽、氧化还原掩蔽等方法,选择在适当的 pH 下,将待测离子之外的其他离子进行化学掩蔽。例如,在锡青铜中锌的测定实验里,就是采用各种掩蔽法来排除杂质的干扰,从而测定锌。锡青铜的主要成分是铜、铅、锡、锌,此外还可能含有少量铁、铝等杂质,在实验条件下,Cu(Ⅱ)、Pb(Ⅱ)、Sn(Ⅳ)、Fe(Ⅲ)、Al(Ⅲ)等离子均干扰锌的测定,采用的掩蔽方法如下:

(1) 沉淀掩蔽法掩蔽 Pb^{2+}　在微酸性溶液中,加入适量的氯化钡和硫酸钾溶液,使生成硫酸钡沉淀,当 Ba^{2+}的量超过 Pb^{2+}量 10 倍以上时,Pb^{2+}即会全部渗入硫酸钡晶格中去,形成硫酸铅钡混晶沉淀:

```
      SO4
     /   \
   Ba     Pb
     \   /
      SO4
```

这种沉淀比单纯的硫酸铅沉淀稳定得多。因此,可以有效地掩蔽 Pb^{2+}。

(2) 氧化还原、配位掩蔽法掩蔽 Cu^{2+}　在一定酸度(pH=2~6)下,Cu^{2+}被硫脲还原成 Cu^+:

$$8Cu^{2+}+CS(NH_2)_2+5H_2O = 8Cu^++CO(NH_2)_2+SO_4^{2-}+10H^+$$

Cu^+再与硫脲形成配合物而被掩蔽。

(3) 配位掩蔽法掩蔽 Sn(Ⅳ)、Fe^{3+}、Al^{3+}　用氟化钾(或氟化铵)将 Sn(Ⅳ)、Fe^{3+}、Al^{3+}形成氟的配合物($[SnF_6]^{2-}$、$[FeF_6]^{3-}$、$[AlF_6]^{3-}$)而加以掩蔽。

在配位滴定中，用金属离子指示剂指示滴定终点。常用的指示剂有铬黑 T，二甲酚橙等。要求选用在实验条件下，能够进行终点指示，即变色敏锐、滴定结果正确的合适指示剂。

配位滴定中，采用什么样的滴定方式也是必须考虑的。如不适合用直接滴定法的可以采用其他的滴定方式来解决。例如，Al^{3+} 与 EDTA 的配位反应速率慢，本身又易水解或封闭指示剂，不能用直接滴定法，但可用返滴定法，即在试液中，先加入已知过量的 EDTA 标准溶液，在 pH = 7 ~ 8 的条件下，煮沸溶液，使 Al^{3+} 与 EDTA 完全配位，再用 Zn^{2+} 标准溶液滴定过量的 EDTA，根据两种标准溶液的浓度和用量，求得 Al^{3+} 的含量。而在焊锡中 Sn、Pb 含量的测定实验里，用返滴定法测定 Sn、Pb 总量后，Sn(Ⅳ)含量的测定采用置换滴定法，即加入氟化铵，由于 $[SnF_6]^{2-}$ 的形成，将 EDTA 从 Sn(Ⅳ)-EDTA 配合物中置换出来，再用 Pb^{2+} 标准溶液滴定置换出的 EDTA。

配位滴定法的缺点是干扰因素较多，实验条件严格，有些滴定的终点不易掌握等。

3. 氧化还原滴定法

氧化还原滴定法是以氧化还原反应为基础的滴定分析方法。

在氧化还原滴定中常常需要将被测组分预先还原或氧化成某一特定的价态(这个步骤称为氧化还原滴定的预处理)，然后选择合适的氧化剂或还原剂滴定。根据所用标准溶液的不同，氧化还原滴定法可分为若干种，其中最常用的有高锰酸钾法、重铬酸钾法、碘量法，此外还有溴酸盐法、铈量法等。

(1) 高锰酸钾法　高锰酸钾是氧化还原滴定中最常用的氧化剂之一。高锰酸钾滴定法通常在酸性溶液中进行，反应时 Mn 的氧化数由 +7 变到 +2。

$$MnO_4^- + 8H^+ + 5e^- \longrightarrow Mn^{2+} + 4H_2O;\ E^\ominus = +1.51\ V$$

市售的高锰酸钾常含杂质，因此用它配制的溶液要在暗处放置数天，待高锰酸钾把还原性杂质充分氧化后，过滤除去生成的氢氧化氧锰(Ⅳ)等沉淀，再标定其准确浓度后才能作为滴定剂。

光线和氢氧化氧锰(Ⅳ)、Mn^{2+} 等都能促进高锰酸钾分解，故配好的高锰酸钾溶液应除尽杂质，并保存于暗处。

草酸钠和二水草酸是较易纯化的还原剂，也是标定高锰酸钾常用的工作基准试剂，反应式如下：

$$5C_2O_4^{2-} + 2MnO_4^- + 16H^+ \longrightarrow 10CO_2\uparrow + 2Mn^{2+} + 8H_2O$$

反应要在酸性、较高温度(343 ~ 358 K)和有 Mn^{2+} 作催化剂的条件下进行。滴定初期，由于 Mn^{2+} 不存在或极少，反应很慢，高锰酸钾溶液必须逐滴加

入,如滴加过快,部分高锰酸钾在热的酸性溶液中将按下式分解而造成误差:

$$4KMnO_4+2H_2SO_4 = 4MnO_2\downarrow +2K_2SO_4+2H_2O+3O_2\uparrow$$

在滴定过程中,随着 Mn^{2+} 的不断生成,反应速率逐渐加快。

因为高锰酸钾溶液本身具有特殊的紫红色,极易察觉,故用它作为滴定剂时,一般不需要另加指示剂。

(2) 重铬酸钾法 重铬酸钾也是常用的氧化剂之一。在酸性溶液中与还原剂作用时,被还原成 Cr^{3+}:

$$Cr_2O_7^{2-}+14H^++6e^- = 2Cr^{3+}+7H_2O;\quad E^{\ominus}=1.33\ V$$

重铬酸钾法的主要优点是重铬酸钾容易提纯,故可用作工作基准试剂准确配制其标准溶液,作为滴定剂测定某还原物。如铁矿石中铁的含量,或在碘量法中用以标定硫代硫酸钠溶液的浓度。重铬酸钾溶液非常稳定,可以长期保存而无明显变化。

在重铬酸钾滴定法中,由于重铬酸钾的颜色不是很深,所以不能根据它自身颜色的变化来确定滴定终点,而需采用氧化还原指示剂如二苯胺磺酸钠等。这类指示剂其氧化态和还原态有显然不同的颜色。当滴定到达终点时,指示剂因被氧化或还原而产生颜色的突变从而指示其终点。

(3) 碘量法 碘量法是利用碘的氧化性和 I^- 的还原性来进行滴定的分析方法。用碘作滴定剂测定电极电势比它低的还原物质的方法叫碘滴定法(直接碘量法),其基本反应:

$$I_3^-+2e^- = 3I^-;\quad E^{\ominus}(I_2/2I^-)=+0.535\ V$$

利用 I^- 的还原性测定电极电势比它高的氧化性物质的方法叫滴定碘法(间接碘量法),其基本反应:

$$2I^--2e^- = I_2$$

然后用硫代硫酸钠标准溶液滴定释出的碘:

$$I_2+2S_2O_3^{2-} = S_4O_6^{2-}+2I^-$$

碘量法滴定中常用的滴定剂为 I_3^- 和硫代硫酸钠溶液,它们都不能直接配成标准溶液,只能事先配成近似浓度的溶液,然后用工作基准试剂标定。

碘量法中采用淀粉为指示剂。淀粉可与碘生成蓝色配合物,利用蓝色的出现或褪去指示滴定终点。

碘量法的误差主要来自两方面,一是碘易挥发,二是 I^- 在酸性溶液中容易被空气中的氧氧化。因此,在碘量法测定中应采取适当的措施以减少误差。

除上述方法外,还有溴酸钾法、铈量法等。如苯酚含量的测定,采用溴

酸钾-碘量法。在酸性溶液中,用溴酸钾-溴化钾将苯酚溴化生成三溴苯酚:

$$5KBr+KBrO_3+6HCl = 3Br_2+6KCl+3H_2O$$

$$C_6H_5OH + 3Br_2 = C_6H_2Br_3OH + 3HBr$$

过量的溴使 I^- 氧化成碘,生成的碘用硫代硫酸钠标准溶液滴定。

利用氧化还原法不仅可以测定具有氧化性的物质或还原性的物质,而且对于某些非氧化还原性的物质也可以通过一定的转化过程进行间接测定(间接滴定法)。例如,用氧化还原法可间接测定 Ca^{2+}。先用 $C_2O_4^{2-}$ 将 Ca^{2+} 沉淀为 CaC_2O_4,沉淀经过滤、洗涤,溶于稀硫酸中,再用高锰酸钾标准溶液滴定试液中的 $C_2O_4^{2-}$。因此,氧化还原法也是滴定分析中应用最广泛的方法之一。

氧化还原反应除发生主反应外,常常可能发生副反应或因条件不同而生成不同的产物。所以在测定步骤中,应考虑创造适当的反应条件,使氧化还原反应符合滴定分析的基本要求。

4. 沉淀滴定法

沉淀滴定法是以沉淀反应为基础的滴定分析方法,目前比较有实际意义的沉淀滴定反应是生成难溶银盐(如氯化银等)的反应,以这类反应为基础的沉淀滴定法称为银量法,可用以测定 Ag^+、Cl^-、Br^-、I^-、SCN^- 等的含量。

银量法根据指示剂指示滴定终点方法的不同,可分为莫尔法(以铬酸钾为指示剂)、佛尔哈德法(以硫酸铁铵为指示剂)、法扬司法(吸附指示剂)。各种方法有其不同的适用范围,应根据实际情况加以选择。

实验中用于滴定分析的容器是 250 mL 烧杯、锥形瓶或碘瓶,如不加说明,则一般都用 250 mL 烧杯。对某一试样,一般平行测定三份,如平行测定两份时则予以注明。

二、重量分析法

将待测组分与试样中的其他组分分离后,转变成一定的称量形式,最后由称量形式的质量来计算被测组分的含量的方法叫重量分析法。根据分离方法的不同,重量分析法一般分为沉淀法、气化法及电解法。沉淀法是将被测组分沉淀为难溶化合物,再经过滤、洗涤、烘干或灼烧,最后称量。沉淀法的关键,一是沉淀要完全,否则导致结果偏低;二是杂质要分离干净，否则使结果偏高；三是沉淀颗粒要尽量大些，便于过滤和洗涤。气化法则一般是通过加热等方法使待测组分以一定形式挥发逸出，然后根据试样质量的减轻值来计算试样中该组分的含量，或者选择某一吸收剂将挥发出来的组分吸收，然后根据吸收剂的质量增值，计算该组分的含量。气化法适用于挥发性组分的测定，如水分的测定和氨的测定，本书中安排了“氯化钡中结晶水的测定”实验。气化法也可测定七水硫酸镁、硼砂、十二水磷酸氢二钠中的结晶水，但各种水合盐都有其特定的温度界限。电解法是利用电解作用，使待测组分以金属或其他形式在电极上析出，然后称量，求得其含量。以上三种方法的全部数据都由分析天平称得，在分析过程中一般不需要工作基准试剂和由容量器皿引入的数据，因而没有这些方面的误差。所以对于高含量组分的测定，重量分析法比较准确，一般测定的相对误差不大于 0.1%～0.2%。重量分析法的缺点是操作较繁，费时较多，对低含量组分的测定误差较大。这三种方法中，以沉淀法应用较多，如高含量硅、硫、磷、镍、钨、稀土等的测定。

在沉淀法的步骤中，最重要的是沉淀反应，其中沉淀剂的选择和用量、沉淀反应的条件，以及如何减少沉淀中杂质的混入等，都会直接影响分析结果的准确度。

三、减量实验

绿色化学应从源头做起，选择无污染或少污染的实验，如在测定铁矿石中铁的实验里采用无汞定铁法。在无汞定铁法中，虽然不再使用有毒试剂 $HgCl_2$，但是滴定剂 $K_2Cr_2O_7$ 有致癌毒性，依然污染环境。在某些实验中，试剂价格贵或资源少，如碘量法测定铜合金中的铜，所用试剂碘化钾的价格高。为了减轻环境污染，减少试剂用量，在上述实验里采用减量法。减量法有两种方式：称量缩减法与容量缩减法。称量缩减法是将每份试样的称样量减少至 1/5～1/10；容量缩减法是配制一份溶液，移取部分溶液进行实验，实验溶液中试样量为常量实验试样量的 1/5～1/10。在后续步骤中，试剂的加入量也做相应减少，当然实验中的玻璃仪器也需采用小规格的，如滴定管采用 10 mL 或 5 mL、3 mL。称量缩减法中有条件的可用微量电子天平称量试样，如无条件的可先用电子天平称常量的试样，将试样溶解在干燥并已称量的小滴瓶中，称量溶液与滴瓶的总质量，获得溶液质量，再借助滴瓶的滴管用减量法得到取出溶液的准确质量。①

---

① 陈焕光，李焕然，张大经，等．分析化学实验[M].2 版．广州：中山大学出版社，1998.

四、纸色谱法

纸色谱法是以滤纸作为载体的色谱法。虽然滤纸是载体，但是它不是固定相，滤纸上吸附的水才是固定相，展开剂为流动相。利用纸色谱法进行定性和定量的操作方法如下：选择滤纸（通常用新华 1 号滤纸）长度为 20～30 cm，宽度随试样个数而定，如图 3-0-1(a)在滤纸条的一端（约 2 cm 处），用点样管点加试样溶液适量，待干后，将滤纸围成圆柱形[如图 3-0-1(b)滤纸边缘在圆柱形中相互平行但不能相交]，置于密闭的层析缸内，使滤纸被展开剂蒸气所饱和，然后将滤纸浸入展开剂中（展开剂高度应低于点样位置的高度），使展开剂从点有试样的一端，借助毛细作用缓缓流向另一端，在此过程中各组分随着展开剂向前移动，并在两相间进行分配。经过适当时间后，取出滤纸条，画出溶剂前沿，干燥。若待测组分为有色物质则可以观察到有色斑点；若待测组分为无色物质，可用适当的方法进行显色，以观察斑点。按图 3-0-1(c)记录原点至试样点中心及展开剂前沿的距离，计算比移值（R_f）。比移值（R_f）的定义为

$$R_f=\frac{\text{原点到试样斑点中心的距离}}{\text{原点到展开剂前沿的距离}}$$

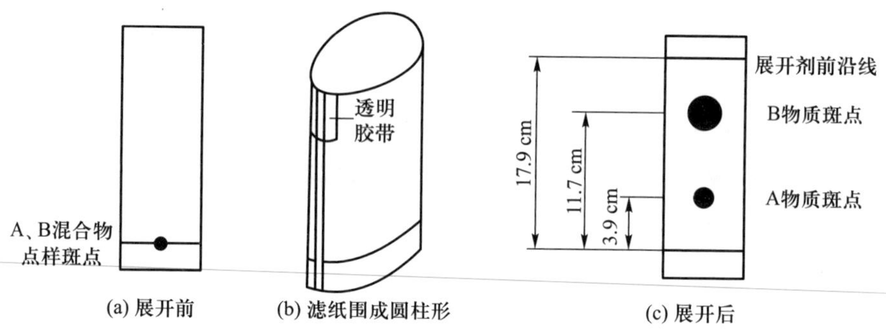

图 3-0-1 混合物 A、B 在滤纸上展开示意图

在同样的条件下，比移值（R_f 值）对于每种化合物都是一个特定的值，可作为各组分的定性依据。实际上，由于影响比移值的因素很多，实验数据重复性较差，因此在定性分析中多采用与标准试样在同一色谱纸上对照的方法来做未知物的鉴定。

纸色谱法也可应用于定量分析。将标准试样和未知试样的有色斑点按同样面积剪下后，用相同量的洗脱剂把试样洗脱下来，再用分光光度法测定其吸光度，根据标准试样和未知试样的吸光度值，求得未知试样的量。

五、离子交换分离法

离子交换分离法是利用离子交换剂与溶液中的离子之间所发生的交换反应来进行分离的方法。离子交换剂通常是一种高分子化合物，又称为离子交换树脂。它的分子中含有可交换的离子。如果可交换的离子是阳离子，则称为阳离子交换树脂；反之，则为阴离子交换树脂。离子交换树脂交换离子量的大小，可用交换容量表示。交换容量是指每克干燥树脂能交换离子的量。离子交换树脂的交换容量一般为 3～6 $mmol \cdot g^{-1}$。离子在离子交换树脂上的交换能力称为离子交换树脂对离子的亲和力。树脂对离子亲和力的大小取决于该离子水合离子的大小和电荷数。水合离子越小、电荷数越高，树脂对其亲和力越大。离子交换分离的操作通常都在交换柱上进行。当含有被交换离子的试液连续通过离子交换柱时，树脂中可交换的离子自上而下就会被试液中的离子逐渐取代。当流出液中开始出现试液中的离子时，称交换过程达到了“突破点”。此时交换到柱子上离子的量，称为该交换柱在此条件下的“突破量”。超过突破量，该种离子将从交换柱中流出。例如，用酸碱滴定法测定硼镁矿中的硼，测定前需要将试液中的镁除去，否则影响硼的滴定。当用阳离子交换树脂分离法除去镁时，为了将试样溶液中的镁完全除去，就必须控制被测试样溶液中镁的含量小于所用分离柱的“突破量”。

如果有两种以上的离子被交换吸着在离子交换剂上，当用洗脱液洗脱时，离子被洗脱的能力决定于树脂对各个离子亲和力的大小，因此只要选择适当的洗脱条件便可将混合物中的组分逐个洗脱下来，从而达到分离纯化的目的。

7 酸碱滴定法

实验演示

7.1 混合碱的组成及其含量的测定

（8 学时）

预习

1. 多元酸盐（碳酸钠）滴定过程中溶液 pH 的变化。
2. 酸碱指示剂、混合酸碱指示剂及选择指示剂的原则。
3. 查出百里酚蓝-甲酚红混合指示剂的变色点 pH、酸色、碱色。
4. 容量瓶、吸管的使用；试样的转移与稀释。

思考题

1. 由盐酸标准溶液滴定碳酸钠溶液时，有几个化学计量点？根据碳酸的 K_{a1}、K_{a2} 值，分别计算各化学计量点时溶液的 pH。

2. 混合碱是碳酸钠与碳酸氢钠或碳酸钠与氢氧化钠的混合物，用盐酸标准溶液滴定时，有几个化学计量点？此时溶液的 pH 各是多少？可选用哪些酸碱指示剂指示终点？

3. 实验中采用双指示剂法测定混合碱的组成及其含量，当用盐酸标准溶液滴定时，以酚酞或百里酚蓝-甲酚红为指示剂，消耗盐酸的体积（单位 mL）为 V_1；再以溴甲酚绿-二甲基黄为指示剂，消耗盐酸的体积（单位 mL）为 V_2。

（1）测得的 V_1、V_2 可能存在以下五种情况，试分别判断各试样的组成：

① $V_1<V_2$；② $V_1>V_2$；③ $V_1=V_2$；④ $V_1=0$；⑤ $V_2=0$。

（2）混合碱的总碱度常以 Na_2O 的质量分数 $w(Na_2O)$ 表示，试拟出 $V_1<V_2$ 时，$w(Na_2O)$、$w(Na_2CO_3)$、$w(NaHCO_3)$ 的计算公式。

4. 用未预先烘干的碳酸钠为工作基准试剂标定盐酸溶液，由此得到的总碱度是正误差还是负误差？

5. 取两份相同的混合碱溶液，一份以酚酞为指示剂，另一份以溴甲酚绿-二甲基黄为指示剂滴定到终点，哪一份消耗的盐酸体积多？为什么？

6. 以酚酞为指示剂测定混合碱组分时，在终点前，由于操作上失误，造成溶液中盐酸局部过浓，使部分碳酸氢钠过早地转化为碳酸，对 V_1 测定结果有何影响？为避免盐酸局部过浓，滴定时应怎样进行操作？

7. 化学分析中，为什么要进行平行测定？一般平行测定几份？

实验

方法 1

准确称取 0.13～0.15 g 混合碱试样三份，分别加 50 mL 纯水，搅拌使试样溶解。加 1 滴 1% 酚酞指示剂，用 0.1 mol · L^{-1} HCl 标准溶液滴定到无色（微带浅红色），用去 HCl 溶液的体积为 V_1。再加入 9 滴溴甲酚绿–二甲基黄混合指示剂，继续用 HCl 标准溶液滴定到溶液变为亮黄色（不带黄绿色），用去 HCl 溶液的体积为 V_2。

根据 V_1 及 V_2 判断混合碱的组成，并计算混合碱的总碱度 $w(Na_2O)$ 及各组分的含量。

方法 2

准确称取 1.3~1.5 g 试样于 100 mL 烧杯中，加少量纯水，搅拌使其完全溶解，然后转移到一洁净的 250 mL 容量瓶中，用水稀释至标线，摇匀。

准确移取 25.00 mL 上述试液三份，分别加 25 mL 纯水，加入 5 滴百里酚蓝–甲酚红混合指示剂。用 HCl 标准溶液滴定到淡蓝色消失，溶液略呈微红色时即为终点。记下用去 HCl 标准溶液的体积 V_1。然后加 9 滴溴甲酚绿–二甲基黄混合指示剂，继续滴定到溶液变为亮黄色，又用去 HCl 的体积为 V_2。根据 V_1 和 V_2 判断混合碱的组成并计算混合碱的总碱度 $w(Na_2O)$ 及各组分的含量。

注意事项

1. 如果待测试样为混合碱溶液，则直接用无分度吸管准确移取 25.00 mL 试液，分别加 25 mL 纯水，按同法进行测定。

2. 滴定速度宜慢，近终点时，每加 1 滴均要搅拌至颜色稳定后再加第二滴。否则，因为颜色变化较慢容易过量。

3. 终点前应以尽可能少的纯水吹洗杯壁，因为过度的稀释，将使指示剂的变色不敏锐。

问题

1. 如果只要求测定总碱度应采用什么指示剂？实验应如何做？
2. 比较两种方法（方法 1、方法 2）的优缺点。
3. 根据你所做实验的结果，讨论总碱度测定结果的误差。

分析思路

如果用差减称量法称取混合碱 $m=0.142\ 0$ g，利用本实验方法 1 滴定至终点总共用去 HCl 标准溶液 $V=24.12$ mL。天平称量和滴定管读数的精度分别为 $s_1=0.1$ mg 和 $s_2=0.01$ mL，HCl 标准溶液为实验 6.5 所标定的溶液，$c(HCl)=0.104\ 7\ mol \cdot L^{-1}$，$\left[\frac{s_c}{c(HCl)}\right]=1.1\times10^{-3}$。可用如下方法计算总碱度 $w(Na_2O)$ 的分析误差。

解： 混合碱中的总碱度为

$$w(Na_2O)=\frac{\frac{1}{2}\times c(HCl)\times\frac{V\times M(Na_2O)}{1\ 000\ mL\cdot L^{-1}}}{m}\times 100\%$$

$$=\frac{\frac{1}{2}\times 0.104\ 7\ mol\cdot L^{-1}\times\frac{24.12\ mL\times 61.98\ g\cdot mol^{-1}}{1\ 000\ mL\cdot L^{-1}}}{0.142\ 0\ g}\times 100\%=55.11\%$$

由于上式中各因子所存在的测量误差都是属于随机误差,所以可以利用下面公式计算混合碱中的总碱度的相对标准偏差:

$$\left[\frac{s(Na_2O)}{w(Na_2O)}\right]^2=\left[\frac{s_c}{c(HCl)}\right]^2+\left(\frac{s_m}{m}\right)^2+\left(\frac{s_V}{V}\right)^2$$

因为混合碱 m 是用差减称量法两次称量所得,所以其标准偏差为

$$s_m^2=s_1^2+s_1^2=2s_1^2$$

同样滴定体积的标准偏差:

$$s_V^2=s_2^2+s_2^2=2s_2^2$$

$$\frac{s_c}{c(HCl)}=1.1\times 10^{-3}$$

将它们代入上式:

$$\left[\frac{s(Na_2O)}{w(Na_2O)}\right]^2=\left[\frac{s_c}{c(HCl)}\right]^2+2\left(\frac{s_1}{m}\right)^2+2\left(\frac{s_2}{V}\right)^2$$

$$=(1.1\times 10^{-3})^2+2\left(\frac{0.000\ 1}{0.142\ 0}\right)^2+2\left(\frac{0.01}{24.12}\right)^2$$

$$\frac{s(Na_2O)}{w(Na_2O)}=1.6\times 10^{-3}$$

$$s(Na_2O)=w(Na_2O)\times 1.6\times 10^{-3}=55.11\%\times 1\times 10^{-3}=0.06\%$$

本实验除了上述物理量的测量误差外,还存在的误差有:滴定管标度误差和滴定终点判断误差。这两种误差都是属于系统误差。由于 HCl 标准溶液标定和试样测定所用滴定管和指示剂都相同,如果控制测量过程中盐酸标定和试样测定所用的 HCl 标准溶液体积相近、盐酸标定和试样测定时滴定终点指示剂的颜色判断相一致,则在盐酸标定和试样测定时,滴定管标度误差和滴定终点判断误差会相互抵消而消除。所以,当滴定分析不存在系统误差或系统误差可以校正时,本次实验总碱度测定的标准偏差为 0.06%。

扩展实验

——盐酸和磷酸混合物的测定(8 学时)

预习

1. 碱滴定磷酸过程中溶液 pH 的变化。

2. 滴定盐酸和磷酸混合物时溶液 pH 的变化。

思考题

1. 计算滴定盐酸和磷酸混合物时滴定终点的 pH,并根据 pH 选择指示剂。

2. 达到第一个终点需要碱的体积,总是比从第一到第二个终点需要的碱体积要大,试解释原因,发生的反应是什么?

实验

1. 移取 25.00 mL 含有 HCl 和 H_3PO_4 混合物的试液置于 250 mL 容量瓶中,稀释至标线,充分摇匀。

2. 移取 25.00 mL 上面配制的混合液三份,分别置于 250 mL 锥形瓶中,加 4 滴甲基橙指示剂,用 0.1 mol·L^{-1}NaOH 标准溶液滴定,直到溶液的颜色与含有相同量指示剂的 NaH_2PO_4 稀溶液的颜色相同为止。

3. 用百里酚酞代替甲基橙指示剂,重复以上步骤,终点时溶液的颜色从无色变为稳定的蓝色。

4. 计算已被测定的每份试液中所含 HCl 和 H_3PO_4 的物质的量(mmol),报告试液中每种酸的含量(mol·L^{-1})。

7.2 尿素中氮的测定

(8 学时)

实验演示

预习

1. 测定前尿素的消化。尿素经浓硫酸消化后转化为硫酸铵,过量的硫酸以甲基红作指示剂,用氢氧化钠溶液中和。

2. 弱酸 NH_4^+ 的强化。

3. 查出尿素的 K_b、NH_4^+ 的 K_a、质子化六亚甲基四胺的 K_a;甲基红指示剂的变色范围、酸色、碱色。

思考题

1. 尿素是一个有机碱,为什么不能用标准酸直接滴定?尿素消化后转化成 NH_4^+,为什么不能用碱标准溶液直接滴定?实验中 NH_4^+ 如何强化?

2. 写出尿素消化及 NH_4^+ 强化中的主要反应式,拟出尿素中含氮的质量分数计算公式。

3. 中和过量硫酸时,加入的氢氧化钠溶液的量是否要准确控制?若过量或不足时对实验结果有何影响?碱加过量了该怎么办?中和所用的碱量是否要记录?

4. 为什么加入的甲醛必须事先用碱中和,中和所用的碱量是否要准确?要不要记录?

5. 随着滴定的进行,溶液的颜色由红色→金黄色→纯黄色→金黄色,是哪种指示剂在起作用?

实验

准确称取 $CO(NH_2)_2$ 试样 0.6~0.7 g 于 100 mL 干净的烧杯中,加入 6 mL浓硫酸(小烧杯和量筒在用前尽可能把水沥干),盖上表面皿。在通风橱内,缓缓加热到无 CO_2 气泡逸出后,继续用大火加热至冒出的浓白雾又变稀时,再加热 2 min 左右。停止加热,放在通风橱中自然冷却。冲洗表面皿和烧杯壁,用30 mL水稀释并转移至 250 mL 容量瓶中,稀释至标线附近,待溶液冷至室温后再稀释至标线(为什么?)。摇匀,移取 25.00 mL 试液三份,分别加入 3 滴0.1 %甲基红指示剂,用 NaOH 标准溶液准确中和过剩的 H_2SO_4。然后加入 10 mL 20%中性 HCHO 溶液,充分摇动,放置 5 min 后,加 5 滴 1%酚酞指示剂,用0.1 mol · L^{-1} NaOH 标准溶液滴定。溶液由纯黄色变为金黄色即为终点。根据实验结果,计算尿素中氮的质量分数。

注意事项

1. 消化好的试样热溶液,不可立即从通风橱中取出和打开表面皿,以免污染空气。

2. 用氢氧化钠中和过剩的硫酸时,先用滴管滴加 2 mol · L^{-1}氢氧化钠溶液,并注意使碱液直接滴入试液中,不可滴在器壁和玻璃棒上。当中和至试样溶液的黄色范围扩大,但经搅拌后又重新恢复为红色时,说明中和已快近终点,此时改用滴定管滴加 0.1 mol · L^{-1}氢氧化钠溶液,滴至溶液呈黄色即可。

3. 中性甲醛溶液的准备:由于市售甲醛中含蚁酸,需预先中和。以酚酞作指示剂,用 0.1 mol · L^{-1}氢氧化钠溶液中和至溶液呈微红色即可。

问题

1. 当中和过剩硫酸时,若用酚酞作指示剂,对测定结果将产生正误差还是负误差?
2. 滴定待测酸量时,若不再加酚酞而仍用甲基红作指示剂,将会产生怎样的结果?

7.3 硼酸含量的测定

(8 学时)

预习

1. 阅读本篇实验方法提要中极弱酸的强化。
2. 甘露醇 $C_6H_{14}O_6$[$CH_2OH(CHOH)_4CH_2OH$]的相对分子质量为 182.2,溶于水。

思考题

1. 为什么硼酸不能用碱标准溶液直接滴定?

2. 设甘露醇与硼酸形成的配合物、滴定剂 NaOH 溶液的浓度均为0.10 mol·L^{-1}，计算滴定到化学计量点时溶液的 pH。

3. 根据计算的化学计量点 pH，应从附录九选用哪个酸碱指示剂为本实验滴定终点的指示剂？指示剂的配制及用量，终点的颜色如何变化？

4. 拟出试样中硼酸含量的计算式。

实验

准确称取 0.8 g 试样，用少量沸水溶解，冷却后定量转移到 250 mL 容量瓶中，稀释至标线，摇匀。移取 25.00 mL 试液两份，分别放入 250 mL 锥形瓶中，加入与试液等体积的纯水，再分批加入 2.5~3 g 甘露醇，充分旋摇使其溶解，滴加选择的指示剂，用0.1 mol·L^{-1}NaOH 标准溶液滴定至终点，记录消耗的 NaOH 标准溶液体积。

空白试验：取与上述相同质量的甘露醇，溶解在 50 mL 纯水中，加入与测定试样时相同滴数的指示剂，记录滴定到终点时消耗的 NaOH 标准溶液的体积，平行滴定两份。从滴定试样所消耗的 NaOH 体积与空白平均值，计算试样中 H_3BO_3 的含量 $w(H_3BO_3)$。

注意事项

1. 硼酸易溶于热水，所以硼酸试样需用沸水溶解。

2. 为了防止硼酸-甘露醇生成的配位酸水解，溶液的体积不宜过大。

3. 配位酸形成的反应是可逆反应，因此加入的甘露醇须大大过量，以使所有的硼酸定量地转化为配位酸。

问题

如何做空白试验？从你的实验结果说明本实验进行空白试验的必要性。

8 配位滴定法

实验演示

8.1 EDTA 标准溶液的配制与标定

（4 学时）

预习

1. EDTA 的特性及其在配位滴定法中的应用。

2. 金属离子指示剂铬黑 T、二甲酚橙的作用原理、变色的最适宜 pH 范围，指示剂的选择。

3. 实验中标定 EDTA 的工作基准试剂及其标定反应和方法。

4. 缓冲溶液在配位滴定中的重要性及其配制方法。

5. 查$[CaY]^{2-}$、$[MgY]^{2-}$的β值。

思考题

1. 说明工作基准试剂锌在使用前表面处理的方法和目的。

2. 配制锌标准溶液时，若锌液转移至容量瓶中有部分流失了，会使标定结果偏高还是偏低？如在容量瓶中稀释超过标线，将使标定的结果偏高还是偏低？

3. 若配好的锌液没有摇匀，将对标定产生什么后果？

4. 为什么用乙二胺四乙酸的二钠盐配制 EDTA 溶液，而不用其酸？

5. 说出配位滴定中待测离子能够准确测定的条件。

6. 以铬黑 T 为指示剂标定时，变色的最适宜的 pH 范围在何处？用什么方法调节 pH？如果溶液的 pH>11.6，结果将如何，为什么？

7. 某学生在调 pH=10 的操作中，加入很多氨水后仍不见有白色沉淀出现，试分析原因何在？应如何避免这一差错？

8. 当用二甲酚橙为指示剂时，它变色的最适宜酸度范围在何处？用何种缓冲溶液？

9. 拟出 c(EDTA)的计算公式。

实验

1. 0.01 $mol\cdot L^{-1}$ Zn^{2+}标准溶液的配制

取适量锌片或锌粒置于小烧杯中，用 0.1 $mol\cdot L^{-1}$HCl 溶液清洗 1 min（时间不宜过长，以免溶蚀过多的锌），以除去表面的氧化物。再用自来水和纯水洗净，将水沥干后，小心烘干（不可过分烘烤），冷却。

准确称取纯 Zn 0.15~0.2 g，置于 100 mL 小烧杯中，盖好表面皿，从烧杯口加入 5 mL HCl(1 ∶ 1)溶液,必要时可微热(小心溶液飞溅!)。待 Zn 完全溶解后,冲洗表面皿及杯壁,然后小心地将溶液转移至 250 mL 容量瓶中,用纯水稀释至标线,摇匀。计算 Zn^{2+} 标准溶液的浓度。

2. 0.01 mol · L^{-1} EDTA 标准溶液的配制

称取若干质量的 $Na_2H_2Y \cdot 2H_2O$ 于烧杯中,加入适量纯水并搅拌使其溶解(必要时可温热,以加快溶解),然后在试剂瓶中加纯水稀释至 400 mL。

3. EDTA 标准溶液浓度的标定(以 Zn 为工作基准试剂)

(1) 用铬黑 T 作指示剂(pH=10)　移取上述 Zn^{2+} 标准溶液 25.00 mL,边搅拌边滴加氨水(1 ∶ 1)至开始析出 $Zn(OH)_2$ 白色沉淀,然后加 5 mL $NH_3 \cdot H_2O-NH_4Cl$ 缓冲溶液[按附录十三方法(2)配制]、50 mL H_2O 和 2~3 滴 0.5%铬黑 T 指示剂。用 EDTA 标准溶液滴定至溶液由酒红色变为纯蓝色,即为终点,记下消耗的 EDTA 标准溶液的体积。重复标定两次。计算 EDTA 标准溶液的浓度。

(2) 用二甲酚橙作指示剂(pH=5~6)　移取 25.00 mL Zn^{2+} 标准溶液,加纯水 50 mL,3 滴 0.2% 二甲酚橙指示剂,然后加 10 mL 30% 六亚甲基四胺溶液。用 EDTA 标准溶液滴定至溶液由紫红色变为纯黄色,即为终点。重复标定两次。计算 EDTA 标准溶液的浓度。

问题

1. 标定 EDTA 标准溶液的常用工作基准试剂有哪些?应如何选择?
2. 本实验介绍了两种标定 EDTA 浓度的方法,在工作中应如何选择?

实验演示

8.2　水中钙镁总量的测定

(4 学时)

预习

1. 水的硬度;水的钙镁总量。
2. 测定钙镁总量、钙含量的条件与方法。
3. 钙指示剂在实验中的使用原理和条件。
4. 查$[CaY]^{2-}$、$[MgY]^{2-}$的稳定常数。

思考题

1. 说明测定钙镁总量、钙含量的条件与方法。
2. 根据 lg $\beta([CaY]^{2-})$、lg $\beta([MgY]^{2-})$、lg $\beta([CaIn]^{-})$(5.4)、lg $\beta([MgIn]^{-})$(7.0)回答:

(1) 测定钙镁总量时,加入铬黑 T 指示剂后,HIn^{2-} 先与 Ca^{2+} 还是 Mg^{2+} 配位?

(2) 用 EDTA 滴定直至终点，溶液的颜色由酒红色变为纯蓝色，说明体系中配位反应的竞争情况。

3. 根据什么原则配制本实验所用的 $pH=10$ 的缓冲溶液？为什么在约 200 mL 的滴定液中只要加 5 mL 缓冲溶液就足够了？

4. 为什么测定水的钙镁总量时溶液的 pH 控制为 10，而测定钙含量时，pH 控制为 13？

5. 拟出钙镁总量($mol\cdot L^{-1}$)以及钙含量($mg\cdot L^{-1}Ca^{2+}$)、镁含量($mg\cdot L^{-1}Mg^{2+}$)的计算公式。

实验

1. 钙镁总量的测定

移取 100.00 mL 自来水样三份分别置于 250 mL 锥形瓶中，加 5 mL $NH_3\cdot H_2O-NH_4Cl$($pH=10$)缓冲溶液和 2~3 滴 0.5%铬黑 T。用 0.01 $mol\cdot L^{-1}$ EDTA标准溶液滴定，溶液由酒红色变为纯蓝色时即为终点。计算水的钙镁总量($mol\cdot L^{-1}$)以及水硬度($mg\cdot L^{-1}CaCO_3$)。

2. 钙含量的测定

移取 100.00 mL 自来水样三份分别置于 250 mL 锥形瓶中，加 2 mL 6 $mol\cdot L^{-1}$ NaOH 溶液(pH 约为 13)和 5~6 滴钙指示剂，用 EDTA 标准溶液滴定，当溶液从酒红色变为纯蓝色即为终点。计算钙含量($mg\cdot L^{-1}Ca^{2+}$)。

从测定钙镁总量、钙含量所用的 EDTA 溶液的体积数计算镁含量($mg\cdot L^{-1}Mg^{2+}$)。

根据实验结果说明该水样是否符合生活饮用水的要求。

注意事项

1. 实际工作中，同时用纯水代替水样，按照实验步骤 1 进行空白测定。在计算钙镁含量时，应扣除空白。本实验略去不做。

2. 当水样中镁离子的含量较高时，加入氢氧化钠后产生大量氢氧化镁沉淀，吸附钙指示剂，使结果偏低或终点不明显。可减少试样量或将溶液稀释后测定，以减少误差。假如水样为井水，则一般取样量改为 50.00 mL，但要加50 mL纯水。

3. 滴定到终点时，要慢滴多搅，以免过终点或返红。

问题

1. 测定钙含量时，若 $pH>13.5$，将会产生什么结果？

2. 如在水样中含有 Al^{3+}、Fe^{3+}、Cu^{2+}，能否用铬黑 T 指示剂进行测定？实验应如何做？

3. 如果待测溶液中只有 Ca^{2+}，能否用铬黑 T 指示剂进行测定？实验应如何做？

8.3 锡青铜中锌的测定

（4 学时）

实验演示

预习

1. 锡青铜试样的溶解和剩余过氧化氢的分解。
2. 配位滴定中常用的掩蔽方法与掩蔽剂。
3. 锡青铜中锌含量的测定条件与方法。
4. 六亚甲基四胺-盐酸缓冲溶液。

思考题

1. 如何判断过氧化氢是否除尽？如果溶解后剩余的过氧化氢未完全分解，将有何种影响？
2. 试述用六亚甲基四胺作缓冲溶液的基本原理。
3. 实验中如何掩蔽干扰离子？
4. 能否先加硫脲而后加氟化物？
5. 加入掩蔽剂后如未混匀，对实验有何影响？
6. 本实验中锌的测定条件是什么？当用纯锌作工作基准试剂标定 EDTA 标准溶液时，采用哪种指示剂？为什么？

实验

准确称取 0.13~0.16 g 试样两份，分别置于 250 mL 锥形瓶中，加 5 mL HCl(1∶1)溶液，加入 2~3 mL 30% H_2O_2，此时有气泡产生。待反应稍缓和后，小火加热至试样溶解。加热煮沸，分解剩余的 H_2O_2，冷却。加5 mL 2% $BaCl_2$ 溶液、25 mL 饱和(约 10%) K_2SO_4 溶液，混匀。加 2 g NH_4F(或 4 g KF)，摇匀。约 1 min 后加 30 mL 饱和(约 10%)硫脲，混匀。加 20 mL 30% 六亚甲基四胺(用 pH 试纸检查 pH 约在 5.5)，滴加 3~4 滴 0.2%二甲酚橙指示剂，用0.01 $mol \cdot L^{-1}$ EDTA标准溶液滴定至溶液由紫红色变为纯黄色为终点。计算 Zn 的质量分数 $w(Zn)$。

注意事项

1. 溶样时一方面要防止溶液溅失，另一方面要使过氧化氢分解完全，而且要防止溶液烧干。
2. 试样中 Fe(Ⅲ) 的质量分数>2%时，要酌情多加 NH_4F。
3. 硫脲掩蔽 Cu(Ⅱ)时，其酸度应为 pH = 2~6。溶液 pH 太大或太小会使掩蔽不彻底。
4. 若要检查滴定前溶液的 pH 是否在 5.5 左右，可取一 pH 试纸靠在瓶口上，用玻璃棒蘸少量试液放在 pH 试纸上，观察之，检查后应将试纸上的试液冲洗入瓶内。

5. 滴定终点为纯黄色,0.5 min 内不返橙色即可。

6. 滴定完毕,即倒去滴定液,将锥形瓶洗净,否则 NH_4F 会腐蚀玻璃。

7. 如果测定的试样是黄铜,测定步骤如下:准确称取 0.38~0.42 g 黄铜试样于 100 mL 小烧杯中,加 5 mL HCl(1∶1)溶液,加入 2~3 mL 30% H_2O_2,盖上表面皿,此时有气泡产生。待反应缓和后,小火加热煮沸,分解剩余的 H_2O_2,冷却。冲洗表面皿与杯壁,将溶液定量转移至 250 mL 容量瓶中,稀释至标线,摇匀。移取 25.00 mL 铜试液两份,分别置于 250 mL 烧杯中,加5 mL 2% $BaCl_2$ 溶液和 20 mL 饱和 K_2SO_4 溶液,充分搅拌。加 1 g NH_4F,搅拌约 1 min,加 20 mL 饱和硫脲,混匀。加 15 mL 六亚甲基四胺(用精密 pH 试纸检查 pH 在 5.5~5.8 之间),加 3~4 滴二甲酚橙指示剂,用 0.01 $mol \cdot L^{-1}$EDTA 标准溶液滴定至溶液由紫红色变为纯黄色为终点。计算 Zn 的质量分数 $w(Zn)$。

问题

在本实验的基础上,设计一个能够同时测定铜含量的实验步骤。

8.4 焊锡中铅、锡的测定

(8 学时)

预习

1. 配位滴定法中的返滴定与置换滴定法。
2. 试样的溶解与分析方法。
3. 干扰离子的掩蔽剂——邻菲咯啉(又称邻二氮菲)。

思考题

1. 在试样溶解过程中,如果试样尚未完全溶解,而又有许多白色沉淀析出是何原因?如何避免?

2. 试样溶解后稍冷,可能析出的白色固体物是什么?加入 0.1 $mol \cdot L^{-1}$EDTA 并加热后,白色固体物为什么会溶解?

3. 试样中含有微量铜、锌等杂质,对测定有干扰,实验中是如何消除的?

4. 氟化铵的作用是什么?加入氟化铵后,溶液颜色为什么从红色变为黄色?

5. 本实验测定锡和铅的方法,分别属于配位滴定法中的哪一种?

实验

1. 0.01 $mol \cdot L^{-1}$ $Pb(NO_3)_2$ 标准溶液的配制

称取约 1.3 g $Pb(NO_3)_2$ 溶于少量纯水中,加入 12 滴 6 $mol \cdot L^{-1}$ HNO_3 溶液,稀释至 400 mL。

2. $Pb(NO_3)_2$ 标准溶液与 EDTA 标准溶液浓度的比较

移取 25.00 mL 已知准确浓度的 0.01 $mol \cdot L^{-1}$ EDTA 于锥形瓶中，加入5 mL 30% 六亚甲基四胺、2 滴 0.2% 二甲酚橙指示剂，加纯水至 100 mL。用$Pb(NO_3)_2$溶液滴定到溶液从黄色变为红色即为终点。计算 $Pb(NO_3)_2$ 标准溶液的浓度。

3. 试样分析

(1) 准确称取 0.25~0.30 g 试样一份，加入 20mL 浓盐酸和 3 mL 30% H_2O_2，摇匀。开始时反应很慢，片刻后反应加快，待反应变缓和后，逐渐加热并保持在微沸状态，直至试样完全溶解。稍冷，此时可能会有些白色固体析出，加入 7 mL 0.15% 邻菲咯啉溶液，充分摇荡。加入 25.00 mL 0.1$mol \cdot L^{-1}$ EDTA 标准溶液，煮沸 1 min。前面若有白色固体析出，这时会因形成 Pb-EDTA 配合物而溶解，溶液变清晰。加 100 mL 纯水稀释，冷却后，小心转移到 250 mL 容量瓶中，稀释至标线。立即移取 25.00 mL 上述溶液，置于锥形瓶中。将溶液冲稀至 80 mL 后，加入 15mL 30% 六亚甲基四胺缓冲溶液、2 滴 0.2% 二甲酚橙指示剂。用 Pb^{2+} 标准溶液滴定至溶液从黄色到红色。记录 Pb^{2+} 标准溶液消耗的体积数(V_1)。再加入 2 g NH_4F，放置约 10 min，此时溶液应为黄色。再用 Pb^{2+} 标准溶液滴定至溶液从黄色变为稳定的红色(约 1 min)即终点。记录 Pb^{2+} 标准溶液消耗的体积数(V_2)。

(2) 空白测定　为了消除由于差减法计算 Pb 含量所引起的误差，与试样测定的同时做一份空白试验。测定步骤除了不加试样外，其他各步骤均与试样测定相同，直至空白溶液稀释至 250 mL 为止。移取 10.00 mL 空白溶液，置于锥形瓶中，将溶液稀释至 80 mL 后，加入 15 mL 30%六亚甲基四胺、2 滴 0.2% 二甲酚橙指示剂。用 Pb^{2+} 标准溶液滴定至溶液从黄色到红色。记录 Pb^{2+} 标准溶液用于滴定空白试样所消耗的体积数($V_{空}$)，按下式计算 Pb 的质量分数$w(Pb)$。

$$w(Pb)=\frac{(V_{空}\times 2.5-V_1-V_2)c(Pb^{2+})M(Pb^{2+})}{m_{样}\times(1/10)}\times 100\%$$

Sn 的 $w(Sn)$ 计算公式自拟。

注意事项

1. 试样不宜称量过多，试样颗粒尽可能薄细。

2. 溶解开始的温度不宜过高，以防过氧化氢太早分解。如有必要，可补加过氧化氢并防止盐酸过分蒸发。

3. 不同牌号的试样，根据所含杂质的不同，采用的掩蔽剂及其用量也可稍有不同。

4. 加入 0.1 mol · L^{-1}EDTA 的浓度和体积对 Pb 的 w(Pb) 的影响较大，配制 0.1 mol · L^{-1}EDTA 必须保证完全溶解。

5. 试样溶液稀释至 250 mL 后，应立即移取到锥形瓶中，放置时间太长，在容量瓶中可能会有白色固体物析出。

6. 空白溶液加入 0.1 mol · L^{-1} EDTA 的步骤必须与试样溶液同时进行。

7. 测定第二个终点时，当逐滴加入 Pb^{2+} 标准溶液后，溶液先呈现暂时的粉红色或红色，但又逐渐返回黄色时，表示已临近终点。

问题

1. 本实验中哪些步骤容易引起误差？

2. 在配位滴定法测定金属离子实验中，何种情况下采用返滴定法？何种情况下则宜采用置换滴定法？举例说明之。

8.5 抗胃酸药中铝、镁含量的测定

（8 学时）

预习

1. 返滴定法及其在测定铝中的应用。

2. 铝、镁测定时相互干扰的消除。

3. 了解常用抗胃酸药物的主要成分、药效机理。

思考题

1. 为什么不能用 EDTA 直接滴定法来测定 Al^{3+}？

2. 当加过量 EDTA 标准溶液与 Al^{3+} 反应时，本实验要求溶液 pH = 4.2，pH 过大或过小对反应有何影响？而用 Zn 标准溶液返滴定过量的 EDTA 时，pH 应调至多少？

3. 在测定镁离子含量时，加三乙醇胺的作用是什么？测定时，三乙醇胺和 $NH_3 \cdot H_2O-NH_4Cl$ 缓冲溶液哪一个先加？为什么？

4. 抗胃酸药和维生素 C 同时服用好不好？为什么？

实验

1. 试样处理

准确称取试样约 0.4 g 于 100 mL 烧杯中，加入 20 mL 纯水和 6 mL 3 mol · L^{-1}盐酸，加盖表面皿，小火加热微沸 20 min。冷却后过滤，并以水洗涤沉淀，收集滤液及洗涤液于 250 mL 容量瓶中，用纯水稀释至标线，摇匀。

2. 铝离子含量测定

移取 25.00 mL 试样溶液三份分别置于 250 mL 烧杯中，各加入 25 mL

纯水和 25.00 mL 0.01 mol·L^{-1}EDTA 标准溶液，再加 5 mL NaAc-HAc 缓冲溶液（pH=4.2），小火加热溶液 10 min。冷却后加 20 mL 30%六亚甲基四胺缓冲溶液，仔细调节溶液的 pH 至 5.7~6.0，加 2~3 滴 0.2%二甲酚橙指示剂，用 0.01 mol·L^{-1} $ZnCl_2$ 标准溶液滴定，当溶液由黄色变为紫红色时即为终点，计算铝的含量（mg/片）。

3. 镁离子含量测定

移取 25.00 mL 试样溶液三份分别置于 250 mL 烧杯中，各加入 6 mL 三乙醇胺(1∶1)水溶液，搅拌 2 min，再加 50 mL 纯水和 20 mL $NH_3 \cdot H_2O-NH_4Cl$ 缓冲溶液。静置片刻，加 2~3 滴铬黑 T 指示剂，混合均匀，用 0.01 mol·L^{-1} EDTA 标准溶液直接滴定，当溶液颜色由酒红色变为纯蓝色即为终点，计算镁的含量（mg/片）。

注意事项

1. 取抗胃酸药[可用铝碳酸镁片，分子式为 $Mg_6Al_2(CO_3)(OH)_{16} \cdot 4H_2O$]药片 20 片，准确称量后，放在研钵中研细，保存在称量瓶中作为测试试样。计算每片药片的平均质量。分析结果分别以每片药片含铝、含镁的质量（mg/片）表示。

2. 测定镁时，应在酸性溶液中先加三乙醇胺，再加 $NH_3 \cdot H_2O-NH_4Cl$ 缓冲溶液，不要颠倒。

问题

1. 当测定铝时，快到终点时的滴定速度应慢一些，而测定镁时，快到终点时的滴定速度应快一些，为什么？

2. 还有哪些方法可以测定铝和镁？

9 氧化还原滴定法

实验演示

9.1 铁矿（或铁粉）中铁的测定

（8 学时）

9.1.1 无汞定铁法

预习

1. 查出 $E^{\ominus}[Sn(IV)/Sn(II)]$、$E^{\ominus}(Fe^{3+}/Fe^{2+})$、$E^{\ominus}(Cr_2O_7^{2-}/Cr^{3+})$、$E^{\ominus}(TiO^{2+}/Ti^{3+})$，写出氧化还原反应方程式。

2. 试样的预处理方法。试样用酸溶解后，先用氯化亚锡还原大部分 Fe(Ⅲ)，然后用三氯化钛定量地还原剩余部分的 Fe(Ⅲ)。当 Fe(Ⅲ)定量地还原为 Fe(Ⅱ)之后，过量 1 滴三氯化钛溶液，使溶液中作为指示剂的W(Ⅵ)（无色的钨酸钠）还原为 W(Ⅴ)（蓝色的五价化合物，俗称“钨蓝”），溶液呈蓝色。由于控制了还原剂的用量，所以不存在用氯化汞来消除过量还原剂的问题。Fe(Ⅲ)还原为 Fe(Ⅱ)后，滴入重铬酸钾溶液使钨蓝刚好褪色，或者以 Cu(Ⅱ)为催化剂，借溶解氧使稍过量的 Ti(Ⅲ)被氧化，从而消除少量还原剂的影响。

3. 查出氧化还原指示剂——二苯胺磺酸钠的条件电极电势及颜色变化。

思考题

1. 在预处理时为什么 $SnCl_2$ 溶液要趁热逐滴加入？

2. 在预还原 Fe(Ⅲ)至 Fe(Ⅱ)时，为什么要用 $SnCl_2$ 和 $TiCl_3$ 两种还原剂？只使用其中一种是否可行？为什么？

3. 实验中加入钨酸钠的目的是什么？

4. 在滴定前加入硫磷混酸的作用是什么？为什么加入后需要立即滴定？

实验

（一）常量实验

1. 0.016 mol · L^{-1} $K_2Cr_2O_7$ 标准溶液的配制

准确称取 1.2 g $K_2Cr_2O_7$ 于 100 mL 烧杯中，加纯水溶解后，转移至 250 mL容量瓶中，用纯水稀释至标线，摇匀。计算 $K_2Cr_2O_7$ 溶液的准确浓度。

2. 试样的测定

准确称取 0.18~0.22 g 铁矿样两份于 250 mL 烧杯中，加少许水润湿，加 15 mL HCl(3∶2)溶液,盖上表面皿,在通风橱中加热至微沸,并保持 15 min,使其溶解。待稍冷后,用少量水冲洗表面皿和烧杯内壁。加热至近沸,趁热滴加 10% $SnCl_2$ 溶液,将大部分 Fe^{3+} 还原为 Fe^{2+},此时溶液由黄色变为淡黄色。加 60 mL 纯水,用流水冷却至室温。加 1 mL 100 g · L^{-1} Na_2WO_4 溶液,滴加 1.5% $TiCl_3$ 溶液至出现稳定的“钨蓝”,冲洗烧杯内壁。滴加 $K_2Cr_2O_7$ 溶液至蓝色刚刚消失,加 4 mL 硫磷混酸、3 滴 0.5%二苯胺磺酸钠指示剂,立即用 $K_2Cr_2O_7$ 标准溶液滴定至溶液呈现稳定的蓝紫色为终点。计算试样中铁的含量。

注意事项

1. 重铬酸钾要事先在 413~423 K 烘干 2 h。

2. 100 g · $L^{-1}$$Na_2WO_4$ 溶液的配制:称取 10 g Na_2WO_4 溶于适量水(若浑浊则应过滤),加入 4 mL 浓磷酸,加纯水至 100 mL。

硫磷混酸的配制:150 mL 浓硫酸+200 mL 浓磷酸+650 mL 水。

3. 铁矿主要有褐铁矿、磁铁矿和菱铁矿等,它们的主要成分分别为 $Fe_2O_3 \cdot xH_2O$、Fe_3O_4 和 $FeCO_3$,铁矿分解选用的溶剂,随其组成的不同而异,易分解的铁矿通常采用盐酸溶解,对难分解的铁矿,需加氟化钠或氟化钾加快分解,或者滴加氯化亚锡溶液助溶或用其他溶剂溶解。

试样溶解时,要控制好温度和时间,既要有足够的温度使其充分溶解,但又不可把溶液蒸干。如没溶好而又快蒸干时,可补加 5 mL 溶解酸继续溶解。溶解完全后,容器底部剩下少量的白色(或略带米色)的残渣(这是什么物质?)。

4. Fe(Ⅲ)还原条件的控制:

(1) 试样溶液不要过分稀释,酸度要高,以避免水解。

(2) 还原反应在加热至近沸条件下进行,否则反应慢,加入的 Sn(Ⅱ)易过量。

(3) Sn(Ⅱ)的加入量要适当。为控制好 Sn(Ⅱ)的加入量,必须在近沸的状态下慢滴多搅,当溶液变为淡黄色时停止。如不慎过量,可滴加 2% $KMnO_4$ 溶液至淡黄色。

5. 滴入 $K_2Cr_2O_7$ 溶液时,“钨蓝”褪色较慢,故应慢慢滴入,充分搅拌。注意不要滴过量,也不要少滴。

6. 还原后的 Fe(Ⅱ)在磷酸介质中极易被氧化,在“钨蓝”褪色 1 min 内应立即滴定。放置太久测定结果偏低。所以矿样溶解后,应一份做完再做第二份。

7. 可根据铁矿中铁的含量、分析方法的不同调整试样的称样量。根据

指示剂生产厂家的不同,调整指示剂的用量。

(二) 减量实验

1. 0.016 mol·L^{-1} $K_2Cr_2O_7$ 标准溶液的配制

称样量约为 0.48 g,加纯水溶解后在 100 mL 容量瓶中定容。

2. 试样的测定

方法 1 称量缩减法

在微量电子天平上准确称取 0.036~0.044 g 铁矿样三份,分别置于 50 mL 小烧杯中,加少许水润湿,加 3 mL HCl(3∶2)溶液,盖上表面皿,在通风橱中加热至微沸,并保持 15 min。后续实验中所加试剂或溶液均为常量法的 1/5,实验条件与操作步骤参考常量法。

方法 2 容量缩减法

准确称取 0.4 g 铁矿样于 250 mL 烧杯中,加少许水润湿,加 25 mL HCl(3∶2),盖上表面皿,在通风橱中加热至微沸,并保持 15 min。试样分解完全后稍冷,用少量纯水冲洗表面皿和烧杯内壁。用定性滤纸常压过滤,100 mL 容量瓶承接滤液,滴加 0.5 mol·L^{-1} HCl 溶液洗涤杯内壁、玻璃棒各 3 次,洗涤液完全转移至漏斗内。再用稀盐酸洗至滤纸无色,纯水定容,摇匀。移取 10.00 mL 配制好的溶液于小烧杯内,后续实验中所加试剂或溶液为常量法的 1/5,实验条件与步骤参考常量法。

注意事项

1. 使用微量电子天平时,应经常校准,以保证称量结果的准确。

2. 矿样溶解后,有米色或棕色残渣。

3. 方法 2 中,用稀盐酸洗涤杯壁、玻璃棒、滤纸的目的是防止 Fe^{3+} 的水解。定容 100 mL,而不是 250 mL 是为了增加试液的浓度,使还原反应速率快些。

4. 还原时先用 10% $SnCl_2$ 溶液,后用 2% $SnCl_2$ 溶液,可防止 $SnCl_2$ 溶液加多。若能以 1 滴多搅的方式滴加 10% $SnCl_2$ 溶液,也可不用 2% $SnCl_2$ 溶液。

问题

若某一铁试液中含有 Fe(Ⅲ)和 Fe(Ⅱ),试拟订出分别测定 Fe(Ⅲ)和 Fe(Ⅱ)的分析步骤。

9.1.2 氯化亚锡-氯化汞法

预习

1. 查出 $E^{\ominus}$[Sn(Ⅳ)/Sn(Ⅱ)]、$E^{\ominus}(Fe^{3+}/Fe^{2+})$、$E^{\ominus}(HgCl_2/Hg_2Cl_2)$、$E^{\ominus}(Hg_2^{2+}/Hg)$、

$E^{\ominus}(Cr_2O_7^{2-}/Cr^{3+})$,写出有关的氧化还原反应方程式。

2. 查出氧化还原指示剂——二苯胺磺酸钠的条件电极电势及颜色变化。

3. 试样预处理的目的和方法。

4. 重铬酸钾法测定铁的原理和方法。

思考题

1. 试样溶解后加氯化亚锡的作用是什么?为什么要将试样溶液加热,并小心滴加氯化亚锡?如何判断加入的氯化亚锡量是否合适?

2. 氯化亚锡加少了,会造成什么后果?如多加了,当加入氯化汞后,产生的白色沉淀中夹杂有灰色沉淀,是何原因?试用电极电势解释此时实验必须重做的原因。

3. 为什么加入氯化汞之前需将溶液冷却,加入氯化汞后又需放置 3~5 min?

4. 同 9.1.1 思考题 4;

5. 我国汞排放的允许量是 $0.05\ mg\cdot L^{-1}$,如果按氯化亚锡-氯化汞法测定铁,在你的实验中所产生的废汞要达到此允许的排放量,至少要加多少水稀释后才能排放?

实验

1. $0.016\ mol\cdot L^{-1}\ K_2Cr_2O_7$ 标准溶液的配制

准确称取约 1.2 g $K_2Cr_2O_7$ 于 100 mL 烧杯中,加水溶解后转移入 250 mL 容量瓶中,用水稀释至标线,摇匀。计算 $K_2Cr_2O_7$ 溶液的准确浓度。

2. 试样的测定

准确称取 0.18~0.22 g 矿样两份,分别加入 15 mL HCl(3∶2)溶液,加热至微沸并继续保持 15 min,使其溶解。稍冷,用少量水冲洗表面皿和烧杯内壁。加热至近沸,滴加 10% $SnCl_2$ 溶液至黄色刚好褪去,再过量 1~2 滴。将烧杯放入冷水中冷却,并用少量纯水冲洗烧杯内壁。加入 5 mL 5% $HgCl_2$ 溶液,此时有白色沉淀出现,放置 3~5 min。加入 10 mL $H_2SO_4-H_3PO_4$(1∶1)混合酸、100 mL H_2O 和 4 滴 0.5%二苯胺磺酸钠溶液。立即用 $K_2Cr_2O_7$ 标准溶液滴定,溶液呈稳定的蓝紫色即为终点。计算 Fe 的含量 w(Fe)。

3. 自拟实验

为减少对环境的污染,请参考 9.1.1 中的减量法,将上述实验设计为减量实验。

注意事项

1. 同 9.1.1 常量实验中,注意事项 1.。

2. 同 9.1.1 常量实验中,注意事项 2.。

3. 同 9.1.1 常量实验中,注意事项 3.。Sn(Ⅱ)加入量要适量,若太多或太少,均使实验结果不准确。为控制好 Sn(Ⅱ)的加入量,必须慢滴多搅,当溶液从棕黄→黄→无色,说明已还原完全,再多加 1~2 滴。如加氯化汞后得到带灰色的白色沉淀,则需重做。

4. 在酸性溶液中 Fe(Ⅱ)会被氧化,故试样溶解完全后,先取一份试液从还原开始,一直做到滴定完毕,然后再做下一份。可避免 Fe(Ⅱ)在空气中因暴露时间太长,而被空气中的氧氧化。

5. 氯化汞有毒,实验时应注意安全。

实验演示

9.2 硫代硫酸钠标准溶液的配制和标定

(4 学时)

预习

1. 硫代硫酸钠标准溶液的配制、标定方法和有关反应方程式。重铬酸钾与碘化钾的反应条件。

2. 淀粉指示剂在标定硫代硫酸钠溶液中的正确使用。

3. 使用碘瓶(或具塞锥形瓶)的必要性和操作方法。

4. 碱式滴定管的操作。

思考题

1. 硫代硫酸钠溶液为什么要预先配制?为什么配制时要用刚煮沸过并已冷却的纯水?为什么配制时要加少量的碳酸钠?

2. 重铬酸钾与碘化钾混合液在暗处放置 5 min 后,为什么要用纯水稀释至100 mL,再用硫代硫酸钠溶液滴定?如果在放置之前稀释是否可行,为什么?

3. 硫代硫酸钠溶液的标定中,用何种滴定管?为什么?

4. 为什么既不能过早也不能过迟地加入淀粉?

实验

1. 0.1 $mol \cdot L^{-1} Na_2S_2O_3$ 溶液的配制

称取若干 $Na_2S_2O_3 \cdot 5H_2O$ 和 0.1 g Na_2CO_3 溶于新制的 400 mL 蒸馏水中,溶液储存于试剂瓶中,静置数日后(必要时可过滤),标定其浓度。

2. 标定

准确称取 0.10~0.13 g $K_2Cr_2O_7$ 三份于 250 mL 碘瓶(具塞锥形瓶)中,用少量水使其溶解。加 1 g KI、8 mL 6 $mol \cdot L^{-1}$ HCl 溶液,充分混合后塞好瓶塞,放在暗处约 5 min。然后用水稀释至 100 mL,在不停摇动下,用 $Na_2S_2O_3$ 标准溶液滴定。当溶液由红棕色变为淡黄色时,加入 2 mL 0.5%淀粉溶液,继续摇动,滴定至溶液蓝色消失为止。计算 $Na_2S_2O_3$ 溶液的浓度。

注意事项

1. 淀粉能与 I_3^- 作用形成蓝色配合物,颜色与淀粉的结构有关,含直链淀粉成分为主的淀粉与 I_3^- 作用形成蓝色,灵敏度高;含支链淀粉成分为主的淀粉与I_3^-作用形成的颜色带红紫色，灵敏度低，不易掌握终点。

2. 重铬酸钾与碘化钾的反应不是立刻完成的，在稀溶液中更慢。因此，在暗处放置5 min后，再加水稀释滴定。

3. 淀粉指示剂不能过早加入，因淀粉吸附大量I_3^-后使I_2不易放出，影响与硫代硫酸钠的反应，从而产生误差。但也不能加入过迟，否则终点易过。

问题

若滴定至终点后的溶液，放置若干时间后又变回蓝色是何原因？

9.3　铜合金中铜的测定

（8学时）

实验演示

预习

1. 间接碘量法的基本原理，滴定过程中溶液颜色的变化、终点的判断。

2. 碘量法中碘化钾所起的作用。

3. 测定时酸度的调节和控制。

思考题

1. 查出$E^{\ominus}(Cu^{2+}/Cu^{+})$、$E^{\ominus}(Cu^{2+}/Cu_2I_2)$和$E^{\ominus}(I_2/I^-)$，解释为什么Cu(Ⅱ)能氧化$I^-$而生成碘。

2. 试样溶解后为什么要破坏多余的过氧化氢？如何判断过氧化氢已经分解完全？

3. 测定溶液的pH为什么要控制在微酸性？酸度过高或过低对测定有何影响？实验中如何调节溶液至微酸性？

4. 说明氟化铵的作用。

5. 为什么要在滴定至近终点时加入硫氰酸钾溶液？过早加入对测定有什么影响？

实验

（一）常量实验

1. 配制和标定0.1 mol·L^{-1} $Na_2S_2O_3$溶液。

2. 试样测定

准确称取试样0.22~0.24 g两份，分别置于250 mL的具塞锥形瓶中。加入5 mL HCl(1∶1)溶液、3 mL 30% H_2O_2，加热，待试样完全溶解后，继续加热片刻，以破坏多余的H_2O_2。稍冷后，滴加氨水(1∶1)至溶液微呈混浊，再滴加HAc(1∶1)溶液至溶液澄清并多加1 mL，加纯水稀释至100 mL。如试样含有Fe^{3+}，需加1 g NH_4F。加1.5 g KI，立即用0.1 mol·L^{-1} $Na_2S_2O_3$标准溶液滴定至溶液呈浅黄色。加入2 mL 0.5%淀粉溶液，继续滴定至蓝色褪去。再加10 mL 10% KSCN溶液，旋摇碘瓶，蓝色重新出现。最后在激烈旋摇的情况下,继续滴定至蓝色消失即为终点。计算 Cu 的质量分数 w(Cu)。

注意事项

1. 如含铜量较低,可适当增加称量。

2. 所加入的过氧化氢一定要赶尽,否则结果无法测准。

3. 控制好加热温度,使试样完全溶解,过氧化氢分解完全,但不可将溶液烧干。溶解与冷却过程中锥形瓶切不可加磨口塞。

4. 在弱酸性溶液中(pH≈4),I^-被 Cu^{2+}氧化生成碘。

5. 碘化钾在酸性溶液中,易被空气氧化成碘,碘易挥发,放置时间长了造成误差,所以碘化钾应在滴定前加入。

(二) 减量实验

1. 0.1 mol · L^{-1} $Na_2S_2O_3$ 标准溶液的标定

方法 1 称量缩减法

在微量电子天平上,准确称取 0.025~0.03 g $K_2Cr_2O_7$ 三份,分别置于 150 mL 的具塞锥形瓶中,加少量水使其溶解。后续实验中所加试剂或溶液均为常量法的 1/5,实验条件、实验步骤参考常量法。

方法 2 容量缩减法

准确称取 0.25~0.30 g $K_2Cr_2O_7$ 于 100 mL 烧杯中,加水溶解,定量转移至 100 mL 容量瓶中,定容,摇匀。移取 10.00 mL 溶液于 150 mL 具塞锥形瓶中,后续实验中所加试剂或溶液均为常量法的 1/5,实验条件、实验步骤参考常量法。

2. 铜合金中铜的测定

方法 1 称量缩减法

准确称取试样 0.038 g~0.042 g 两份,分别置于 150 mL 的具塞锥形瓶中,加 1 mL HCl(1 : 1)溶液,1 mL 30% H_2O_2,放置。待试样完全溶解后(若不反应,可稍加热),小火加热至沸,以破坏多余的 H_2O_2。后续实验中所加试剂或溶液均为常量法的 1/5,实验条件、实验步骤参考常量法。

方法 2 容量缩减法

称 0.38~0.42 g 铜试样于 100 mL 小烧杯中,加 5 mL HCl(1 : 1)溶液,3 mL 30% H_2O_2,盖上表面皿,此时有气泡产生。待反应缓和后,小火加热煮沸,分解剩余的 H_2O_2,冷却。冲洗表面皿与杯壁,将溶液定量转移至 250 mL 容量瓶中,稀释至标线,摇匀。移取 25.00 mL 铜试液于 150 mL 锥形瓶中,后续步骤与反应条件按方法一进行,但是在酸度调节后不必再用水稀释。

注意事项

1. 当体系中加入少于 1 mL 溶液时，可用数滴入体系溶液滴数的方法计体积：先数滴瓶的滴管每滴出 1 mL 溶液的滴数，根据 1 mL 溶液的滴数就可以方便地滴加小于 1 mL 溶液的体积。

2. 减量法测定铜合金中的铜时，由于试样量减少，使两个实验现象很明显。

(1) 调节酸度时，沉淀的出现与消失明显。

(2) 滴定终点明显，蓝色褪去后沉淀为白色，而不是常量实验的米色。

3. 同常量实验中的注意事项 5。

问题

1. 碘量法测定中引起误差的因素主要有哪些？

2. 为避免或减少碘量法可能引起的误差，在实验中应采取哪些措施？

9.4 苯酚含量的测定

(8 学时)

实验演示

预习

1. 溴酸钾-碘量法测定苯酚含量的原理。

2. 测定空白值的意义和方法。

思考题

1. 如何测定苯酚的含量？

2. 能否直接用溴标准溶液滴定苯酚？

3. 本实验中能否用硫代硫酸钠标准溶液直接滴定过量的溴？

4. 试从有关反应方程式推出苯酚、溴酸钾与硫代硫酸钠的物质的量之比。

5. V_1 和 V_2 分别代表什么？两者哪个更大？拟出计算苯酚含量（以 $g \cdot L^{-1}$ 表示）的计算公式。

6. 加入过量溴酸钾-溴化钾混合液是否要定量？

7. 从空白试验的结果，如何计算出硫代硫酸钠标准溶液的浓度？它与通常使用的工作基准试剂标定标准溶液的浓度有何不同？优点何在？

实验

1. 0.016 $mol \cdot L^{-1}$ $KBrO_3$-KBr 标准溶液的配制

准确称取 0.7 g 已干燥过的 $KBrO_3$，置于 100 mL 小烧杯中，加 2.5 g KBr，以少量水溶解后，定量转移到 250 mL 容量瓶中，用纯水稀释至标线，摇匀，根据 $KBrO_3$ 实际称量，计算其准确浓度。

2. 苯酚含量的测定

(1) 移取 25.00 mL 待测苯酚溶液两份,分别放入碘量瓶中,再用另一吸管加入 25.00 mL $KBrO_3$-KBr 混合液、加 10 mL HCl(1∶1)溶液酸化,迅速将瓶塞塞紧,充分摇匀,放置 5~10 min,充分摇荡 1~2 min ,再加入 15 mL 10% KI 溶液,迅速塞紧瓶塞,充分摇匀后,放置 5 min,小心冲洗瓶塞和瓶壁,立即用 $Na_2S_2O_3$ 标准溶液滴定至溶液呈淡黄色,加 2 mL 0.5%淀粉溶液,然后继续滴定至蓝色消失。滴定用去 $Na_2S_2O_3$ 溶液的体积为 V_1。

(2) 另取两份 25 mL 纯水代替苯酚试样,分别置于 250 mL 碘瓶中进行空白测定(略去在加 KI 之前摇荡 1~2 min 的步骤),消耗 $Na_2S_2O_3$ 的体积为 V_2(取其平均值),计算苯酚的含量(以 $g\cdot L^{-1}$表示)。

3. 自拟实验

参照实验 9.1 和 9.3 中的减量实验方法,把本实验设计为一个减量实验。

注意事项

1. 必须先加溴酸钾-溴化钾混合液后再进行酸化,酸化后得到含有三溴苯酚沉淀的棕黄色悬浊液。如果在加盐酸后溶液不呈棕黄色,表示无过量溴,须重新取样分析,适当增加溴酸钾-溴化钾混合液的用量。

2. 加盐酸或碘化钾溶液时,不要把瓶塞全拿开,而是稍松开瓶塞,使溶液沿瓶口与瓶塞间的缝隙流入。加入溶液的动作要快,加入后立即塞紧瓶塞(如是碘瓶,此时加水封住瓶口),以免溴(或碘)逸出而损失。要放置足够的时间使反应完全。瓶口、瓶塞上沾有的溶液在滴定前要冲洗入瓶中。

3. 加盐酸后要充分摇荡,在放置的过程中亦应摇荡几次,使三溴苯酚悬浊液中的不溶物充分摇碎,便于后续反应的完全进行。每次摇荡时尽可能不要把内容物摇溅到塞子上。

4. 在过量溴存在下,苯酚与溴反应生成三溴苯酚时,还发生以下反应:

$$C_6H_2Br_3OH + Br_2 = C_6H_2Br_3OBr + HBr$$

反应中 1 mol 三溴苯酚消耗 1 mol Br_2:

$$C_6H_2Br_3OBr + 2HI = C_6H_2Br_3OH + HBr + I_2$$

此反应多生成 1 mol I_2,所以反应的中间过程不影响分析结果,但酸性溶液中加入碘化钾后,应静置 5 min,以保证溴化三溴苯酚的完全分解。

5. 本法测定苯酚溶液的质量浓度以 $1\ g\cdot L^{-1}$ 左右为宜。

6. 若溴酸钾纯度不高,不能配成准确浓度的溴酸钾溶液时,可先配制成近似浓度,然后再用已知准确浓度的硫代硫酸钠标准溶液做空白试验,由下式计算苯酚含量[质量浓度 $\rho(C_6H_5OH)$]:

$$\rho(C_6H_5OH)=\frac{\frac{1}{6}\times c(Na_2S_2O_3)(V_2-V_1)M(C_6H_5OH)}{25.00\ mL}$$

$$M(C_6H_5OH)=94.11\ g\cdot mol^{-1}$$

问题

1. 溴酸钾-溴化钾法测定苯酚含量的步骤中,哪些容易引起误差?应如何避免?

2. 根据实验结果,每份苯酚试样取量多少克?加入等物质的量溴酸钾应是多少克?你实际上加入的溴酸钾是否过量?过量多少克?

扩展实验

——药片中维生素 C 的测定(4 学时)

预习

1. 碘酸钾标准溶液的配制方法。

2. 维生素 C 的化学式为 $C_6H_8O_6$,由于分子中的烯二醇基具有还原性,能被 I_2 定量地氧化成二酮基:

```
 ┌────O─────┐      H   OH                 ┌────O─────┐      H   OH
 │          │      │   │                  │          │      │   │
 C──C══C────C──────C───CH  +I₂ ⇌          C──C──C────C──────C───CH  +2HI
 ‖  │  │    │      │   │                  ‖  ‖  ‖    │      │   │
 O  OH OH   H      OH  H                  O  O  O    H      OH  H
```

$$C_6H_8O_6 = C_6H_6O_6+2H^++2e^-;\quad E^{\ominus}\approx +0.18\ V$$

维生素 C 的还原性很强,它在空气中很容易氧化,在碱性介质中更容易氧化。

思考题

1. 溶解维生素 C 药片时,为何要用新煮沸又冷却过的纯水?

2. 说明维生素 C 含量测定的原理,写出有关反应方程式,拟订计算公式。

3. 本实验中淀粉指示剂在何时加入?终点颜色变化与以前实验有何不同?

实验

1. $0.01\ mol\cdot L^{-1}\ KIO_3$ 标准溶液的配制

准确称取 0.5~0.6 g 干燥过的纯 KIO_3。用少量纯水溶解后,定量转移到 250 mL 容量瓶中,用纯水稀释至标线,充分摇匀。计算 KIO_3 溶液的浓度。

2. 药片中维生素 C 的测定

准确称量相当于 2 片药片量的试样于锥形瓶中,加入约 50 mL 新煮沸又冷却过的纯水，使其溶解（药片中除维生素 C 之外的结合剂将作为细小的固体物留在溶液中）。当试样溶解后，加 5 mL 1 mol · L^{-1} HCl 溶液和 1 g KI、2 mL 0.5%淀粉指示剂，立即用 KIO_3 标准溶液滴定到溶液呈蓝色为终点。重复测定一次。计算药片中维生素 C 的含量（mg/片表示）。

注意事项

1. 取维生素 C 药片 20 片，准确称量后，放在研钵中研细，保存在称量瓶中作为测试试样（由于维生素 C 易氧化，试样不易久存）。计算每片维生素 C 药片的平均质量（mg/片）。

2. 为了减少溶液中的维生素 C 由于被空气氧化所造成的误差，应该在第一份试样做完后，再溶解第二份试样。

9.5　高锰酸钾标准溶液的配制和标定

（4 学时）

实验演示

预习

1. 高锰酸钾的性质。
2. 高锰酸钾标准溶液的配制和标定方法。
3. 高锰酸钾标准溶液的标定反应及标定条件。
4. 玻璃砂芯漏斗及其操作。

思考题

1. 高锰酸钾为什么不能用作工作基准试剂？如何配制和存放高锰酸钾标准溶液？
2. 高锰酸钾在中性、强酸性或强碱性溶液中进行反应时，它被还原后的产物有何不同？
3. 标定高锰酸钾溶液时，为什么第一滴高锰酸钾的颜色褪得很慢，然后褪色逐渐加快？
4. 高锰酸钾滴定草酸钠过程中，加酸、加热和控制滴定速度等的目的是什么？
5. 本实验应如何准确读取滴定管中高锰酸钾溶液的液面读数。

实验

1. 0.02 mol · L^{-1} $KMnO_4$ 溶液的配制

称取若干 $KMnO_4$，加入适当量纯水使其溶解后，倒入洁净的棕色试剂瓶中，用纯水稀释至约 500 mL，摇匀，塞好塞子。静置 7～10 d 后，其上层的溶液用玻璃砂芯漏斗过滤，残余溶液和沉淀则倒掉。洗净试剂瓶，将滤液倒回瓶内，摇匀，待标定。

如果将溶液加热煮沸并保持微沸 1 h，冷却后过滤，则不必长期放置，就可以标定其浓度。

2. $KMnO_4$ 标准溶液的标定

准确称取三份 0.15 g 左右预先干燥过的 $Na_2C_2O_4$ 于 250 mL 烧杯中，加入 80 mL 纯水和 20 mL 3 mol · L^{-1} H_2SO_4 溶液使其溶解。在水浴中慢慢加热直到有蒸气冒出（343 ~ 358 K），趁热用待标定的 $KMnO_4$ 溶液进行滴定。开始滴定时，速度宜慢。在第一滴 $KMnO_4$ 溶液滴入后，不要搅动溶液。当紫红色褪去后再滴入第二滴。待溶液中有 Mn^{2+} 产生后，反应速率加快，滴定速度就可适当加快，但也决不可使 $KMnO_4$ 溶液连续流下。接近终点时，紫红色褪去很慢，应减慢滴定速度，同时充分搅匀，以防超过终点。最后滴加半滴 $KMnO_4$ 溶液，在搅匀后 30 s 内溶液仍保持微红色不褪，表明已达到终点。计算 $KMnO_4$ 溶液的浓度。

问题

1. 标定时，若高锰酸钾标准溶液滴入过快，将会引起什么误差？
2. 你能提出另一种标定高锰酸钾溶液浓度的方法吗？
3. 过滤高锰酸钾溶液后的砂芯漏斗、装高锰酸钾溶液的滴定管下端，均可能残留有红棕色沉淀物，这是什么物质，应如何洗净？

9.6 石灰石或碳酸钙中钙的测定

（16 学时）

实验演示

预习

1. 高锰酸钾法间接测定非氧化还原性钙的原理、方法及测定反应的特点。
2. 结晶草酸钙的沉淀条件（均匀沉淀法）。
3. 基本操作：沉淀的形成、沉淀的过滤（包括在漏斗中形成水柱）、沉淀的洗涤和溶解。

思考题

1. 用草酸铵沉淀 Ca^{2+} 时，为什么要在酸性溶液中加草酸铵后，再慢慢滴加氨水调节溶液至甲基橙变为黄色？
2. 洗涤草酸钙沉淀时，为什么要先用稀草酸铵溶液洗，然后再用纯水洗至无氯离子？
3. 留有沉淀的原烧杯是否要洗净？为什么？
4. 在滴定过程中，高锰酸钾标准溶液能否直接滴到滤纸上？若滴到滤纸上将可能产生什么后果？能否在滴定一开始就把滤纸连同沉淀一起浸入硫酸溶液中？滤纸上的沉淀如何正确处理？
5. 若以氧化钙的质量分数来表示钙含量，请拟订计算公式。

实验

1. 0.02 mol · L^{-1} $KMnO_4$ 标准溶液的配制与标定。

2. 试样测定

准确称取 0.13~0.16 g 试样两份，分别置于 250 mL 烧杯中，以少量水润湿，盖上表面皿，沿烧杯口滴加 10 mL HCl(1∶1)溶液，旋摇烧杯使试样溶解。慢慢加入 25 mL 5%$(NH_4)_2C_2O_4$ 溶液，用纯水稀释至 100 mL，加入 3 滴 0.1%甲基橙，在水浴上加热至 343~353 K，滴加氨水(1∶1)至黄色，继续于水浴上加热 40~60 min。若溶液返红，可再滴加氨水少许，冷却。先用倾滗法过滤，将上面清液倾滗到滤纸上，尽量使沉淀留在烧杯中。用 0.1% $(NH_4)_2C_2O_4$ 溶液洗涤烧杯中的沉淀三次，每次约 15 mL。加入洗涤液后均要充分搅拌，稍加澄清，再把洗涤液倾滗到滤纸上。最后用纯水洗涤沉淀(同时应将玻璃棒和杯内壁淋洗)，同时多次淋洗滤纸直至滤液中无 Cl^- 为止。

将带有沉淀的滤纸转移至原烧杯内，用玻璃棒小心打开滤纸贴在烧杯内壁上。用 60 mL 1 mol·L^{-1} H_2SO_4 溶液冲洗滤纸，将沉淀冲洗至烧杯内，再用 40 mL 水冲洗滤纸。将溶液加热至 343~358 K，用 0.02 mol·L^{-1} $KMnO_4$ 标准溶液滴定至溶液呈微红色，再将滤纸浸入溶液，继续小心滴定至终点。计算 CaO 的质量分数。

注意事项

1. 洗涤沉淀时，要掌握正确的洗涤操作，注意洗涤烧杯内壁和滤纸上部，最后应确保洗净$(NH_4)_2C_2O_4$。应少量多次，以提高洗涤效果，避免洗涤剂体积太大。

2. 因为 Cl^- 与 Ag^+ 的作用是很灵敏的反应，同时 Cl^- 也较难洗去，故一般滤液中如无 Cl^-，则说明杂质已洗去。

检查方法：检查前先将漏斗颈末端的外部用洗瓶冲洗一下。检查时，用纯水冲洗烧杯内壁、玻璃棒后，将洗涤液倒入漏斗中，再将滤纸上部也冲洗过后，用干净的小试管接取数滴滤液。加入 2 滴 6 mol·L^{-1} 硝酸和 2 滴 0.1% 硝酸银溶液，如无白色沉淀或混浊，则表示沉淀已洗净。

问题

试比较高锰酸钾法与配位滴定法测定钙的优缺点。

10 重量分析法

10.1 氯化钡中结晶水的测定

（6 学时）

预习

1. 气化法测定水分的原理。

2. 结晶氯化钡的性质。结晶氯化钡中的结晶水在一般实验条件下是稳定的，但在 373 K 以上容易挥发而失去。无水氯化钡在 1 073～1 173 K，甚至更高温度下，不挥发且稳定。粗粉状试样一般含很少的非组成水。

3. 试样脱水方法及其有关操作。

4. 瓷坩埚及其恒重。

思考题

1. 重量分析法中恒重的含义是什么？

2. 称量瓶或坩埚放入干燥器中冷却时，盖子应如何放置？为什么？

3. 本实验如何计算出氯化钡中结晶水的物质的量？

实验

方法 1

1. 称量瓶的干燥与恒重

洗净两只扁形称量瓶，在 373～473 K 的烘箱中加热 30 min 后，取出称量瓶移入干燥器中，放置 20 min，称量（分别称准至 0. 1 mg）。重复加热、冷却、称量，直至恒重。

2. 试样的脱水与恒重

在以上两只称量瓶中各加入 1～1. 5 g 的试样，准确称出称量瓶和试样质量。在与步骤 1 相同的条件下加热、冷却、称量，直至恒重。记录加热后的称量结果和试样的外观变化。计算氯化钡试样中结晶水的物质的量及其含量［用质量分数 $w(H_2O)$ 表示］。

方法 2

1. 坩埚的恒重

将两只干净的坩埚和盖分别放在泥三角上，用煤气灯逐渐加热至坩埚底呈暗红色，数分钟后，将其置于干燥器中。冷却 20 min 后，准确称量至

0.1 mg。重复加热、冷却、称量,直至恒重。

2. 试样的脱水与恒重

在上述坩埚中各加入 1~1.5 g 试样,称准至 0.1 mg。将坩埚放在泥三角上,用小火(火焰高度 5~6 cm)加热数分钟后,逐渐增大火焰至坩埚底呈暗红色,继续加热 10 min。移入干燥器中冷却 20 min 后称量。重复加热、冷却、称量,直至恒重。计算结晶水的质量及试样中结晶水的物质的量。

问题

1. 本实验引起误差的主要原因有哪些?如何加以避免?
2. 举出气化法测定另一种组分含量的方法。

扩展实验

——石灰石"烧失重"的测定(6 学时)

预习

"灼烧失重"也叫"烧失重",是碳酸岩的完全工业分析的项目之一。当石灰石试样加热到煤气喷灯的温度时,碳酸钙分解为氧化钙和二氧化碳。生成的气态二氧化碳从试样中释放出,所以试样的质量减少,由减少量可得"烧失重"。

实验

1. 试样在 383 K 下干燥 2 h。准备两只瓷坩埚,放在泥三角上。用煤气喷灯加热至少 15 min,冷却后,准确称量。重复加热、冷却、称量,直至恒重。

2. 于每一瓷坩埚中直接加入约 1 g 石灰石试样,准确称量。计算试样的质量。

3. 将瓷坩埚半开着放置在泥三角上,用煤气灯慢慢加热,逐渐增大火焰至最大后,再加热约 15 min,然后改用煤气喷灯至最大火焰后再加热1 h,放置 5 min 后放在干燥器中冷却,30 min 后称量。重复灼烧 30 min,冷却、称量,直至恒重(在 2 mg 之内)。

4. 计算和报告"烧失重"。

实验演示

10.2　可溶性钡盐中钡的测定

(12~16 学时)

预习

1. 重量分析法测定钡含量的原理。
2. 微晶沉淀的性质及沉淀条件。
3. 重量分析操作:漏斗的准备,沉淀的形成,沉淀的过滤与洗涤,沉淀的包裹、转移、烘干、灼烧与恒重。

4. 玻璃滤器的洗涤和使用。

5. 重量分析法中误差的来源与减少误差的方法。

思考题

1. 重量分析中,对沉淀形式、称量形式有何要求?两者关系如何?
2. 怎样用沉淀理论来解释本实验的沉淀条件?
3. 为什么沉淀硫酸钡时必须在热溶液中进行,过滤又要在冷却后进行?
4. 若实验中氯化钡和硫酸钡形成了共沉淀,那么结果偏高还是偏低?
5. 为称准灼烧后的沉淀,应注意哪些操作?
6. 设计一个适合于恒重记录的实验报告格式。

实验

方法 1 灼烧法

1. 瓷坩埚的准备

洗涤、烘干、灼烧与恒重两只瓷坩埚。

2. 试样分析

(1) 试样溶液的制备 准确称取 0.20~0.25 g 试样两份,分别置于250 mL 烧杯中,用 75 mL 水溶解后,再加入 1~2 mL 6 mol · L^{-1} HCl 溶液。

(2) 沉淀剂溶液的配制 用 1 mol · L^{-1} H_2SO_4 溶液配制 50 mL 0.1 mol · L^{-1} H_2SO_4 溶液。

(3) 将 Ba^{2+} 沉淀为 $BaSO_4$ 将试样溶液和 0.1 mol · L^{-1} H_2SO_4 沉淀剂溶液分别加热至近沸(避免沸腾),并保持在 363 K 左右,边搅拌边滴加 25 mL 热的稀硫酸溶液到试液中待沉淀下沉后,再仔细地滴入 2 滴 1 mol · L^{-1} H_2SO_4 溶液于上层清液,并观察滴到之处是否有混浊出现。若有混浊,说明沉淀剂加入量不够,应补加少许直至沉淀完全。

(4) 洗涤液的配制 取 4 mL 1 mol · L^{-1} H_2SO_4 溶液稀释至 400 mL。

(5) 纯净 $BaSO_4$ 的获得和称量 沉淀完全后,冲洗表面皿和烧杯壁。盖上表面皿,放置过夜,进行陈化(亦可在水浴上加热 1 h 左右进行陈化,冷却至室温后过滤)。

用慢速定量滤纸过滤 $BaSO_4$ 沉淀。先滗去上层清液,再用倾滗法洗涤沉淀 3~4 次(每次用洗涤液约 15 mL)后,将沉淀全部转移到滤纸上。在滤纸上继续洗涤,直到滤液不含 Cl^- 为止。将滤纸包裹沉淀后,移入已恒重的瓷坩埚中,烘干、炭化、灰化、灼烧。灼烧时注意不要让火焰包住整个坩埚,灼烧后冷却、称量,直至恒重。

根据试样及沉淀量,计算 Ba 的质量分数 w(Ba)。

方法 2　微波法

1. 玻璃坩埚的准备

洗净两只 G_4 玻璃坩埚，放入微波炉中高火挡加热干燥 10 min，炉内冷 2 min后取出，放干燥器冷却 20 min(后 10 min 干燥器搬至天平室)，称量。再在微波炉内加热 10 min，冷却 20 min 后称量，直至恒重。

2. 试样分析

(1) 溶解试样　称取 0.2~0.25 g 试样两份，分别加水 75 mL 溶解后，再加 1~2 mL 6 $mol \cdot L^{-1}$ HCl 溶液。

(2) 配制沉淀剂　配制 35 mL 0.1 $mol \cdot L^{-1}$ H_2SO_4 沉淀剂溶液。

(3) 将 Ba^{2+}沉淀为 $BaSO_4$　按灼烧法中的沉淀方法进行，沉淀剂用量改为 15 mL，用0.5 $mol \cdot L^{-1}$ H_2SO_4 溶液检验沉淀完全与否。

(4) 洗涤液的配制　在 100 mL 水中加 0.5~1 mL 1mol $\cdot$ L^{-1} H_2SO_4 溶液。

(5) 纯净 $BaSO_4$ 的获得和称量　按灼烧法进行。

倾滗法洗涤沉淀时，先用洗涤液在烧杯中洗沉淀两次(每次 15 mL)，再用纯水洗 1 次。将沉淀全部转移至玻璃坩埚中，再继续用纯水洗至无 Cl^- 为止。按照空玻璃坩埚恒重的方法和条件，将装有 $BaSO_4$ 沉淀的玻璃坩埚处理至恒重。

根据试样及沉淀质量，计算 Ba 含量的 $w(Ba)$。

注意事项

1. 加入 6 $mol \cdot L^{-1}$HCl 溶液的作用是增加溶液的酸度，以防止生成碳酸钡沉淀，同时可以适当降低 SO_4^{2-} 的浓度：

$$SO_4^{2-}+H^+ \longrightarrow HSO_4^-$$

使硫酸钡溶解度略微增加，这样得到的硫酸钡晶体较大。但过多的盐酸会使硫酸钡溶解度增加很大。298 K 时，在不同酸度下 100 mL 溶液中硫酸钡溶解情况如下：

酸浓度/($mol \cdot L^{-1}$)	溶解度/[mg/(100 g H_2O)]
0	0.2
1	8.9
2	10.1

2. 如果硫酸加入太快，由于局部瞬时浓度大，生成很多颗粒极细的硫酸钡沉淀，增加了沉淀的表面积，因而吸附杂质多，同时过滤困难，甚至造

成穿滤。

3. 洗涤时注意：① 冲洗沉淀要轻缓，防止沉淀溅出；② 每次用的洗涤液宜少，洗的次数宜多；③ 尽可能使所有的洗涤液流完后再加下次洗涤液。

4. 见实验 9.6 中的注意事项 2。

5. 不要让火焰包住整个坩埚。因未燃尽的碳可以把部分硫酸钡还原成硫化钡：

$$BaSO_4+4C \longrightarrow 4CO+BaS$$

使沉淀变黄，造成分析结果降低。

灼烧温度最好不要超过 1 123 K，否则可使一部分硫酸钡分解：

$$BaSO_4 \longrightarrow BaO+SO_3$$

也会造成分析结果偏低。因此，灼烧温度和火焰情况应特别注意。

6. 两份试样所用的烧杯、漏斗、坩埚（含盖）或玻璃坩埚必须一一对应，切不可混用。

7. 如果沉淀中包藏有 H_2SO_4 等高沸点杂质，用微波法干燥沉淀时，它们不能分解或挥发掉（灼烧法干燥可以除去 H_2SO_4），因此，微波法对沉淀条件与洗涤操作的要求更严格。为此，将 $BaCl_2$ 试液进一步稀释；沉淀剂过量控制在 20%~50%；滴加沉淀剂的速度要缓慢。通过这些措施减少了沉淀中包藏的 H_2SO_4 和其他杂质，使测定结果的准确度与传统的灼烧法相同。

8. 沉淀在每台微波炉里的干燥时间需经实验测试后确定。

问题

1. 试拟出用重量分析法测定可溶硫酸盐中 SO_4^{2-} 含量的实验步骤。

2. 根据你所做的实验结果，在理论上分析测定结果 $w(Ba)$ 的误差。

分析思路

如果用差减称量法称取试样 $m_{样}=0.293\ 3$ g，得到硫酸钡沉淀 $m(BaSO_4)=0.279\ 8$ g。天平称量的精度 $s=0.1$ mg，计算分析结果 $w(Ba)$ 的误差。

解：试样中钡的质量分数为

$$w(Ba)=\frac{m(BaSO_4)\times\dfrac{M(Ba)}{M(BaSO_4)}}{m_{样}}\times100\%$$

$$=\frac{0.279\ 8\ g\times\dfrac{137.33\ g\cdot mol^{-1}}{233.37\ g\cdot mol^{-1}}}{0.293\ 3\ g}\times100\%=56.14\%$$

由于上式中各因子所存在的测量误差都是属于随机误差，所以可以利用下面公式计算$w(\mathrm{Ba})$的相对标准偏差：

$$\left[\frac{s(\mathrm{Ba})}{w(\mathrm{Ba})}\right]^2=\left[\frac{s_m(\mathrm{BaSO_4})}{m(\mathrm{BaSO_4})}\right]^2+\left[\frac{s_{m(样)}}{m_{样}}\right]^2$$

因为试样是用差减称量法两次称量所得，所以其标准偏差为

$$s_{m(样)}^2=s_1^2+s_1^2=2s_1^2$$

而硫酸钡沉淀是用相减法 4 次称量所得（空坩埚和含有沉淀的坩埚各 2 次），所以其标准偏差为

$$s_m^2(\mathrm{BaSO_4})=s_1^2+s_1^2+s_1^2+s_1^2=4s_1^2$$

将它们代入上式：

$$\left[\frac{s(\mathrm{Ba})}{w(\mathrm{Ba})}\right]^2=4\left[\frac{s_1}{m(\mathrm{BaSO_4})}\right]^2+2\left(\frac{s_1}{m_{样}}\right)^2=4\left(\frac{0.000\,1}{0.279\,8}\right)^2+2\left(\frac{0.000\,1}{0.293\,3}\right)^2=7.4\times10^{-7}$$

$$\frac{s(\mathrm{Ba})}{w(\mathrm{Ba})}=8.6\times10^{-4}$$

$$s(\mathrm{Ba})=w(\mathrm{Ba})\times0.9\times10^{-3}=56.14\%\times8.6\times10^{-4}=0.05\%$$

本实验除了以上所述的质量测量误差外，还存在的误差有：硫酸钡沉淀溶解产生的误差、沉淀在转移中损失所产生的误差等。在本实验所设计的操作条件下，对于一个受过一定训练的实验者，这两种误差都远远小于称量误差，所以，用重量分析法所得的分析结果，相对标准偏差小于 0.2%在理论上是有保证的。

10.3　钢中镍的测定

（16 学时）

预习

1. 用丁二酮肟 $\begin{array}{l}\mathrm{CH_3{-}C{=}NOH}\\ \qquad\ \ |\\ \mathrm{CH_3{-}C{=}NOH}\end{array}$ 试剂作为沉淀剂测定钢中镍的原理和条件。

2. 沉淀时调节 pH 的方法。

3. 重量分析法的基本操作。

思考题

1. 与无机沉淀剂相比，有机沉淀剂有什么优点？

2. 丁二酮肟与 Ni(Ⅱ)形成沉淀需有合适的 pH 范围，pH 太大、太小对沉淀的溶解度有何影响？如何调节 pH？

3. 哪些离子干扰 Ni(Ⅱ)的测定？用什么方法消除干扰？

4. 沉淀剂加得太多或太少对实验结果有何影响？

5. 为什么在热溶液中进行沉淀、趁热过滤并用热水洗涤沉淀？

6. 实验结束后，留在玻璃坩埚内的沉淀物用什么办法清洗干净？

实验

1. 玻璃坩埚的准备

洗涤、烘干(在烘箱内)与恒重两只玻璃坩埚。

2. 试样测定

准确称取 0.25~0.35 g 试样两份,分别置于两只 400 mL 烧杯内。加入 10 mL 6 mol·L^{-1} HCl 溶液和 5 mL 6 mol·L^{-1} HNO_3 溶液,用表面皿盖好,微热使试样溶解。然后煮沸,进一步使碳化物分解、亚铁盐氧化,继续加热 10 min,赶走溶液中的一氧化氮。冷却后用纯水稀释至 150 mL,加入 20 mL 20%的酒石酸溶液。用氨水(1∶1)中和后再过量约 1 mL。在溶液中加入 1.5 mL HAc(1∶1)溶液使呈微酸性,加热至约 343 K,然后慢慢加入 20 mL 1%丁二酮肟乙醇溶液,再滴加氨水至溶液呈碱性(pH=8~9)。放置 30 min 后,用已恒重的玻璃坩埚过滤。在滤液中加沉淀剂检查 Ni^{2+} 是否沉淀完全,若有沉淀生成,再加5 mL沉淀剂。过滤沉淀。过滤时应让坩埚先装溶液到 1/2 处,然后把沉淀全部转移到坩埚内。用热水洗涤沉淀。直至滤液中不再有 Cl^- 为止。按照玻璃坩埚烘干的方法,将装有沉淀的坩埚放入烘箱内,在 383~393 K 之间烘干约 1 h,取出放入干燥器内,冷却 30 min 后称量。同法再烘 30 min,冷却、称量,直至恒重。根据沉淀及试样的质量,计算 Ni 含量的质量分数 w(Ni)。

注意事项

1. 与硫酸钡紧密沉淀不同,丁二酮肟合镍(Ⅱ)絮状沉淀蓬松地分散在溶液中,沉淀体积庞大,如果称量太多,操作多有不便,所以称样量视含镍量而定,一般小于 40 mg 为宜。

2. 加入氨的量是否合适,可借助于溶液颜色的变化来判断:溶液由绿色→黄色→棕黄色→棕红色→暗绿色时,表示氨已适当过量。也可用 pH 试纸检验。

3. 溶液中如含有 Fe^{3+}、Al^{3+}、Cr^{3+} 等离子时,由于它们在碱性溶液中能生成氢氧化物沉淀而干扰镍的测定,所以应在沉淀 Ni^{2+} 之前,加入酒石酸,使它们生成稳定的配合物,以除去它们的干扰。Fe^{2+} 因不被酒石酸掩蔽而与丁二酮肟产生红色沉淀,所以要使其氧化成 Fe^{3+}。

4. 丁二酮肟在水中溶解度很小,配成乙醇溶液可增加其溶解度,所以沉淀剂不能过量太多,因为这将增加试液中乙醇的浓度,使丁二酮肟合镍(Ⅱ)沉淀不完全。

5. 在 343~353 K 温度下进行沉淀,可减少 Cu^{2+}、Co^{2+} 等的共沉淀,但温度不能过高,否则乙醇挥发太多,引起丁二酮肟析出,同时温度太高,Fe^{3+} 可能部分被酒石酸还原成 Fe^{2+}。

6. 洗涤沉淀要用 313～323 K 的温水，因为用冷水洗涤时，易造成过量丁二酮肟因溶解度降低而析出，但温度不宜太高，以免增加沉淀的溶解度。

问题

试比较重量分析法测定 $w(Ba)$ 和 $w(Ni)$ 有何不同。

11 分离、分析

11.1 氨基酸的分离与测定（纸色谱法）

（8 学时）

预习

1. 色谱分析原理和操作技术。
2. R_f 值的概念、测量方法和应用。
3. 纸色谱分析的定性和定量方法。

思考题

1. 拟出本实验的方法提要。
2. 展开溶剂的极性变化对氨基酸的分离有何影响？
3. 点样斑点的直径大好还是小好？为什么？
4. 点样后将纸（试样面向内）用不锈钢金属丝或胶带缝合成圆筒形，但在交接处纸不能重叠，为什么？
5. 点样后的纸为什么先要用展开溶剂饱和后，再进行展开？
6. 茚三酮与氨基酸的显色反应原理是什么？

实验

1. 试剂配制

（1）展开溶剂　正丁醇：甲酸（88%）：水＝75：15：10（甲酸先与水混合，然后与正丁醇混合）。

（2）标准氨基酸溶液　1.0 $mg \cdot mL^{-1}$缬氨酸溶液。

（3）显色剂　0.5%茚三酮的正丁醇溶液。

（4）洗脱剂　39 体积的 75%乙醇与 1 体积的 2 $mg \cdot mL^{-1}$硫酸铜溶液混合。

（5）混合氨基酸试样　待测。

2. 其他器材的准备

层析缸，12 cm 培养皿，25 mL 小烧杯，滤纸，不锈钢剪刀，直尺，刀片，指套，点样管，电吹风，722 型分光光度计，喷雾器等。

3. 点样

在 19 cm×22 cm 滤纸的一端 3 cm 处用铅笔轻轻画一直线，在此线上每隔 2.5~3 cm 处作一标记，在标记处用微量毛细管点样管分别加标准氨基酸溶液 10 μL、20 μL、30 μL 和 40 μL 四点。另外再取一点,点加 20 μL 混合氨基酸试样,每 10 μL 溶液须分 10~20 次点完,每点一次用电吹风吹干后方可点第二次,所点样斑直径不可超过 0.5 cm。

4. 饱和

点样后将滤纸用不锈钢金属丝缝合成圆筒形,试样面向内,置于层析缸内的培养皿中,将盛有展开溶剂的小烧杯放在旁边,给干滤纸饱和 5 h 以上(本实验饱和 2 h)。

5. 展开

在培养皿中缓缓加入新鲜配制并平衡好的展开溶剂(约 100 mL),液面应低于纸上试样点。在室温下展开,待溶剂前沿移动到距纸边 1~2 cm 处,立即取出,标出前沿位置并吹干。

6. 显色

将吹干后的滤纸平放在瓷盘中,用 0.5% 茚三酮-正丁醇溶液均匀喷雾,喷后用电吹风吹干,除去丁醇,置于 333 K 下烘 20 min,显出紫色斑点,即为色谱图谱。

7. 测量 R_f 值以鉴定氨基酸

准确测量标准氨基酸的 R_f 值,并测量出混合试样中所出现的斑点的 R_f 值,然后与标准氨基酸 R_f 值比较,找出未知物为何种氨基酸。

对于其他未知氨基酸斑点的鉴定,需要有相同条件的多种标准氨基酸图谱。

8. 标准曲线的绘制与氨基酸的测定

将一组标准氨基酸的斑点以及混合试样中所鉴定出的氨基酸斑点,分别用铅笔画出和剪下相同的面积,同时在斑点附近剪下面积大小相同的纸做空白试验,然后分别剪碎,编号放入试管中,加入 4 mL 洗脱剂。30 min 后,用 1 cm 比色皿,在 510 nm 处,用 722 型分光光度计测定,测定后以标准氨基酸斑点的吸光度值为纵坐标,氨基酸浓度为横坐标绘制标准曲线,然后根据测得的 $A-c$ 曲线,计算混合试样中所得的该种氨基酸的含量。

注意事项

1. 层析所用器皿必须洗净,用手取滤纸时应戴上乳胶手套。

2. 层析缸必须密封。

3. 点样时,滤纸要悬空,不要与所垫的玻璃板接触,以防试液渗漏在玻璃板上造成损失。

4. 滤纸的各边,特别是浸在展开溶剂中的滤纸边要剪整直,不然各试样点在滤纸上会爬样不均匀。

5. 测量 R_f 值应记录实验条件,即滤纸的种类型号,溶剂体系,展开时间和温度,溶剂前沿所移动的距离,以便对照和获得重复性结果。

6. 用茚三酮喷雾应在通风橱内进行。

问题

1. 为什么不能用手直接取滤纸?
2. R_f 值与哪些因素有关?
3. 本实验中影响氨基酸分析准确性的主要因素有哪些?

11.2　镁离子突破量（突破曲线）和树脂交换容量的测定（离子交换法）

（8 学时）

预习

1. 离子交换树脂的类型和工作原理。
2. 用于常量分离的离子交换柱的制备方法。
3. 离子交换柱自由体积、突破点、突破量、突破曲线、交换容量的意义。
4. 离子交换法的操作技术。

思考题

1. 拟出本实验的方法提要。
2. 离子交换树脂与被交换离子的作用力大小与哪些因素有关?
3. 在装柱前,须对离子交换树脂做哪些预处理?
4. 在制备和操作离子交换柱过程中,树脂床中均不能混有气泡,为什么? 如何避免混入气泡?
5. 调节离子交换柱的流速对其自由体积、突破点、突破量、突破曲线、交换容量有何影响?
6. 突破量和交换容量有何不同? 在应用中各有什么用处?
7. 在绘制突破曲线时,如何判断离子交换柱已经达到交换平衡?
8. 列出本实验计算交换容量的计算公式。

实验

1. 溶液配制

(1) 0.060 0 mol · L^{-1} Mg^{2+}溶液　称取若干质量的 $MgSO_4 \cdot 7H_2O$ 溶于 100 mL 烧杯中,定量转移至 250 mL 容量瓶中,稀释至标线。

(2) 0.03 mol · L^{-1} EDTA 溶液　称取若干质量的 EDTA 二钠盐溶于 100 mL 烧杯中,定量转移至 250 mL 容量瓶中,稀释至标线。用 Mg^{2+}(或

Zn^{2+})标准溶液标定。

(3) $NH_4Cl-NH_3 \cdot H_2O$ 缓冲溶液(pH=10) 称取 33.8 g NH_4Cl 溶于 100 mL水中,加入 285 mL 浓氨水,用纯水稀释至 500 mL。

2. 指示剂配制

(1) 镁试剂($g \cdot L^{-1}$) 0.001 g 对硝基苯偶氮间苯二酚溶解于 100 mL 的1 $mol \cdot L^{-1}$ NaOH 溶液中。

(2) 硝酸银溶液 10 $mg \cdot mL^{-1}$ Ag^+溶液。

(3) 5 $g \cdot L^{-1}$铬黑 T 溶液 称取 0.5 g 铬黑 T 溶于 100 mL 95%乙醇中,并加少许 1∶1 三乙醇胺。

3. 其他实验用品

0.6 cm×13 cm 交换柱,顶装一只 25 mL 分液漏斗;1.0 g 磺酸型聚苯乙烯阳离子交换树脂(H 式),40~60 目;1 $mol \cdot L^{-1}$ HCl 溶液洗提剂;10 mL 酸式滴定管;10 mL、50 mL 量筒;黑色、白色瓷滴板;25 mL 分液漏斗;50 mL、100 mL 烧杯。

4. 装柱

将润湿的玻璃丝塞在交换柱的下端,以防止树脂流出。在填装树脂时,柱中先装有水,将处理好的树脂与水一起调匀。搅拌下加入柱中,待树脂沉落,放出多余的水,使水面高于树脂 2~3 cm(在整个操作过程中,必须使树脂层始终保持在溶液面以下,否则因树脂层流干而混入气泡,遇此情况,应将树脂取出,重新装柱)。

5. 洗柱、调节流量

用纯水洗柱,一直洗到流出液中无 Cl^- 为止。调节流量为 1.5~2.0 $mL \cdot min^{-1}$,准确求出每毫升水的滴数。

6. 交换柱的自由体积

加 5 mL 1 $mol \cdot L^{-1}$ HCl 溶液于分液漏斗中,置 $AgNO_3$ 溶液于黑瓷滴板孔穴中逐滴收集流出液,当有少量白色混浊出现,立即记下流出液的滴数,换算为毫升数,即为交换柱的自由体积,当 HCl 溶液流尽后,用水冲洗交换柱,直到流出液中无 Cl^-。重复测定一次,再将交换柱洗净。

在以后计算突破量和绘制流出曲线时,应扣除交换柱的自由体积。

7. 突破量

待分液漏斗中纯水流完时,加入 Mg^{2+}标准溶液,使其连续通过交换柱,收集流出液于 50 mL 量筒中,经常用镁试剂检验有无 Mg^{2+}流出(在白色瓷滴板孔穴上放镁试剂一滴,再收集一滴流出液,根据颜色的变化判断有无镁出现)。当 Mg^{2+}流出时的体积为突破点,由此计算 Mg^{2+}的突破量。

8. 突破曲线

在测定突破点之后,随即用 50 mL 烧杯连续收集流出液。每份 2.0 mL(数滴数),直至交换平衡为止,测定其中 Mg^{2+} 的浓度 c,以 c/c_0 对流出液体积绘制突破曲线,c_0 为 Mg^{2+} 标准溶液的浓度。

9. 交换容量

将以上交换柱中游离 Mg^{2+} 用水洗净,然后用 1 $mol \cdot L^{-1}$ HCl 溶液(约 50 mL)洗提吸附在柱上的 Mg^{2+},收集洗提液于 50 mL 容量瓶中。移取 2.0 mL 置于 50 mL 烧杯中滴定,计算树脂对 Mg^{2+} 的交换容量。

最后用纯水将柱子洗净。

注重事项

1. 加试液、洗提剂或纯水于分液漏斗时,应使漏斗中原有的溶液流完,但注意勿使空气进入漏斗颈内。

2. EDTA 溶液标定的方法:取 2.0 mL Mg^{2+} 标准溶液,置于 50 mL 小烧杯中,加 30 mL 水和 5 mL $NH_4Cl-NH_3 \cdot H_2O$ 缓冲溶液,此时溶液 pH 为 10,加 1 滴铬黑 T 指示剂,用 EDTA 溶液滴定,由红色变至纯蓝色即为终点。

测定流出液中 Mg^{2+} 浓度的方法与此相同。

3. 控制流速,求柱的自由体积和分段收集流出液时,都可以用数滴数计算体积,结果更为正确,在实验之前,先求出每毫升水平均有若干滴。

4. 求出柱自由体积后,液面要维持恒定。

5. EDTA 的标定和 Mg^{2+} 浓度的测定均应扣除空白。

问题

1. 柱的自由体积大小与哪些因素有关?

2. 若要消除某一份含镁测试液中镁的干扰,在本实验条件下,允许测试液中镁的最高含量是多少?

3. 测定自来水中的钙和镁,能否用本实验方法消除镁的干扰而单独测定钙?

研究课题

——硼铝合金中硼的测定——离子交换法(12 学时)

预习

1. 硼铝合金或硼铝复合材料的溶解方法。

2. 离子交换柱的制备,铝离子突破点、突破量的测量方法。

3. 中和法测定硼含量的原理(参考实验方法提要,实验 7.3)。

4. 研究思路:用混酸溶解 m(g)试样,配成体积为 V_0 的试样溶液;通过强酸型阳离子交换树脂除尽溶液中的金属阳离子;以甲基红为指示剂,用 NaOH 溶液中和试样溶液;加入甘露醇,使硼酸($K_a = 5.8\times10^{-10}$)定量地转变为甘露醇-硼酸配合物($K_a = 8.4\times$

10^{-6}）。再加入适当指示剂，用 NaOH 溶液滴定到终点。主要分析流程图如下（图中只列出主要物质，其他少量物质的干扰可以不予考虑）：

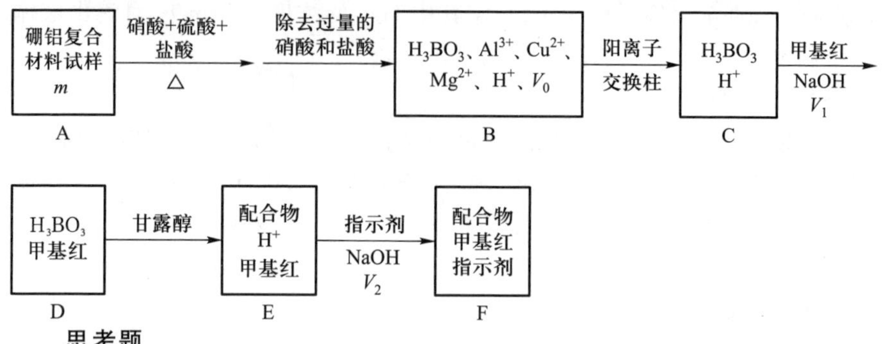

思考题

1. 写出从 **A** 到 **B** 生成 H_3BO_3 的反应方程式及 H_3BO_3 在水溶液中的解离方程式。

2. 除去过量酸后的热溶液在冷却至室温过程中有时析出白色鳞片状晶体。写出该晶体的化学式。

3. 如何根据铝离子的突破量来估算未知分析试液中的铝含量，并由此确定合适的分析试液取量？

4. 从 **C** 到 **D** 的滴定操作过程中，是否需要准确地中和 H^+？简述原因。

5. 从原理上分析 **D** 到 **E** 这一步操作的目的。这一步操作为什么一定要同时做空白试验？

6. 如果 **E** 中配合物和 NaOH 滴定剂的浓度均为 0.10 $mol \cdot L^{-1}$，请估算滴定到化学计量点时的 pH，并指出从 **E** 到 **F** 的滴定过程中，应该选用哪种指示剂？滴定终点的颜色是什么？

7. V_0、V_1 和 V_2 的单位都为 mL，M_B 为硼的摩尔质量（$g \cdot mol^{-1}$），c(NaOH) 为 NaOH 溶液的浓度（$mol \cdot L^{-1}$），请给出被测溶液中硼含量（$g \cdot L^{-1}$）的计算式。

8. 如何用空白和回收率试验来评价所设计分析方法的准确性。

实验

请拟订好实验方案，并按要求书写成文，经指导教师审阅后进行实验，直至完成课题。

第四篇

化 学 原 理

学习要求

本篇用定量测定的方法深入学习化学原理,用搭建空间结构模型的方法,学习分子(或离子)的晶体结构与有关理论。所用的测定方法有化学分析法、仪器分析(简单)法。化学分析法中,要求基本操作规范、熟练,反应条件控制得好,终点判断准确,在再一次的训练与应用中,使化学分析的基本原理、基本操作的掌握更为牢固。仪器分析法中,将学习常用光、电分析仪器—— pH 计、分光光度计等的使用,要求正确使用这些仪器。此外,将学习用图解法获得实验结果,作图要规范、准确。

实验方法提要

化学分析法是以物质发生的化学反应为依据,而仪器分析法则以物质的物理化学性质为依据。

一、化学分析法

用容量或重量分析法测定被测组分的含量。

二、仪器分析法

仪器分析法很多,仅介绍与本书实验有关的几种方法。

1. 比色法及分光光度法

利用溶液颜色的深浅变化测定物质含量的方法称为比色分析法。随着测试仪器的发展,从早期的目视比色发展到现在的分光光度法。分光光度法不仅适用于可见光区,还可扩展到紫外和红外光区。物质对光的吸收是比色法和分光光度法的基础,光的吸收定律:朗伯-比尔定律则是定量测定的依据。

(1) 比色法和分光光度法的特点

① 灵敏度高:常用来测试物质含量在 1% ~ 10^{-3}% 的微量组分,甚至可测定 10^{-4}% ~ 10^{-5}% 的痕量组分。

② 准确度高:比色法的相对误差是 5% ~ 10%,分光光度法是 2% ~ 5%,采用精密的分光光度计可减少到 1% ~ 2%,完全可以满足微量组分测定的准确要求。但对常量组分,其准确度比重量分析法和滴定分析法要低。

③ 操作简便、快速:由于新的灵敏度高、选择性好的显色剂和掩蔽剂的

出现,常可不经分离而直接进行比色法或分光光度法测定。

④ 应用广泛:几乎所有的无机离子都可直接或间接地用比色法或分光光度法测定。

(2) 目视比色法和仪器　常用的目视比色法是标准系列法。用一套标有刻度,质料、形式和大小相同的玻璃管作比色管。分析时,一般先准备标准色阶,即将一系列不同量的标准液加入比色管中,再分别加入等量的显色剂和其他试剂,稀释至刻度,摇匀,即成标准色阶。将待测溶液代替标准液,显色剂和其他试剂的用量相同,与标准色阶同样处理。将标准色阶和待测液插在比色架上,从管口垂直向下观察,或从比色架的镜面上观察,比较待测液和色阶中某标准液颜色的深浅。若相同,其浓度就相同;如介于相邻两个标准液之间,其浓度取这两个标准浓度的算术平均值。

(3) 分光光度法常用的仪器　一般使用的分光光度计以棱镜(72 型、721 型)或光栅(722 型、722S 型、752 型)为分光器,获得纯度较高的单色光。

(4) 分光光度法的应用

① 测定浓度或含量:一般先在一定波长的入射光下测量一系列标准液的吸光度,绘制工作曲线(吸光度-浓度曲线),然后在相同条件下测定待测液的吸光度,从工作曲线上求得待测液的浓度或含量,或在 722 型、722S 型、752 型分光光度计上,采用浓度的测量方法测得。

② 测定解离常数:弱酸(弱碱)与其共轭碱(共轭酸)有不同的颜色,或者对同一波长的光有不同的吸收。满足这些条件的弱酸(弱碱)才能用光度法测定。

介绍一种较简单的图解求 K_a 或 K_b 的方法。设有一元弱酸 HA 按下式解离:

$$\mathrm{HA} \rightleftharpoons \mathrm{H^+ + A^-};\ K_a = \frac{[\mathrm{H^+}][\mathrm{A^-}]}{[\mathrm{HA}]}$$

当$[\mathrm{A^-}]=[\mathrm{HA}]$时,$[\mathrm{H^+}]=K_a$。因此,只要找出$[\mathrm{A^-}]=[\mathrm{HA}]$之点,此时溶液的 pH 就是 $\mathrm{p}K_a$ 值。测定时,通常都是用缓冲溶液配制数份不同 pH 的弱酸(弱碱)溶液,酸(碱)的总浓度相同。在弱酸(弱碱)或共轭碱(共轭酸)的最大吸收波长处分别测定其吸光度,并用酸度计准确测定每份溶液的 pH,作吸光度 A-pH 图,从图中找出 $A=\frac{A(\mathrm{HA})+A(\mathrm{A^-})}{2}$处的 pH 即是 $\mathrm{p}K_a$ 值。

③ 测定简单体系配合物的稳定常数和组成

连续变化法(等物质的量系列法)　设 M 为金属离子,R 为配体,$c(\mathrm{R})$和 $c(\mathrm{M})$分别为 R 和 M 的浓度,在保持溶液中 $c(\mathrm{R})+c(\mathrm{M})=c$(定值)的前

提下，改变$c(R)$和$c(M)$的相对量，配制一系列溶液，这样的系列称为等物质的量系列。测定该系列的吸光度，用作图法求得配合物的组成和稳定常数。

用此法测定配合物组成时，测定波长一般为有色配合物的最大吸收波长。若此时M和R对光基本不吸收，则溶液的吸光度与MR_n的浓度成正比。因此，溶液的吸光度变化能直接反映出MR_n浓度的变化。以吸光度为纵坐标，M与R的浓度比为横坐标作图，得图4-0-1，这是有关配合物吸光度-组成的连续变化曲线。将曲线两边的直线部分延长，相交于A点，A点处的浓度比即是该配合物的配位比。

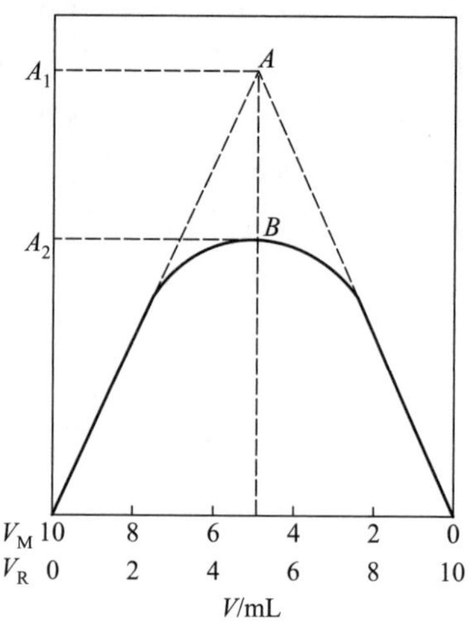

图 4-0-1　吸光度-组成图

当溶液中M与R的物质的量比为1∶1时，如果全部生成MR配合物，则应该具有A点处的吸光度A_1。但实际上只有B处的吸光度A_2，因为有部分MR解离了。根据A_1和A_2的差别，可求得配合物的解离度α为

$$\alpha=\frac{A_1-A_2}{A_1}$$

而该配合物的稳定常数：

$$MR \rightleftharpoons M+R$$

	MR	M	R
总浓度	c		
平衡浓度	$c(1-\alpha)$	$c\alpha$	$c\alpha$

$$\beta=\frac{[MR]}{[M][R]}=\frac{c(1-\alpha)}{c\alpha\cdot c\alpha}=\frac{1-\alpha}{c\alpha^2}$$

这样得到的β是表观稳定常数，如要准确测定热力学稳定常数，还要控制测定时的温度和离子强度，并进行酸效应和配位效应等校正。

此法最大的优点是简单、迅速，但配合物稳定性要适中，配位数不能太高($n\leqslant3$)，否则得不到正确的结果。

平衡移动法　在形成配合物时，改变一种组分的浓度，使配位解离平衡移动，根据吸光度变化情况，用对数法作图求得配合物组成和稳定常数。

设配位解离平衡为

$$M+nR \rightleftharpoons MR_n$$

$$\frac{[MR_n]}{[M][R]^n}=\beta_n$$

$$\lg\frac{[MR_n]}{[M][R]^n}=\lg\beta_n$$

$$\lg\frac{[MR_n]}{[M]}-n\lg[R]=\lg\beta_n$$

$$\lg\frac{[MR_n]}{[M]}=\lg\beta_n+n\lg[R]$$

作 $\lg\frac{[MR_n]}{[M]}-\lg[R]$ 图，直线的斜率是 n，它在纵坐标上的截距等于 $\lg\beta_n$；同样，当 $\lg\frac{[MR_n]}{[M]}=0$ 时，直线在横坐标上的截距乘以 $-n$ 也等于 $\lg\beta_n$。

用一定浓度的金属离子 M，加入显色剂 R，使 R 达到不同的浓度，测吸光度，当 R 大大过量时，可认为 M 全部配合，此时的吸光度为 $A_{最大}$，若 M 只有部分配合时，则 $[MR_n]$ 与吸光度 A 相当，剩余未被配合的 $[M]$ 则与 $A_{最大}-A$ 相当。所以

$$\frac{[MR_n]}{[M]}=\frac{A}{A_{最大}-A}$$

$[R]$ 是溶液中的试剂总浓度减去形成配合物时消耗试剂的浓度，由于消耗很少，一般可忽略不计。

此法是研究配合物的较新方法，适用范围较广。测得的 β_n 也是表观稳定常数。

2. 电化学分析法

电化学分析法是建立在溶液的电化学性质基础上的一类分析方法。测定时，使待测溶液构成一个化学电池的组成部分，然后测量电池的某些参数，或由这些参数的变化来进行定量或定性分析。

(1) 电位分析法　电位分析法是利用电极电势和浓度的关系来测定物质浓度的一种方法。在分析时，指示电极与合适的参比电极插入被测溶液中，构成一个化学电池，通过测定该电池的电动势来求得被测物质的含量。可分为直接电位法和电位滴定法两类。

① 直读法：能在 pH 计（或离子计）上直接读出被测溶液中的某一成分浓度的方法称直读法，是直接电位法中的一种。用 pH 计测定溶液 pH 即属此法。

② 电位滴定法:用电极电势的“突跃”来指示滴定终点,这就是与指示剂滴定法的区别。不需要知道终点电势的绝对值,只需注意电势的变化,把测得的电势值 E 对滴定用去的溶液体积 V 作图,绘制出滴定曲线,由曲线上电势的“突跃”部分来确定滴定的终点。此法适用于中和反应、配位反应、沉淀反应和氧化还原反应,还适用于非水滴定。

(2) 电导分析法 电导分析法是通过测定溶液的电导值来确定待测物质的浓度,可分为直接电导法和电导滴定法两类。根据所用电源不同,也可分为交流电导法和直流电导法两种,一般前者使用较多。

① 直接电导法:直接根据溶液的电导来确定被测物质浓度的一种方法,简称电导法。可用于测定溶度积常数、解离常数等,还可用来确定配合物的解离类型,也可测定反应速率常数,但这些反应必须要有 H^+ 或 OH^- 参加。

在无限稀释时,弱电解质可看作完全解离,这时溶液的摩尔电导率为极限摩尔电导率(Λ_m^∞),此值与温度有关,在一定温度下是定值,可从有关手册中查到。在一定温度下,溶液的摩尔电导率与离子的真实浓度成正比,因而也与解离度(α)成正比。α 等于溶液的摩尔电导率与极限摩尔电导率之比:

$$\alpha=\frac{\Lambda_m}{\Lambda_m^\infty}$$

因此,通过测定弱电解质溶液的摩尔电导率能够确定该弱电解质的解离常数。

对能全部解离的配合物,它的解离类型与摩尔电导率之间有比较简单的关系。溶液的电导是由于带电离子的迁移,在稀溶液中,化合物的摩尔电导率与其离子数目有关。如果测得一系列已知离子数物质的摩尔电导率(Λ_m),并和被测化合物的摩尔电导率(Λ_m)相比较,即可求得被测化合物的离子总数。在298 K时,在稀的水溶液(1 000 L溶液中含有 1 mol)中,配合物解离出 2、3、4、5 个离子的 Λ_m 范围为

离子数	2	3	4	5
摩尔电导率/($S\cdot cm^2\cdot mol^{-1}$)	118~131	235~273	408~435	523~560

因此直接测定配合物的摩尔电导率(Λ_m),由 Λ_m 的数值范围来确定其离子数,从而可以确定配离子的电荷数。

② 电导滴定法:利用被测溶液的电导变化来确定滴定终点的方法。以

电导值对滴定用去的溶液体积作图，再将两条直线部分外推，其交点就是滴定终点。此法适用于中和反应、配位反应、沉淀反应和氧化还原反应。

(3) 电解分析法　这是根据电解原理建立起来的测定和分离金属元素的一种方法，包括电质量分析法和汞阴极电离法两类。电质量分析法是将被测定的金属元素以纯金属或金属氧化物的形式全部电析于电极上，然后以称量求得被测物质的含量，它又分成恒电流电解分析法和控制电位电解分析法两种。恒电流电解分析法是通过调节外加电压，使电解电流基本上保持不变。本篇中阿伏加德罗常数的测定，就是用此法进行实验的。

12 相变与热化学

12.1 十水硫酸钠的制备和相变点的测定

（8 学时）

预习

1. 相和相变;冷却曲线。

2. 查出硫酸钠在各种温度下的溶解度,作溶解度曲线,将两条曲线延长相交得溶解度曲线的转折点,找出转折点的温度。在转折点的温度时,组成发生了变化,低于此温度时,和溶液平衡的固相是十水硫酸钠,在此温度以上,和溶液成平衡的固相是硫酸钠。在此温度时,十水硫酸钠晶体、硫酸钠晶体和它们的饱和溶液成平衡状态。

3. 实验数据的表示法之一——图解法,作图技术。

思考题

1. 什么是相变？相变过程中体系的温度是否变化？

2. 十水硫酸钠的相变温度是多少？加热十水硫酸钠晶体到相变温度以上,会不会得到一个均匀的液相体系？

3. 什么叫冷却曲线？如何测定？它的形状如何？

4. 什么是过冷现象？实验过程中出现过冷现象,或体系温度不变的时间太长或太短,应该如何处理？

实验

1. 十水硫酸钠的制备(两种方法中任选一种)

(1) 小心混合 30 mL 6 mol · L^{-1} H_2SO_4 溶液和 60 mL 6 mol · L^{-1} NaOH 溶液,小火蒸发至原有体积的 1/2,放在冷水浴中冷却至 $Na_2SO_4 \cdot 10H_2O$ 晶体不再增加为止。过滤,并继续抽吸几分钟,使晶体尽量干燥。

(2) 称取 0.1 mol 无水 Na_2SO_4,以每摩尔无水 Na_2SO_4 约加 18 mol 水的比例加入纯水,根据无水盐的溶解度与温度的关系,控制适当的温度,将溶液加热到 Na_2SO_4 溶解,当溶液冷却时即有 $Na_2SO_4 \cdot 10H_2O$ 晶体析出。

2. 相变点的测定

在干燥、清洁的试管中装一半自制的 $Na_2SO_4 \cdot 10H_2O$ 晶体,如图4-12-1装置仪器,用 323~328 K 的热水浴加热试样,并在 308 K 以上的温度保持几分钟，然后用 298～301 K 的冷水浴代替热水浴。在冷却过程中，要不断搅拌以减少过冷现象，每隔 30 s 记录试样温度 1 次，直到相变结束，体系温度开始下降。实验结束后，用热水浴加热试管，等 $Na_2SO_4 \cdot 10H_2O$ 晶体转化后，再拿出温度计（在晶体未转化以前切不要摇动温度计，以免折断）。

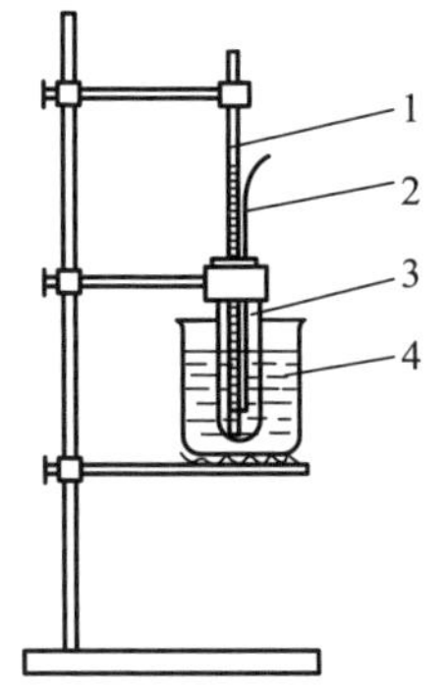

图 4-12-1　相变点测定装置

1—温度计；2—搅拌棒；3—试管；4—水浴

3. 温度计的校正

用纯水加等质量的碎冰组成冰水混合物，以它的温度作为 273 K，校正温度计的 273 K。用重结晶过的 $Na_2SO_4 \cdot 10H_2O$ 相变温度作为温度计的第二个校正点，以观察的温度为纵坐标，校正温度为横坐标，作校正曲线。

4. 数据处理

画出冷却曲线，利用温度计校正曲线，求出水平段中相变的真实温度（即相变点），计算实验误差。

问题

是否可用自来水和带杂质的碎冰混合物的温度来校正温度计的 273 K？为什么？

12.2　生成热的测定

（8 学时）

预习

1. 对封闭体系加热时，设从环境吸进热量为 Q，体系的温度从 T_1 升到 T_2，平均热容的定义为 $\bar{C}=\dfrac{Q}{T_1-T_2}$。体系温度升高 1 K 所需要的热量为热容，单位物质质量的热容叫比热容，因实验中物质的质量常以 g 表示，本书仍用 1 g 物质的热容为比热容。查出水的标准摩尔热容，并由 $C_{p,m}/(J\cdot mol^{-1}\cdot K^{-1})$ 换算为比热容 $c_p/(J\cdot g^{-1}\cdot K^{-1})$。

2. 热效应和焓。

3. 热量计热容的测定方法。

4. 生成热、溶解热、稀释热。

5. 盖斯定律。

6. 测定中和热、溶解热的方法。

思考题

1. 在测定各种热效应前，为什么首先要测定热量计的热容？如何测定？

2. 在热量计中测定中和热、溶解热，要测定哪些数据？如何测定？

3. 实验时，用到量筒、电子台天平、0.1 刻度的温度计，说明选用这些仪器的原因。

4. 测定中和热中，若出现下列情况，对实验结果有无影响？

(1) 反应液混合前，两者的温度不等；

(2) 搅拌效果不好。

5. 什么是标准生成热？有何作用？

6. 什么是盖斯定律？

7. 氯化铵的生成热能否直接求得？本实验是如何求的，有何近似？除了测定数据外，还需哪些数据，如何得到？

实验①

1. 量热器平均热容的测定

(1) 温度计的校正　把两支温度计放在盛水的烧杯里，3 min 后记录两支温度计读数的差，以本组温度计为标准来校正两组合用的一支温度计，使两支温度计对同一温度有相同的读数。

(2) 热量计平均热容的测定　在电子台天平上称量清洁、干燥的热量计，称至 0.1 g。放 100 mL 冷水，再称量。按图 4-12-2安装好热量计，并使温度计的水银球离杯底约 2 cm，5 min 后读温度。加 100 mL 水在 250 mL烧杯里，小心加热。用合用的温度计测量热水温度，当热水温度高于热量计内冷水温度 15 K时，停止加热。待热水冷却到比热量计里的水温高约10 K时，重新测量和记录热水的温度 T_1、冷水的温度 T_2。迅速把热水加到热量计里，同时按下秒表，开始计时，迅速塞好热量计塞子，并开始搅拌，每 30 s 记录 1 次温度，至少持续 3 min，直到温度变化的速度变小或不变。测量结束后，称量(热量计+冷水+热水)，以求出热水的质量。

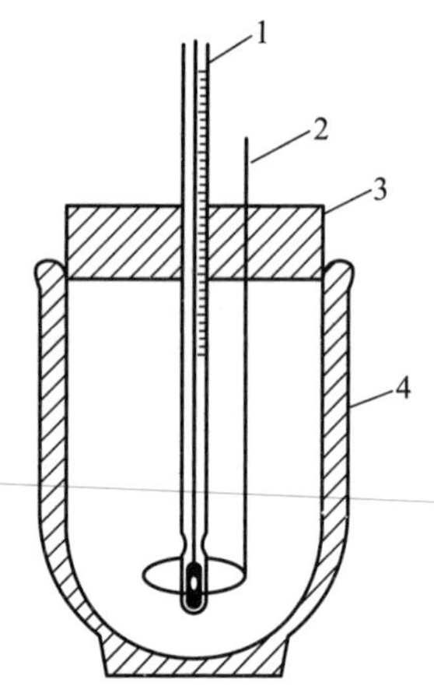

图 4-12-2　热量计

1—温度计；2—环形搅棒；3—塞子；4—保温杯

重复实验。作温度-时间图，外推得最高温度 T。把测定数据、计算结果列入表 4-12-1。如测定结果相差太大，则需重做。

① 每两人为一实验组。实验用的 HCl 溶液、氨水的浓度需标定。

表 4-12-1 热量计平均热容的测定

实 验 序 号		1	2	3
热量计质量/g				
热量计+冷水的质量/g				
冷水的质量 m_2/g				
热量计+冷水+热水的质量/g				
热水的质量 m_1/g				
冷水的温度 T_2/K				
热水的温度 T_1/K				
作图外推的最高温度 T/K				
$\Delta T_2 = T - T_2$/K				
$\Delta T_1 = T_1 - T$/K				
热水失去的热* $Q_1 = \Delta T_1 \cdot c \cdot m_1$/kJ				
冷水得到的热* $Q_2 = \Delta T_2 \cdot c \cdot m_2$/kJ				
热量计得到的热($Q_1 - Q_2$)/kJ				
热量计平均热容 $(Q_1 - Q_2)/\Delta T_2$	测定值/($kJ \cdot K^{-1}$)			
	平均值/($kJ \cdot K^{-1}$)			

* c 为水的比热容。

2. 盐酸与氨水中和热的测定

称量清洁、干燥的热量计。用滴定管加 99.0 mL 1.50 $mol \cdot L^{-1}$ HCl 溶液,用量筒加 1 mL 水到热量计里,安装好热量计,5 min 后读取酸液温度(T_1)。用 1.50 $mol \cdot L^{-1}$氨水荡洗量筒 3 次后,量取 100 mL 1.50 $mol \cdot L^{-1}$氨水,迅速加到热量计里,同时按下秒表计时。塞好塞子,迅速搅拌,边搅边测温(每 30 s 读 1 次温度,至少持续 3 min)。测温结束后,称量(热量计+酸液+氨水)以求出 NH_4Cl 水溶液的质量。

重复实验。作温度-时间图,外推得最高温度 T_2,计算每摩尔 HCl 溶液与氨水的中和热。参照表 4-12-1 把测定数据和计算结果以表格形式列出。

3. 溶解热的测定

预先将 NH_4Cl 固体烘干、研细，按中和热测定中 NH_4Cl 水溶液的浓度，计算溶于 200 mL 水所需的 $NH_4Cl(s)$ 量。称量 NH_4Cl，并称准至 0.01 g。

取 200 mL 纯水放入清洁、干燥、已称量的热量计中，5 min 后测温（T_1）。加入已称量的 NH_4Cl 固体，计时。边搅拌边测温（每 30 s 读 1 次温度），记录温度-时间数据至少 5 min。测温结束后称量，求出水溶液的质量。

重复实验。作温度-时间图，外推得最低温度 T_2。已知 0.75 $mol \cdot L^{-1}$ NH_4Cl 溶液的比热容为 3.99 $J \cdot g^{-1} \cdot K^{-1}$，计算 $NH_4Cl(s)$ 的溶解热 $\Delta_{sol}H$。

数据处理

根据实验测定的中和热、溶解热，计算 $\Delta_f H_m[NH_4Cl(s)]$。

问题

1. 为什么要用图解法求出温度变化的最大值？
2. 在中和反应的温度-时间曲线里，体系温度达到最高后，曲线为什么向下倾斜？
3. 下列情况对实验结果有无影响？

① 两支温度计未进行校正。

② 测定中和热时，纯水加多了。

4. 理论计算 1 mol 氨水被 HCl 溶液完全中和时的中和热及 $NH_4Cl(s)$ 的溶解热。
5. 本实验误差的主要原因有哪些？

13 化学反应速率与活化能

13.1 过氧化氢分解速率与活化能的测定

（8 学时）

实验演示

预习

1. 化学反应速率。
2. 质量作用定律，一级反应速率表达式。
3. 反应速率和温度的关系，阿仑尼乌斯经验式。

思考题

1. 过氧化氢溶液的稳定性如何？有哪些因素能促使它分解？
2. 在过氧化氢溶液中加入硫酸高铁铵；在分析反应混合物时，加入硫酸和硫酸锰，各有何作用？
3. 硫酸高铁铵、硫酸、硫酸锰和反应溶液，哪些用量筒取，哪些用吸管取？
4. 为什么反应终止时间是以反应溶液注入酸液时来计算？
5. 反应过程中，温度不恒定对实验结果有无影响？
6. 过氧化氢原始溶液的浓度、高锰酸钾溶液的浓度要不要标定？说明原因。
7. 写出高锰酸钾滴定过氧化氢的反应方程式。
8. 写出一级反应速率表达式和阿仑尼乌斯的经验式。本实验是怎样求出 k 和 E_a 的？

实验①

1. 反应速率常数的测定

（1）反应液的制备　在 250 mL 锥形瓶中，加入 25 mL 0.11 mol·L^{-1} H_2O_2 水溶液②，用新鲜纯水稀释至约200 mL，塞上塞子，在室温水浴中恒温 30 min。

（2）反应　加 5 mL 0.1 mol·L^{-1} $NH_4Fe(SO_4)_2$ 溶液到反应溶液中，H_2O_2 开始分解，按下秒表计时，记录恒温浴温度。

（3）溶液浓度的分析　在 8 个 100 mL 烧杯中各加 15 mL 3 mol·L^{-1}

① 每个同学单独测定 1~2 个 k 值；由 4~5 人共同完成活化能的测定。

② 过氧化氢原始溶液的浓度及用量可根据反应温度的高低增减。反应的合适温度为 283~303 K，可根据室温调节恒温浴温度。

H_2SO_4 溶液和1 mL 0.05 mol·L^{-1} $MnSO_4$ 溶液。H_2O_2 分解反应进行至15 min[①]时，从反应液中取出 10.00 mL 到上述酸溶液中（这里酸对 H_2O_2 的分解反应起抑制作用）。此后每隔 15 min 取出 10.00 mL 反应液加到酸溶液中，记录反应液加到酸溶液中的时间。

将烧杯中的溶液混合均匀，用 0.003 mol·L^{-1} $KMnO_4$ 溶液滴定，直到稍过量 $KMnO_4$ 溶液的粉红色在 10 s 内不褪去，即到达滴定终点。记录每次滴定用的 $KMnO_4$ 溶液的体积（mL）。

2. 活化能测定

根据室温，调节恒温浴的温度为室温+4 K、+8 K、+12 K，重复上述操作，分别测出在该温度下每次滴定用的 $KMnO_4$ 溶液的体积和反应时间。

数据处理

1. 被滴定的每一份溶液中，H_2O_2 的浓度为

$$c(H_2O_2)=\frac{5}{2}c(KMnO_4)\left(\frac{V}{10.00}\right)=\text{常数}\times V$$

式中，$c(KMnO_4)$ 为 $KMnO_4$ 溶液的浓度（mol·L^{-1}）；V 为滴定用 $KMnO_4$ 溶液的体积（mL）。

2. 由一级反应速率方程给出：

$$\lg c(H_2O_2)=\lg c(H_2O_2)_0-\frac{k}{2.303}t$$

式中，t 为反应液加到酸溶液中的时间（min）。

因为 $c(H_2O_2)$ = 常数×V，故 $\lg V$ 对时间 t 作图，可得一直线，用图解法求出上述各个温度下的反应速率常数 k 值。

将原始数据及其处理汇列成表。

3. 将 T、$\frac{1}{T}$、k、$\lg k$ 汇列成表，由 $\frac{1}{T}$ 与相对应的 $\lg k$，用图解法求活化能 E_a。

---

① 测定温度接近 303 K 时，取液时间间隔可改为 10 min。

13.2 Fe^{3+} 和 I^- 反应速率与活化能的测定

（8 学时）

预习

1. 化学反应速率、平均速率和瞬时速率。
2. 反应速率和浓度、温度的关系。
3. Fe^{3+} 与 I^-、$S_2O_3^{2-}$ 与 I_2 的反应。

思考题

1. 写出 Fe^{3+} 和 I^- 的反应方程式及反应速率的表达式。
2. 如何测定对应于 Fe^{3+} 和 I^- 的反应级数？
3. 测定时，加入硫代硫酸钠和淀粉溶液有何作用？
4. 反应溶液出现蓝色是否表示溶液中 Fe^{3+} 或 I^- 已反应完？已反应的$[Fe^{3+}]$和加入的$[S_2O_3^{2-}]$有何关系？反应前后$[I^-]$有无变化？相应的浓度（$[Fe^{3+}]$和$[I^-]$）应用初始浓度还是平均浓度？

实验[①]

1. 测定相对于 Fe^{3+} 的反应级数 a

按表 4-13-1 准备实验（1）~（5）的溶液，并在室温的恒温浴中恒温 10~15 min。用温度计测量实验（1）溶液的温度，记录。很快地将100 mL锥形瓶中的溶液倒入 250 mL 锥形瓶中，同时按下秒表（混合时，可临时将锥形瓶从恒温浴中取出）。当溶液中一出现蓝色，立即停止计时，再测量溶液温度，计算反应过程中的平均温度，记录反应的时间（Δt）和平均温度 T。同法测定实验（2）、（3）、（4）、（5）的反应时间 Δt 和反应的平均温度 T。

2. 测定相对于 I^- 的反应级数 b

按表 4-13-1 准备实验（6）、（7）、（8）的溶液，重复上述操作，测出反应时间 Δt 和反应的平均温度 T。

3. 温度对反应速率的影响

按表 4-13-1 准备（9）、（10）的溶液，把它们分别放在高于室温 5 K、低于室温 5 K 的恒温浴中恒温 10~15 min，然后把 100 mL 锥形瓶中的溶液倒入250 mL锥形瓶中，测出蓝色出现的时间和反应的平均温度。

---

① 每两人为一组。

表 4-13-1 反应液的准备与测定

实验号	250 mL 锥形瓶			100 mL 锥形瓶				Δt/s	T/K
	0.04 mol·L^{-1} $Fe(NO_3)_3$ 溶液（在 0.15 mol·L^{-1} HNO_3 溶液中）的体积/mL	0.15 mol·L^{-1} HNO_3 溶液的体积/mL	H_2O 的体积/mL	0.04 mol·L^{-1} KI 溶液的体积/mL	0.004 mol·L^{-1} $Na_2S_2O_3$ 溶液的体积/mL	0.2% 淀粉溶液的体积/mL	H_2O 的体积/mL		
(1)	10.00	20.00	20.00	10.00	10.00	5.00	25.00		
(2)	15.00	15.00	20.00	10.00	10.00	5.00	25.00		
(3)	20.00	10.00	20.00	10.00	10.00	5.00	25.00		
(4)	25.00	5.00	20.00	10.00	10.00	5.00	25.00		
(5)	30.00	0.00	20.00	10.00	10.00	5.00	25.00		
(6)	10.00	20.00	20.00	5.00	10.00	5.00	30.00		
(7)	10.00	20.00	20.00	15.00	10.00	5.00	20.00		
(8)	10.00	20.00	20.00	20.00	10.00	5.00	15.00		
(9)	10.00	20.00	20.00	10.00	10.00	5.00	25.00		
(10)	10.00	20.00	20.00	10.00	10.00	5.00	25.00		

数据处理

1. 计算实验的最初平均速率：

$v_{初始}=c(S_2O_3^{2-})/2\Delta t$，$c(S_2O_3^{2-})$表示混合液中 $Na_2S_2O_3$ 的初始浓度（4×10^{-4} mol·L^{-1}），Δt 表示溶液开始混合到蓝色出现的时间间隔。

2. 计算每个实验中Fe^{3+}的初始浓度、I^-的初始浓度及Fe^{3+}的平均浓度：

$$c(Fe^{3+})_{平均}=c(Fe^{3+})_{初始}-\frac{1}{2}c(S_2O_3^{2-})_{初始}=c(Fe^{3+})_{初始}-2\times10^{-4}\ mol\cdot L^{-1}$$

3. 根据实验(1)～(5)的数据，将 $\lg c(S_2O_3^{2-})/2\Delta t$ 对 $\lg c(Fe^{3+})_{平均}$作图，求相对于Fe^{3+}的反应级数 a。

4. 根据实验(1)、(6)、(7)、(8)的数据，求相对于I^-的反应级数 b。

5. 把 a 和 b 化成整数，写出速率方程式。

6. 根据实验(1)、(9)、(10)的数据，代入上面的速率方程式中，计算在3个不同温度下的 k 值。进一步求出反应的活化能 E_a 值。

将以上计算数据汇列成表。

问题

在水溶液中的反应，要测定对水反应的反应级数是难还是易？为什么？

14 弱酸（碱）的解离常数

14.1 醋酸解离度、解离常数的测定

（4 学时）

14.1.1 pH 法

预习

1. 弱电解质的解离平衡，同离子效应。

2. pH 计的工作原理及使用方法。

思考题

1. 测得已知浓度醋酸的 pH 后，如何计算醋酸的解离常数 K_a 和解离度 α？在醋酸-醋酸钠的体系中如何计算醋酸的 K_a、α？

2. 如果改变所测醋酸的温度，其解离度和解离常数有无变化？

实验

1. 测定不同浓度醋酸的 pH

（1）用吸管分别移取 25.00 mL、5.00 mL、2.50 mL 0.10 $mol \cdot L^{-1}$（需标定）的 HAc 溶液于三个 50 mL 容量瓶中，用纯水稀释至标线，摇匀。编号为 2、3、4，0.10 $mol \cdot L^{-1}$ HAc 溶液编号为 1。

（2）用 pH 计由稀到浓分别测定 HAc 溶液的 pH。

2. 同离子效应

分别移取 25.00 mL 0.10 $mol \cdot L^{-1}$ HAc 溶液、5.00 mL 0.10 $mol \cdot L^{-1}$ NaAc 溶液于同一个 50 mL 容量瓶中，用纯水稀释至标线，摇匀。编号为 5，测定 pH。

数据处理

计算每份溶液的 $c(H^+)$、HAc 的 K_a 和 α。

测定数据、计算结果以表格形式列出。

问题

1. 如果测得 3.60×10^{-5} $mol \cdot L^{-1}$ HAc 溶液的 pH 为 4.75，计算解离常数 K_a。

2. 由实验结果说明醋酸浓度与解离度、平衡常数的关系；强电解质醋酸钠的存在对解离度、解离常数有何影响？

3. 还有哪些方法可以测定弱电解质的解离常数?

14.1.2 目视比色法

预习

1. 缓冲溶液的缓冲作用。
2. 查阅 pH=3.0~4.0 缓冲溶液的配制方法。
3. 目视比色法。

实验

1. 配制一系列标准缓冲溶液

在6支25 mL比色管中,按表4-14-1或查阅到的方法配制标准缓冲溶液,加入甲基橙指示剂1滴,用纯水稀释至刻度,混合均匀。

2. pH的测定

(1) 在三支干净的25 mL比色管中,分别加入12.50 mL、6.30 mL、1.30 mL 0.10 $mol \cdot L^{-1}$ HAc溶液。各加入甲基橙指示剂1滴,用纯水稀释至刻度,混合均匀。与标准缓冲溶液系列进行比色,测出各份溶液的pH。

(2) 在一支干净的25 mL比色管中,加入12.50 mL 0.10 $mol \cdot L^{-1}$ HAc溶液,再加入2.50 mL 0.10 $mol \cdot L^{-1}$ NaAc溶液,加入甲基橙指示剂1滴,用纯水稀释至刻度,混合均匀。用上法测出溶液的pH。

表4-14-1 标准缓冲溶液

编号	0.20 $mol \cdot L^{-1}$ Na_2HPO_4 溶液的体积/mL	0.10 $mol \cdot L^{-1}$ 柠檬酸的体积/mL	pH
1	4.10	15.90	3.00
2	4.94	15.06	3.20
3	5.70	14.30	3.40
4	6.44	13.56	3.60
5	7.10	12.90	3.80
6	7.70	12.30	4.00

数据处理

由测得的pH,计算每份溶液的$c(H^+)$、K_a和α,将测得的数据和计算结果以表格形式列出。

14.1.3 电导法

预习

1. 电导、电导率、摩尔电导率、极限摩尔电导率的概念。
2. DDSJ—308 型电导率仪的使用。
3. 解离度(α)与摩尔电导率(Λ_m)的关系。

实验

1. 配制不同浓度的醋酸溶液

将 5 只烘干的 100 mL 烧杯编号,按表 4-14-2 配制溶液。

表 4-14-2 不同浓度醋酸溶液的配制与电导率测定

编号	0.100 mol · L^{-1}HAc 溶液的体积/mL	H_2O 的体积/mL	HAc 溶液浓度	电导率 κ/(S · m^{-1})
1	48.00	0		
2	24.00	24.00		
3	12.00	36.00		
4	6.00	42.00		
5	3.00	45.00		

2. 测定不同浓度醋酸溶液的电导率

用少量纯水冲洗电极 3 次,再用待测溶液冲洗 3 次,按电导率仪的使用方法,由稀到浓测定各种浓度醋酸溶液的电导率。

数据处理

1. 计算各种浓度醋酸溶液的摩尔电导率(Λ_m)。
2. 计算各种浓度醋酸溶液的解离度(α)。表 4-14-3 为醋酸溶液的极限摩尔电导率。

表 4-14-3 醋酸溶液的极限摩尔电导率

温度 T/K	273	291	298	303
Λ_m^∞/(S · m^2 · mol^{-1})	0.024 5	0.034 9	0.039 07	0.042 18

根据 Λ_m,测定相应温度下的 Λ_m^∞ 值,计算各种浓度醋酸溶液的解离度(α)。

3. 由解离度(α)计算 K_a。

将测定数据与计算结果以表格形式列出。

问题

试比较 pH 法、目视比色法、电导法等测定弱电解质醋酸解离常数 K_a 的特点。

14.2 光度法测定弱酸的解离常数

(8 学时)

预习

1. 光吸收的基本定律。
2. 722 型和 722S 型分光光度计的使用。
3. 查缓冲溶液(pH 分别为 4.2、4.4、4.6、4.8、5.0)的配制方法。
4. 溴甲酚绿是弱酸型指示剂,简写为 HIn,分子结构式为

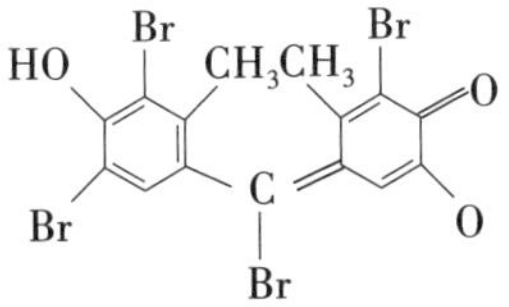

查出它的变色 pH 范围、酸色、碱色。

思考题

1. 比色法分析的理论基础是什么？当其他因素固定时,浓度 c 和吸光度 A 之间有何关系?

2. 当指示剂溴甲酚绿[HIn]=[In^-]时,平衡常数的负对数 pK_a 等于什么?

3. 酸式、碱式溴甲酚绿的光吸收曲线如图 4-14-1,根据吸收曲线如何选择测定波长?

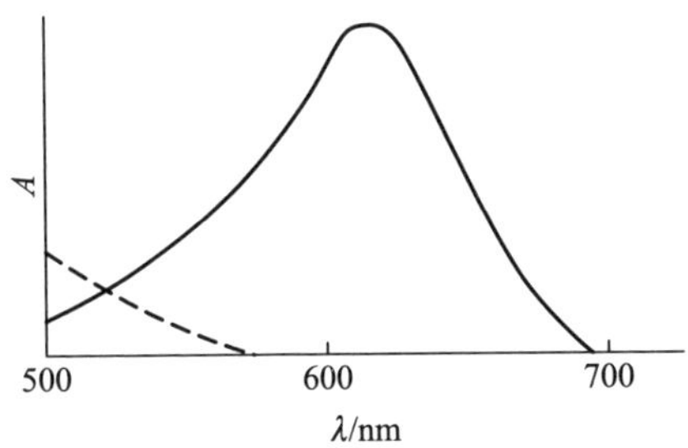

图 4-14-1 溴甲酚绿在 0.1 $mol \cdot L^{-1}$ HCl 溶液(---表示)、0.1 $mol \cdot L^{-1}$ NaOH 溶液(——表示)中的光吸收曲线

4. 分别测得溴甲酚绿在 0.1 $mol \cdot L^{-1}$ HCl 溶液、0.1 $mol \cdot L^{-1}$ NaOH 溶液中的吸光度为 A(HCl)、A(NaOH),为什么 A=[A(HCl)+A(NaOH)]/2 时,[HIn]=[In^-]?

5. 本实验怎样求得溴甲酚绿的 K_a 值?

实验

1. 配制溶液

(1) 配制 pH=4.2、4.4、4.6、4.8、5.0 的缓冲溶液各 20 mL。

(2) 在干燥的 25 mL 烧杯中按表 4-14-4 配制溶液。

表 4-14-4　溶液配制与测定

实验序号	溴甲酚绿溶液体积/mL	纯水体积/mL	其他溶液		pH	吸光度
			名　　称	用量/mL		
1	5.00	2.00	0.1mol·L^{-1} HCl 溶液	1.00	—	
2	5.00	2.00	0.1mol·L^{-1} NaOH 溶液	1.00	—	
3	5.00	2.00	缓冲溶液 pH=4.2	1.00		
4	5.00	2.00	缓冲溶液 pH=4.4	1.00		
5	5.00	2.00	缓冲溶液 pH=4.6	1.00		
6	5.00	2.00	缓冲溶液 pH=4.8	1.00		
7	5.00	2.00	缓冲溶液 pH=5.0	1.00		

2. 测定 pH

用 pH 计测定 3~7 号 5 份缓冲溶液的 pH。

3. 测定吸光度

用分光光度计测定 7 份溶液的吸光度，测定条件为 $\lambda=615$ nm，比色皿厚度为1 cm。

数据处理

1. 计算[HIn]=[In^-]时的吸光度：

$$A=\frac{A\ (\mathrm{HCl})+A\ (\mathrm{NaOH})}{2}$$

2. 做出 5 份缓冲溶液的 $A-$pH 图，并从图中找出对应于 $A=[A\ (\mathrm{HCl})+A\ (\mathrm{NaOH})]/2$ 的 pH，此 pH 即为溴甲酚绿的 pK_a 值，计算 K_a。

问题

用分光光度法测定弱酸或弱碱的解离常数，对弱酸或弱碱的要求是什么？

15 溶度积

15.1 碘酸铜溶度积的测定

（8 学时）

实验演示

预习

1. 722 型和 722S 型分光光度计的使用。

2. 工作曲线及其绘制。

3. 难溶盐的溶解平衡；溶度积与物质的溶解度、温度的关系。

思考题

1. 本实验怎样测定碘酸铜的溶度积？

2. 制备碘酸铜固体时，为何要硫酸铜过量，又为何要洗至无 SO_4^{2-} 存在？

3. 为什么要做工作曲线？

4. 生成深蓝色的 $[Cu(NH_3)_4]^{2+}$ 是比色法测定的基础，在测定工作曲线和未知液时，所用氨水浓度不同，对测定结果是否有影响？

实验①

1. 碘酸铜饱和溶液的配制

（1）$Cu(IO_3)_2$ 固体的制备　用 1 mol · L^{-1} $CuSO_4$ 溶液，0.3 mol · L^{-1} KIO_3 溶液制备 1～2 g 干燥的 $Cu(IO_3)_2$ 固体。其中 $CuSO_4$ 溶液稍过量，所得 $Cu(IO_3)_2$ 湿固体需用纯水洗涤至无 SO_4^{2-}，烘干待用。

（2）配制 $Cu(IO_3)_2$ 饱和溶液　取上述固体 1.0 g 放入 250 mL 锥形瓶中，加入 150 mL 纯水，在磁力加热搅拌器上，边搅拌、边加热至 343～353 K，并持续 15 min，冷却，静止 2～3 h。

2. 溶度积的测定

方法 1　工作曲线法

（1）工作曲线的绘制

① 配制标准溶液：计算配制 25.00 mL 0.015 0 mol · L^{-1}、0.010 0 mol · L^{-1}、0.005 00 mol · L^{-1}、0.002 00 mol · L^{-1} Cu^{2+} 溶液所需的 0.1 mol · L^{-1} $CuSO_4$ 标准溶液的体积。用吸管分别移取计算量的 0.1 mol · L^{-1} $CuSO_4$ 溶液，置

---

① 硫酸铜标准溶液的浓度用 EDTA 标准溶液（紫脲酸胺为指示剂）进行标定。

于四只 50 mL 容量瓶中，各加入 25.00 mL 1 mol · L^{-1} 氨水，并用纯水稀释至标线，摇匀。

② 吸收曲线的绘制：用 1 cm 比色皿，以纯水为参比溶液，在 400~800 nm 之间，在 722 型（722S 型）分光光度计上，测定由 0.010 0 mol · L^{-1} Cu^{2+} 溶液与1 mol · L^{-1} 氨水配制的标准溶液的吸光度（A），每隔 10 nm 测 1 次。根据测定数据，以吸光度（A）为纵坐标，波长（λ）为横坐标，绘制吸收曲线，由吸收曲线确定最大吸收波长（λ_{max}）。

③ 工作曲线的绘制：用 1 cm 比色皿，以纯水为参比溶液，λ_{max} 为测定波长，测定标准溶液的吸光度（A）。以吸光度（A）为纵坐标，标准溶液 $c(Cu^{2+})$ 为横坐标，做工作曲线。

（2）碘酸铜饱和溶液中 Cu^{2+} 浓度的测定　事先烘干长颈漏斗、所需烧杯，常压过滤碘酸铜饱和溶液。分别移取 10.00 mL 碘酸铜饱和溶液两份于干燥的 50 mL 烧杯中，各加 10.00 mL 1 mol · L^{-1} 氨水，混合均匀后，在与测定工作曲线相同的条件下测定吸光度。根据测得的 A 值，在工作曲线上找出相应的 Cu^{2+} 浓度，根据 Cu^{2+} 浓度，计算 K_{sp} 的数值。

方法 2　浓度直接测定法

（1）配制标准溶液　计算配制 25.00 mL 0.005 00 mol · L^{-1} Cu^{2+} 溶液所需的 0.1 mol · L^{-1} $CuSO_4$ 标准溶液的体积。移取计算量的 0.1 mol · L^{-1} $CuSO_4$ 标准溶液于 50 mL 容量瓶中，加入 25.00 mL 1 mol · L^{-1} 氨水，并用纯水稀释至标线，摇匀。

（2）吸收曲线的绘制　用 722 型（722S 型）分光光度计，1 cm 比色皿，以纯水为参比溶液，在 400~800 nm 之间，每隔 10 nm，测定标准溶液的吸光度 A。以吸光度 A 为纵坐标，波长 λ 为横坐标，绘制吸收曲线，由吸收曲线确定最大吸收波长 λ_{max}。

（3）测定　按方法 1 中（2）的实验步骤，在干燥烧杯中，分别移取 10.00 mL 碘酸铜饱和溶液两份，各加 10.00 mL 1 mol · L^{-1} 氨水，配制混合液两份。

用 1 cm 比色皿，以纯水为参比溶液，λ_{max} 为测定波长，将标准铜氨溶液进入光路，调节浓度旋钮，使数字显示值为已知浓度值。将待测溶液进入光路，即可读出被测溶液的浓度值。根据 $[Cu^{2+}]$ 的平均值，计算 K_{sp}。

将碘酸铜饱和溶液连同固体倒入回收瓶中，以便经处理后再利用。

问题

1. 碘酸铜溶液未达饱和；饱和溶液冷却、静止时间不够；过滤时，碘酸铜沉淀未完全除去,对测定结果有何影响?

2. 除用分光光度法测定外,还有哪些方法可测定碘酸铜的溶度积?

研究课题

将问题2的回答设计成实验,测定碘酸铜的溶度积,并将实验结果与光度法的实验结果进行比较,对实验方法进行评述。

15.2 平衡常数与温度的依赖关系

(4学时)

预习

1. 化学反应的自由能变化与平衡常数的关系。

2. 沉淀滴定法中佛尔哈德法的测量原理。

思考题

1. $\lg K_{sp}$和T有何联系,怎样通过T和$\lg K_{sp}$来求反应的$\Delta_r H_m^\ominus$?

2. 如何测定饱和溶液中Ag^+浓度?为什么硫酸高铁铵能作指示剂?在滴定过程中,应该注意什么?

实验①

1. 制取饱和溶液

称取1.5 gAg_2SO_4固体,放入150 mL锥形瓶中,加入120 mL不含Cl^-的纯水。将锥形瓶放入由600 mL烧杯组成的水浴中,一起放在磁力加热搅拌器上,边搅拌、边加热至338 K,保持此温度15 min后停止加热,任其自然冷却。当冷至323 K时停止搅拌,保持此温度15 min后,迅速取出10.00 mL溶液放入洁净的150 mL锥形瓶中(为防止带出沉淀,可在吸管末端用乳胶管连一小段塞上棉花的玻璃管),同时用0.1刻度的温度计测量并记录取出清液时的温度。继续使溶液冷却,当冷至313 K、303 K、293 K时,分别保持15 min后各取出10.00 mL清液,以分析其中Ag^+的浓度。

2. Ag^+浓度的分析

在盛有清液的锥形瓶中,加入25 mL不含Cl^-的纯水、5 mL 4 mol·L^{-1} HNO_3溶液和1 mL 40% $NH_4Fe(SO_4)_2$溶液,用已标定过的KSCN溶液(约0.03 mol·L^{-1})滴定至淡橘红色。

---

① 实验温度的取法:实验的最低温度为室温+10 K,然后每增加10 K,设一实验点,共保持四个实验点。

数据处理

1. 计算出 323 K、313 K、303 K 和 293 K 时 Ag_2SO_4 的 K_{sp} 值。

2. 用 $\lg K_{sp}$ 对 $1/T$ 作图，并求出形成含有 1 mol Ag_2SO_4 饱和溶液时的 $\Delta_r H_m^\ominus$。

问题

计算形成 1 mol 硫酸银饱和溶液时 $\Delta_r H_m^\ominus$ 的理论值。

16 电动势、电极电势

16.1 原电池电动势的测定

（4 学时）

预习

1. UJ—25 型电位差计的使用。
2. 原电池、电极电势，影响电极电势的因素。

思考题

1. 氧化剂和还原剂是否一定要在相互接触时才能反应？
2. 盐桥的作用是什么？能否不用？
3. 有哪些因素影响电极电势？

实验

1. 电动势的测定

用细砂纸除去金属棒表面的氧化层及其他物质，洗净、擦干。

在一个 50 mL 的烧杯中加入 20 mL 1.0 mol · L^{-1} $CuSO_4$ 溶液，并插入铜电极，组成一个半电池。在另一个 50 mL 的烧杯中加入 20 mL 1.0 mol · L^{-1} $ZnSO_4$ 溶液，插入锌电极，组成另一个半电池。用盐桥连接两个半电池，用电位差计测出原电池的电动势。

2. 形成配合物对电极电势的影响

将约 8 mL 浓氨水加到 $Cu/CuSO_4$(1.0 mol · L^{-1})半电池的 $CuSO_4$ 溶液中，开始生成 $Cu(OH)_2$沉淀，慢慢地沉淀溶解，搅拌，待沉淀完全溶解后与半电池 $Zn/ZnSO_4$(1.0 mol · L^{-1})组成原电池，测定电动势。形成配合物对 $E(Cu^{2+}/Cu)$有何影响？

3. 浓度对电极电势的影响

测出原电池 $Zn \mid ZnSO_4$(0.10 mol · L^{-1}) ⁞⁞ $CuSO_4$(1.0 mol · L^{-1}) $\mid Cu$ 的电动势。并与实验 1 的电动势值比较，试说明 Zn^{2+}浓度降低对 $E(Zn^{2+}/Zn)$有何影响？

4. 形成沉淀对电极电势的影响

自行设计实验，试验形成沉淀对 $E(Cu^{2+}/Cu)$的影响。

问题

1. 电位差计或伏特计测定电动势时，哪一种仪器测得的结果较准确？为什么？

2. 根据实验2的电动势值，试计算$[Cu(NH_3)_4]^{2+}$配离子的稳定常数。

实验演示

16.2 能斯特方程与条件电势

（4学时）

预习

1. 条件电势。

2. 应用pHSW—3D型或pHS—3D功能型pH计测定电池电动势(E)的方法。

思考题

1. 怎样通过实验求出未知电极电势$E(Fe^{3+}/Fe^{2+})$。

2. 写出半电池反应$Fe^{3+}+e^- \rightleftharpoons Fe^{2+}$的$E(Fe^{3+}/Fe^{2+})$表达式，根据$E(Fe^{3+}/Fe^{2+})$以及$c(Fe^{3+})/c(Fe^{2+})$值，如何求得$n$与实验条件下的条件电势$E^{\ominus\prime}(Fe^{3+}/Fe^{2+})$？

实验

1. 仪器安装

把饱和甘汞电极、铂电极安装在电极架上，将饱和甘汞电极的引线接在参比电极的接线柱上，铂电极的插头插入pH电极插座。用纯水冲洗电极，并浸入盛有纯水的烧杯中，pH计接通电源预热30 min。

2. 溶液配制

用0.050 0 mol·L^{-1} $NH_4Fe(SO_4)_2$(在1 mol·L^{-1} H_2SO_4溶液中)溶液、0.050 0 mol·L^{-1} $(NH_4)_2Fe(SO_4)_2$(在1 mol·L^{-1} H_2SO_4溶液中)溶液，在5个干燥而洁净的100 mL烧杯中，按表4-16-1配制溶液。

表4-16-1 溶液的配制

实验号	1	2	3	4	5
Fe^{2+}溶液体积/mL	5.00	15.00	25.00	35.00	45.00
Fe^{3+}溶液体积/mL	45.00	35.00	25.00	15.00	5.00
电池电动势/V					

3. 电动势的测量

按下“mV”键，“mV”指示灯亮。把铂电极和饱和甘汞电极从纯水中取出，用滤纸轻轻吸干水。将电极插入测定液中，旋摇烧杯使溶液均匀、静置，显示屏显示的值即为电池的电动势值，记录。

重复上述操作，测出其他 4 份溶液的电动势值。铂电极和饱和甘汞电极插入每一份溶液之前，都要用纯水冲洗干净并用滤纸吸干。

数据处理

1. 计算每一份溶液中 $c(Fe^{3+})/c(Fe^{2+})$、$\lg[c(Fe^{3+})/c(Fe^{2+})]$值。

2. 由实验测出的电动势值，求 $E(Fe^{3+}/Fe^{2+})$值。

3. 由 $E(Fe^{3+}/Fe^{2+})$对 $\lg[c(Fe^{3+})/c(Fe^{2+})]$ 作图，从而求出 n 及条件电势 $E^{\ominus\prime}(Fe^{3+}/Fe^{2+})$。

问题

1. 为什么要在稀硫酸溶液中进行测定？如换成稀氢氧化钠溶液是否可以？

2. SCN^-与 Fe^{3+}形成的配合物比它与 Fe^{2+}形成的配合物稳定。在测定液中加一些硫氰酸钾固体，则 $E(Fe^{3+}/Fe^{2+})$有何变化，说明原因。

3. 为什么实验中求得的是条件电势 $E^{\ominus\prime}(Fe^{3+}/Fe^{2+})$，而不是标准电极电势？

16.3　溶度积与电极电势的关系

（4 学时）

预习

溶度积与电极电势的关系。

思考题

1. 有一原电池：$Ag+AgBr(s)\,|\,KBr[c(Br^-)]\,¦¦$ 饱和甘汞电极，电动势 $E=E_{右}-E_{左}=E_{甘汞}-\left[E^{\ominus}_{左}-\dfrac{0.059\ 1\ V}{n}\lg c(Br^-)\right]$，如果左电极换成其他一价阴离子银盐[AgX(s)]和相应的钾盐(KX)，则原电池为

$$Ag+AgX(s)\,|\,KX[c(X^-)]\,¦¦\ 饱和甘汞电极$$

写出 E 的表达式。

2. 当一系列 KX 的浓度相等时，E 的表达式是否可简化为

$$E=常数(1)\ -E^{\ominus}_{左} \tag{4-16-1}$$

常数(1) 等于什么？

3. 测得原电池 $Ag+AgBr(s)\,|\,KBr[c(Br^-)]\,¦¦$ 饱和甘汞电极的电动势 E。已知$E^{\ominus}_{左}=E^{\ominus}(AgBr/Ag)=+0.071\ 3\ V$，此时式(4-16-1)中的常数(1) 为何值？当测定其余原电池：$Ag+AgX(s)\,|\,KX[c(X^-)]\,¦¦$ 饱和甘汞电极的电动势后，利用常数(1)，能否求得 $E^{\ominus}_{左}$？

4. 写出左电极的电势 $E^{\ominus}_{左}(AgX/Ag)$与 $\lg K_{sp}$的关系式。

5. 由 $E^{\ominus}_{左}=常数(1)-E$ 代入 $E^{\ominus}(AgX/Ag)-\lg K_{sp}(AgX)$的关系式，能否推导出：

$$-\lg K_{sp}=\frac{n}{0.059\ 1\ V}E+常数(2) \tag{4-16-2}$$

常数(2)等于什么?

6. 已知 $K_{sp}(AgBr)=5.0\times10^{-13}$,用 $\lg K_{sp}=-12.30$ 及相应 E 值代入式(4-16-2),可求得常数(2)。如何求得其余 AgX 的 K_{sp} 值?

实验

1. 配制溶液

用固体药品分别配制 $0.200\ mol\cdot L^{-1}$ KCl 溶液、$0.200\ mol\cdot L^{-1}$ KSCN 溶液、$0.200\ mol\cdot L^{-1}$ KBr 溶液和 $0.200\ mol\cdot L^{-1}$ KI 溶液各 250 mL(固体盐称准至±0.005 g)。

2. 难溶银盐的制备

在 4 个 100 mL 烧杯中分别加入 60 mL 上述溶液,各加 1 滴 $0.1\ mol\cdot L^{-1}$ $AgNO_3$ 溶液(KSCN 溶液中多加 1~2 滴),得到难溶的银盐沉淀。

3. 银电极活化

把银电极插入 $6\ mol\cdot L^{-1}$ HNO_3 溶液(含有 $0.1\ mol\cdot L^{-1}$ KNO_3)中活化,直到产生气泡为止。将银电极从酸中取出,用自来水冲洗后再用纯水冲洗干净,用滤纸吸干水。

4. 电动势测定

按下“mV”键,“mV”指示灯亮。将银电极和饱和甘汞电极安装到电极架上,并插入 KX 溶液中(其中有 AgX 沉淀),银电极的插头插入 pH 电极插座,饱和甘汞电极接到 pH 计的参比电极的接线柱上。显示屏显示的值即为电池的电动势。记录实验结果。

注意:更换溶液后,电极务必用纯水冲洗干净,擦干。

数据处理

1. 用银、溴化银电极的标准电极电势(+0.071 3 V)和 AgBr 溶度积(5.0×10^{-13})代入式(4-16-1)和式(4-16-2),求出常数(1)和常数(2)。

2. 计算其余左电极的标准电极电势。

3. 计算其余难溶银盐的溶度积。

问题

总结电极电势与溶度积大小的关系,并加以解释。

16.4 阿伏加德罗常数的测定

(4 学时)

预习

电解的基本原理。

思考题

1. 写出在阴极和阳极上进行的反应。

2. 电解时,实验的电流强度为 I(A),在时间 t(s)内,通过的总电荷量应如何计算?

3. 设在阴极上铜片的增量为 m(g),计算每增加一单位质量时所需的电荷量,以及得到1 mol铜所需要的电荷量。

4. 一个一价离子所带的电荷量是多少? 一个二价离子所带的电荷量是多少?

5. 由一个二价铜离子所带的电荷量,以及得到或失去 1 mol 铜所需的电荷量,能否求出阿伏加德罗常数? 写出计算式。

实验

取 3 cm×5 cm 薄的纯紫铜片两块,分别用 0 号、000 号砂纸擦去表面氧化物,然后用水洗,再用蘸有酒精的棉花擦净。待完全干后,精确称量(准确至0.000 1 g)。一块作阴极,另一块作阳极(不要搞错!)。在 100 mL 烧杯中加入约 80 mL $CuSO_4$ 溶液①。将每块铜片高度的 2/3 左右浸在 $CuSO_4$ 溶液中,两个极的距离保持 1.5 cm,然后按图 4-16-1 装置。

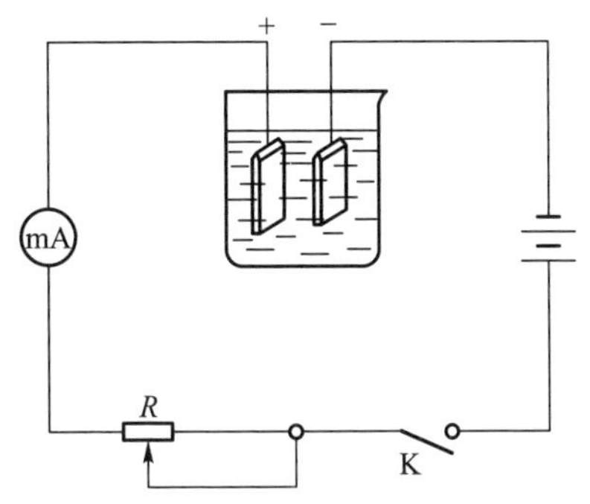

图 4-16-1　硫酸铜溶液电解示意图

mA—毫安表;K—开关;R—变阻箱

直流电压控制为 10 V。实验开始后,变阻箱电阻值控制在 60~70 Ω 左右。按下开关,迅速调节电阻使毫安表指针在 100 mA 处,同时准确记下时间。通电 60 min,断开开关,停止电解。在整个电解期间,电流尽可能保持不变,如有变动可调节电阻以维持恒定。

取下阴极、阳极铜片,在水中漂洗,用滤纸吸干水分,准确称量。

数据处理

由实验中测定的数据 I(A)、t(s)、增量 m(g)、减量 m'(g),计算阿伏加德罗常数(N_A)。

问题

1. 如果在电解过程中,电流不能维持恒定,对实验结果有何影响?

2. 由阴、阳极板质量的变化获得两个 N_A 值,误差大的是哪一块极板? 为什么?

---

① $CuSO_4$ 溶液(化学纯):每升含 $CuSO_4$ 125 g 和浓硫酸 25 mL。

17 配合物的吸收曲线与稳定常数

17.1 配合物的吸收曲线

（4 学时）

预习

1. 在正八面体场中 d 轨道的分裂、分裂能，影响分裂能的因素；d-d 跃迁与过渡金属离子和化合物的颜色。

2. 在含有 1~9 个 d 电子的过渡金属离子配合物中，能产生从低能 d 轨道到高能 d 轨道的电子跃迁，即 d-d 跃迁，产生的吸收光谱位于紫外-可见光区。由吸收光谱计算分裂能 Δ 的数值时，因 d 电子数目与空间构型不同，计算方法也不同。对高自旋配合物，当 d 电子数目是 1、4、6、9，空间构型是八面体或四面体时，它们的吸收光谱只有一个简单的吸收峰，由吸收峰所在位置的波长即可计算出 Δ 值。如果 d 电子数目是 3、8，空间构型是八面体；d 电子数目是 2、7，空间构型是四面体时，它们的吸收光谱有三个吸收峰，则根据光谱中吸收峰所在位置的最大波长来计算 Δ 值。

思考题

1. 写出波长与能量、波长与波数之间的关系式，为什么波数也是一个能量单位？

2. 由配合物的可见-紫外光谱如何计算分裂能 Δ（以波数表示）？

实验

1. 配制溶液

（1）Cr^{3+}的配合物系列　由 0.1 $mol \cdot L^{-1}$ $Cr_2(SO_4)_3$ 溶液、0.1 $mol \cdot L^{-1}$ $CrCl_3$（新配制）溶液，分别配制成 0.01 $mol \cdot L^{-1}$ 相应溶液 25 mL、20 mL。

① 取 10 mL 0.01 $mol \cdot L^{-1}$ $Cr_2(SO_4)_3$ 溶液，配离子为 $[Cr(H_2O)_6]^{3+}$。

② 取 5 mL 0.01 $mol \cdot L^{-1}$ $Cr_2(SO_4)_3$ 溶液，加入 15 mL 饱和 $(NH_4)_2C_2O_4$ 溶液。或用 10 mL 0.01 $mol \cdot L^{-1}$ $K_3Cr(C_2O_4)_3$ 溶液，加入 10 mL H_2O，得到 $[Cr(C_2O_4)_3]^{3-}$ 溶液。

③ 取 10 mL 0.01 $mol \cdot L^{-1}$ $Cr_2(SO_4)_3$ 溶液，加入 5 mL 浓氨水，再加入 NH_4Cl 固体至溶液显紫红色，放置后取上层清液备用。溶液中，配离子为 $[Cr(NH_3)_2(H_2O)_4]^{3+}$。

④ 取 10 mL 0.01 $mol \cdot L^{-1}$ $CrCl_3$ 溶液，配离子为 $[Cr(H_2O)_4Cl_2]^+$。

⑤ 取 10 mL 0.01 $mol \cdot L^{-1}$ $CrCl_3$ 溶液，加入 5 mL 0.02 $mol \cdot L^{-1}$ EDTA

溶液，调节 pH＝3～5，稍加热，即得紫色溶液，配离子为$[Cr(edta)]^-$。

(2) Cu^{2+}配合物系列　由 0.1 mol·L^{-1} $CuSO_4$ 溶液配制 0.01 mol·L^{-1} $CuSO_4$ 溶液 25 mL。

① 取 10 mL 0.1 mol·L^{-1} $CuSO_4$ 溶液。

② 取 5 mL 0.01 mol·L^{-1} $CuSO_4$ 溶液，加入 10 mL 0.5 mol·L^{-1}氨水。

③ 取 5 mL 0.01 mol·L^{-1} $CuSO_4$ 溶液，加入 10 mL 1∶4 乙二胺溶液，配离子为$[Cu(en)_2]^{2+}$。

④ 取 10 mL 0.01 mol·L^{-1} $CuSO_4$ 溶液，加入 5 mL 0.02 mol·L^{-1} EDTA 溶液，调 pH＝4～5，配离子为$[Cu(edta)]^{2-}$。

⑤ 取 5 mL 0.1 mol·L^{-1} $CuSO_4$ 溶液，加入 10 mL 0.1 mol·L^{-1} $K_2C_2O_4$ 溶液，搅拌。静置片刻后过滤，取滤液备用，配离子为$[Cu(C_2O_4)_2]^{2-}$。

2. 测定吸收曲线

以纯水作参比，在 722 型或 722S 型分光光度计的测定波长范围内，每隔10 nm测一次吸光度（或透射比）。

数据处理

1. 根据测定数据，以吸光度（或透射比）对波长作图，在图上找出计算 Δ 值所需的波长数据，并计算 Δ 值。

2. 排出本实验中用到的几个配体的分光化学序。

问题

在测定配合物的吸收曲线时，所配溶液的浓度是否要十分精确，为什么？

17.2　磺基水杨酸合铁稳定常数的测定

（4 学时）

预习

1. 连续变化法（又称等物质的量系列法）。

2. 当溶液的 pH 不同时，磺基水杨酸（简写成 H_3R）与 Fe^{3+}形成三种不同的配合物。当溶液 pH<4 时，形成紫红色配合物[FeR]；pH 在 4～10 之间，形成红色配离子$[FeR_2]^{3-}$；pH 在 10 左右，形成黄色配离子$[FeR_3]^{6-}$。

思考题

1. 图 4-0-1 是有关配合物吸光度-组成的连续变化曲线，从图如何求得配合物的组成和稳定常数 β（设溶液内配离子总浓度为 c）？

2. 在本实验条件下，试预言磺基水杨酸与 Fe^{3+}形成的配合物是[FeR]、$[FeR_2]^{3-}$、$[FeR_3]^{6-}$中的哪一种？

实验[①]

1. 由储备液 0.010 0 $mol \cdot L^{-1}$ $NH_4Fe(SO_4)_2$(在 pH 为 2 的 H_2SO_4 溶液中)溶液和 0.010 0 $mol \cdot L^{-1}$磺基水杨酸溶液,配制 250 mL 0.001 00 $mol \cdot L^{-1}$ $NH_4Fe(SO_4)_2$ 溶液和 0.001 00 $mol \cdot L^{-1}$磺基水杨酸溶液,并使两溶液的 pH 为 2。

2. 在干燥、洁净的 25 mL 烧杯中,按表 4-17-1 配制溶液,用分光光度计测定这一系列混合溶液的吸光度。测定条件:$\lambda = 500$ nm,比色皿厚度 = 1 cm。

表 4-17-1 溶液配制

混合液编号	1	2	3	4	5	6	7	8	9	10	11
0.001 00 $mol \cdot L^{-1}$ $NH_4Fe(SO_4)_2$ 溶液的体积/mL	10.00	9.00	8.00	7.00	6.00	5.00	4.00	3.00	2.00	1.00	0
0.001 00 $mol \cdot L^{-1}$ 磺基水杨酸溶液的体积/mL	0	1.00	2.00	3.00	4.00	5.00	6.00	7.00	8.00	9.00	10.00
混合液吸光度(A)											

数据处理

1. 以测得的吸光度为纵坐标,溶液的体积比为横坐标作图。

2. 从图上找出有关数据,说明在本实验条件下 Fe^{3+} 与 R^{3-} 形成的配合物的组成,计算解离度和稳定常数 β。

问题

1. 试说明连续变化法测定配合物稳定常数的适用范围。

2. 有哪些因素影响实验结果?

17.3 平衡移动法测定 $[Fe(SCN)]^{2+}$ 的稳定常数

(4 学时)

预习

平衡移动法。

---

① 磺基水杨酸、硫酸高铁铵储备液的浓度需标定。

思考题

1. Fe^{3+}和SCN^-可以形成几种配合物？要得到组成为1∶1,即$[Fe(SCN)]^{2+}$配离子的条件是什么？

2. 在实验中,固定Fe^{3+}还是SCN^-的浓度？

3. 为什么要假设步骤1.(2)所配制的溶液内SCN^-全部转变成$[FeSCN]^{2+}$,它的吸光度为$A_{最大}$？在其余各份溶液中,为什么$\lg\frac{c([FeSCN]^{2+})}{c(SCN^-)}$相当于$\lg\frac{A}{A_{最大}-A}$？

4. 参照图4-17-1,思考如何用图解法求稳定常数β_1。

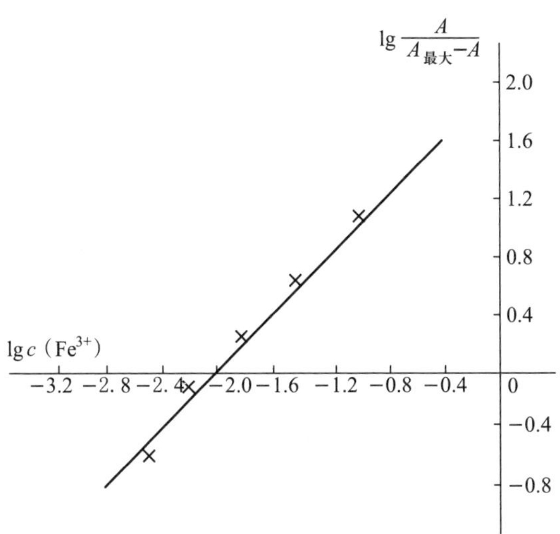

图4-17-1 平衡移动法

实验[①]

1. 配制溶液

(1) 用0.020 0 mol·L^{-1} NaSCN溶液配制250 mL 2.00×10^{-4} mol·L^{-1} NaSCN溶液。

(2) $A_{最大}$溶液的配制。分别移取5.00 mL 2.00×10^{-4} mol·L^{-1} NaSCN溶液、5.00 mL 0.200 mol·L^{-1} $Fe(NO_3)_3$溶液(在0.1 mol·L^{-1} HNO_3溶液中)在干燥的小烧杯中,混合均匀。假设溶液中的SCN^-全部转变成$[FeSCN]^{2+}$。

(3) 计算用0.200 mol·L^{-1} $Fe(NO_3)_3$溶液分别配制0.0400 mol·L^{-1}、0.0200 mol·L^{-1}、0.010 0 mol·L^{-1}、0.005 00 mol·L^{-1}、0.002 50 mol·L^{-1}

① NaSCN溶液的浓度需标定。

$Fe(NO_3)_3$溶液各 25.00 mL 时所需的体积。分别移取计算量的溶液,分放到5 只50 mL 容量瓶中,各加入 25.00 mL 2.00×10^{-4} mol · L^{-1} NaSCN 溶液,用纯水稀释至标线,混合均匀。

2. 测定吸光度

用分光光度计测定 6 份混合液的吸光度。测定条件:$\lambda = 480$ nm,比色皿厚度为 1 cm。

数据处理

1. 计算混合液中 $c(Fe^{3+})$、$\lg c(Fe^{3+})$、$\lg \dfrac{A}{A_{最大}-A}$。将原始数据及其处理数据汇列成表。

2. 作图,并从图中求出$[FeSCN]^{2+}$的稳定常数 β_1。

18 物质的结构

18.1 简单分子或离子的空间结构

（2 学时）

预习

杂化轨道理论；价层电子对互斥理论。

实验

用塑料球代表组成分子或离子的原子，用塑料棍代表分子或离子内的化学键，搭接表 4-18-1 列出的无机分子或离子的空间结构模型，并画出它们的空间结构图像，用杂化轨道理论或价层电子对互斥理论简单说明理由。

表 4-18-1 简单分子或离子的空间结构

分子名称	空间构型	结构图像	理　　由
$HgCl_2$			
$SnCl_2$			
BF_3			
H_2O			
PH_3			
BrF_3			
$SiCl_4$			
SF_4			
$SbCl_5$			
$[BrF_4]^-$			
SF_6			
BrF_5			
XeF_2			

问题

写出 H_2S、ICl_2^-、NO_3^-、NO_2、$XeOF_4$ 的几何形状,并用图像表示。

18.2　晶体结构

（4~6 学时）

预习

1. 晶格、晶胞。

2. 球的堆积方式、最紧密堆积方式,晶胞中球的数目。

3. 晶体中一个离子或原子的配位数。

4. 在晶体中,常常把大的离子(或原子)看作球的密堆积,小的离子(或原子)处在大离子(或原子)密堆积的间隙中。小离子(或原子)可占据大离子(或原子)的四面体间隙、八面体间隙或立方体间隙。当 4 个离子(或原子)占据正四面体的 4 个顶点,它们中间有一个四面体间隙。当 6 个离子(或原子)占据八面体的 6 个顶点,它们组成了一个八面体间隙。当 8 个离子(或原子)占据简单立方的 8 个顶点,它们组成了一个立方体间隙。

思考题

1. 以面心立方晶胞为例,如何计算晶胞内球的数目?

2. 在一个面心立方晶胞中,有几种间隙,各有几个?

实验

1. 密堆积与金属晶体

(1) 将乒乓球以 ABAB 方式堆积,找出六方密堆积的晶胞(图 4-18-1)。

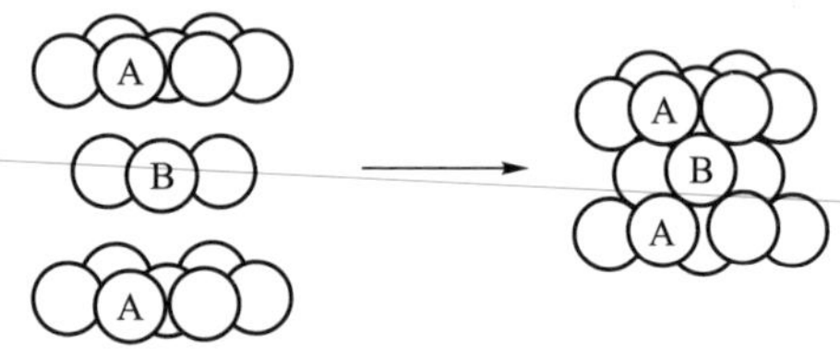

图 4-18-1　AB 堆积——六方密堆积

(2) 将乒乓球以 ABCABC 方式堆积,找出面心立方晶胞,将一个面心立方堆积一分为二,观察球的密堆积,说明堆积层与晶胞之间的关系(图 4-18-2)。

(3) 观察球的四种堆积方式[图 4-18-2(b)、图 4-18-3、图 4-18-4、图 4-18-5],并回答表 4-18-2 中所列问题。

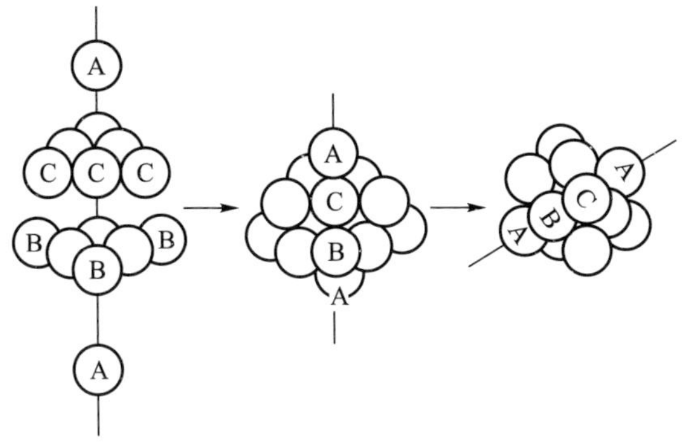

(a) 堆积位置　　(b) ABC 堆积层与面心立方晶胞的关系

图 4-18-2　ABC 堆积——面心立方堆积

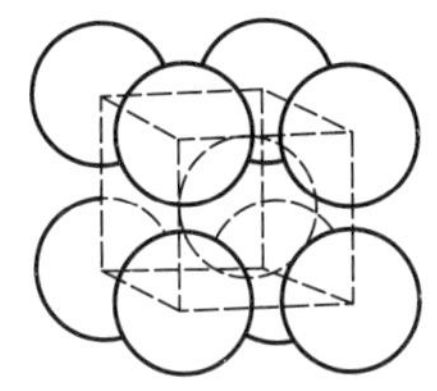

图 4-18-3　体心立方堆积

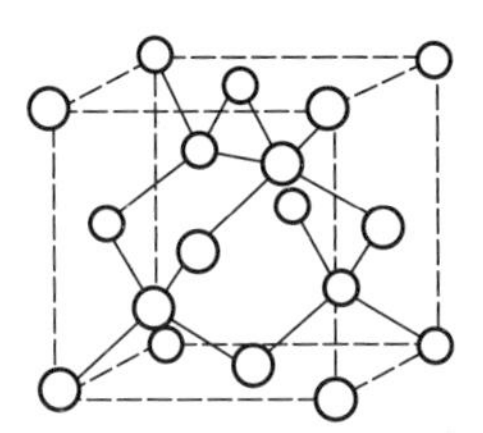

图 4-18-4　四面体堆积

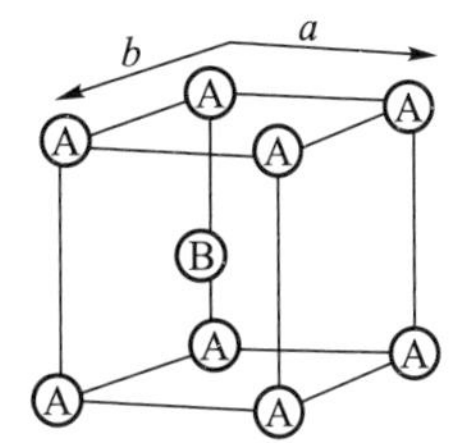

图 4-18-5　六方晶胞

表 4-18-2　球堆积的总结

堆积方式	配位数	每个晶胞内球的数目	紧密程度
六方密堆积			
面心立方堆积			
体心立方堆积			
四面体堆积			

2. 离子晶体——常见二元离子化合物的晶胞结构

(1) 氯化铯结构(图 4-18-6)　以 14 孔 14 面的红球(27 个)代表 Cl^-，以14 孔14 面的白球(8 个)代表 Cs^+，用球、塑料棍搭建由 8 个晶胞组成的 CsCl 晶体模型，观察模型。

(2) 氯化钠结构(图 4-18-7)　以 14 孔 14 面的白球(14 个)代表 Cl^-，以 14 孔 14 面的蓝球(13 个)代表 Na^+，用球、塑料棍搭建一个 NaCl 晶胞模型，观察模型。

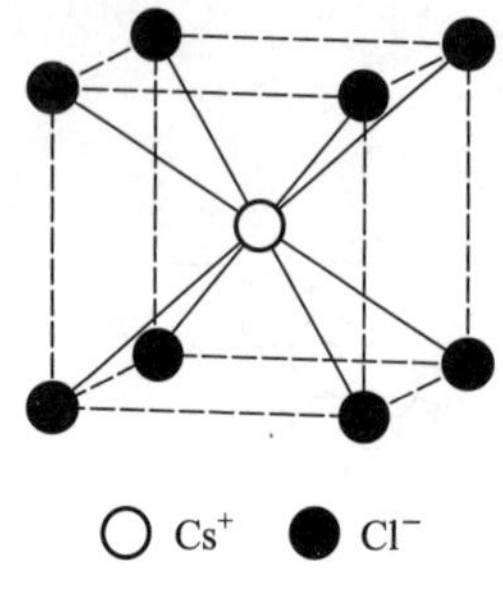

图 4-18-6 CsCl 结构

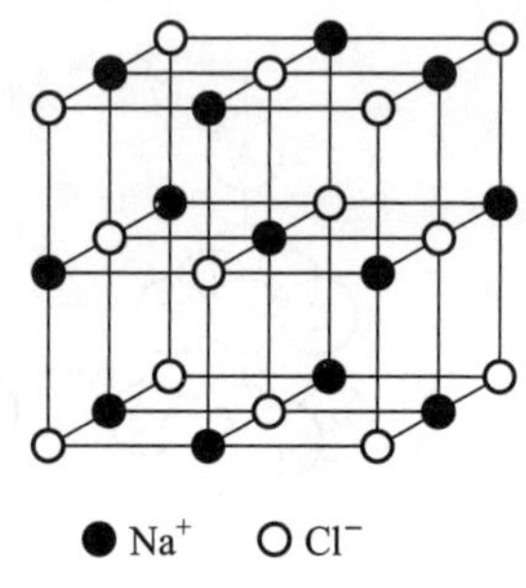

图 4-18-7 NaCl 结构

(3) 氟化钙结构(图 4-18-8) 以 4 孔 14 面的红球(8 个)代表 F^-,以 14 孔 14 面的白球(14 个)代表 Ca^{2+},用球、塑料棍、粗铁丝搭建一个 CaF_2 晶胞,观察模型。

F^- 在空间的排列方式见图 4-18-9。

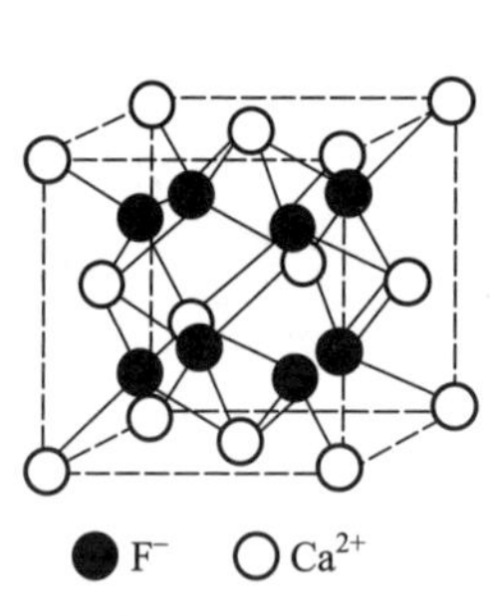

图 4-18-8 CaF_2 结构

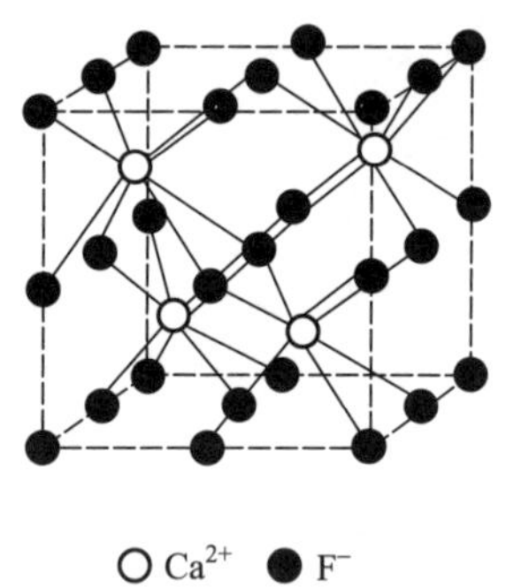

图 4-18-9 F^- 在空间的排列方式

(4) 立方硫化锌结构(图 4-18-10) 以 4 孔 14 面的绿球(4 个)代表 Zn^{2+},以蓝球(4 孔 14 面的 6 个,14 孔 14 面的 8 个)代表 S^{2-},用球、塑料棍、粗铁丝搭建一个立方 ZnS 晶胞,观察模型。

在观察模型的基础上,回答表 4-18-3 中的问题。

3. 分子晶体与原子晶体

(1) 分子晶体——二氧化碳分子晶体的结构(图 4-18-11) 以 14 孔 14 面的白球(14 个)代表碳原子,以 2 孔小球(28 个)代表氧原子搭建 CO_2 的晶胞模型,指出 CO_2 分子之间是以什么力结合、在空间以什么方式排列。

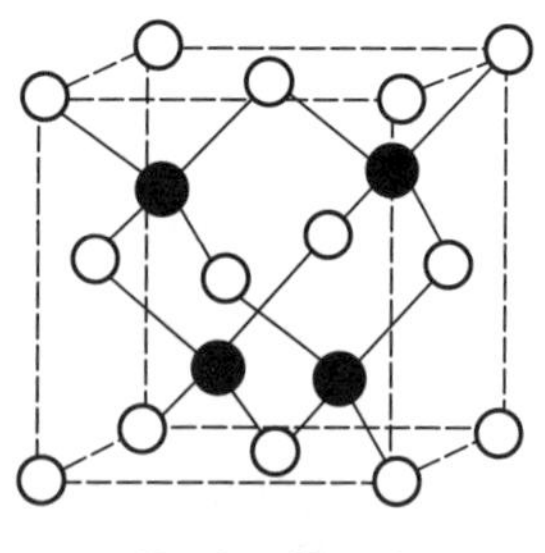

图 4-18-10 立方 ZnS 结构

表 4-18-3 常见二元离子化合物晶胞结构的总结

晶胞类型	负离子在空间的排列方式	正离子占据负离子的什么间隙	配位数	晶胞中正、负离子的个数	化合物的最简式
CsCl 型					
NaCl 型					
CaF_2 型					
立方 ZnS 型					

(2) 原子晶体——金刚石结构(图 4-18-12) 以 4 孔 14 面的黑球(29 个)代表碳原子,以球、棍搭建金刚石晶体模型。观察模型,划出一个晶胞。注意,金刚石结构与立方 ZnS 结构相同。一些碳原子组成面心立方晶格,而另一些碳原子占有晶格四面体间隙的一半。在金刚石晶体中碳原子之间以什么键结合,碳原子的配位数是多少?

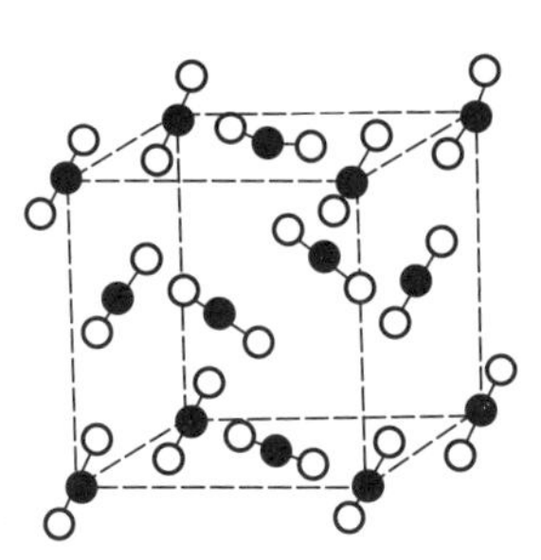

图 4-18-11 二氧化碳结构

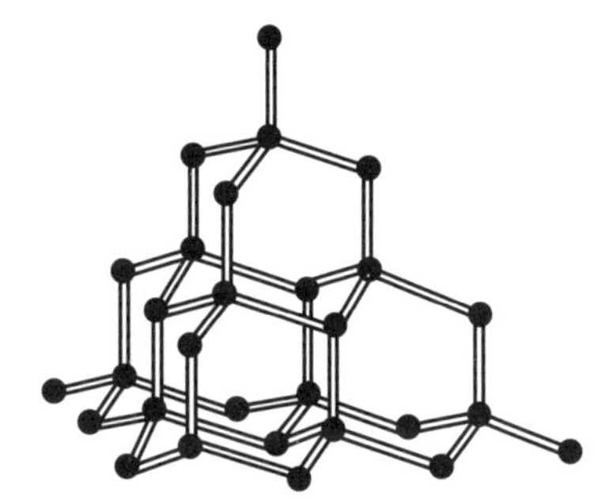

图 4-18-12 金刚石结构

(3) 过渡型晶体——石墨结构(图 4-18-13) 以 5 孔 20 面的黑球(39 个)代表碳原子,以球、棍(代表同一平面的短键)、粗铁丝(代表层与层之间的结合力)搭建成石墨晶体模型。指出碳原子之间以什么力结合。

图 4-18-13 石墨结构

问题

1. 在金属中,最常见的晶格是哪些?

2. 铜和金的合金晶胞结构为:金原子占有立方体角的位置,铜原子占有面心位置。

① 以符号○代表铜,●代表金,画出这个合金的晶胞图。

② 在晶胞里,金原子/铜原子的物质的量的比是多少?

③ 金原子和铜原子的配位数各是多少?

3. 在氟化钙晶胞中,Ca^{2+} 在空间以什么方式排列? F^- 占据 Ca^{2+} 的什么间隙?

第五篇

元素的化学

学 习 要 求

本篇实验由三部分组成:(1) 性质实验,实验常见元素单质及其化合物的性质;(2) 定性分析实验;(3) 较复杂的无机物制备实验。

通过性质实验获得感性认识,并通过思考、对比、归纳、总结,从感性认识上升到理性认识,从而达到学习、掌握元素单质及其化合物重要性质的要求。

离子和化合物的共性和个性是定性分析的依据。通过定性分析实验,巩固常用试剂和常见离子的反应,掌握常见离子的特征反应、水溶液中常见离子的分离与检出;掌握半微量定性分析的操作技术,如滴瓶中试剂的取用、小试管的水浴加热、离心分离、沉淀的洗涤等。

在较复杂的无机物制备实验中,将学习矿石的分解、化学氧化和电化学氧化法、高温及简易无氧操作,同时巩固元素化学的学习。

实验方法提要

根据试样的用量和操作方法,分析化学中常把分析方法分为常量、半微量和微量分析法。本书性质实验和定性分析实验采用半微量分析法,固体用量从几毫克到 50 mg,液体用量从几滴到 1 mL,凡实验中未注明用量的,均按此范围尽量少取(几滴或几毫克)。采用半微量分析法的好处是节省材料,节省时间,减少环境污染、中毒和爆炸等危险。

实验中采用的仪器是 5 mL 小试管、滴管和毛细管、滴瓶、小玻璃棒、点滴板等(图 5-0-1)。其中,毛细管与滴管相似,但尖端较滴管细而长,用于从离心管或小试管中吸出沉淀上的少量离心液。定性分析实验中常用不装橡胶头的毛细管,利用其细长管尖的毛细作用移取 0.001~0.05 mL 的液滴进行纸上点滴反应,但需注意,毛细管的管口一定要平整。小玻璃棒是一端拉细后尖端烧圆呈球形的玻璃棒,用于离心管或小试管中的搅拌。点滴板有黑、白两种,在其凹槽中进行定性反应,适用于不需加热、能观察沉淀生成和颜色变化的鉴定反应。

为了检验反应产生的气体,可利用验气装置,如图 5-0-2 所示。

装置(a):在离心管中加入几滴试液,手拿塞子将金属环蘸上 1 滴验气试剂使之成膜。在离心管中加入能与试液反应产生气体的试剂后,迅速塞好塞子,观察环中液膜的变化。

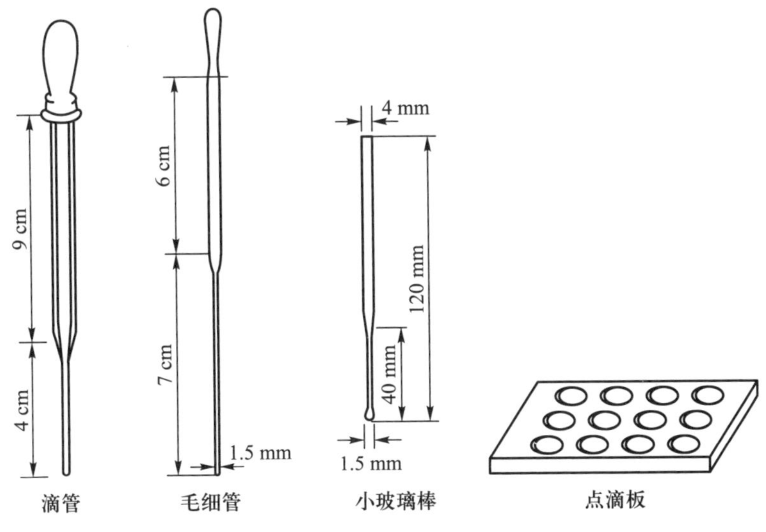

图 5-0-1　实验仪器

装置(b):选择两支合适的离心管,洗净。一支插在另一支中,使其恰好堵住下管管口。在两支离心管的接合处保留一薄层纯水可使气密性更好。插入的离心管尖端悬 1 滴验气试剂。此装置简单、实用。

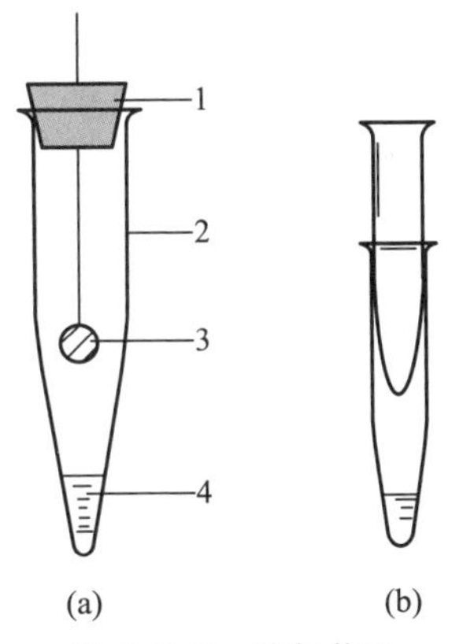

图 5-0-2　验气装置

1—带金属丝的塞子;2—离心管;3—金属环;4—试剂

性质实验看起来很容易做,如几滴某浓度的甲溶液加到乙溶液中,其实不尽然,两者的任意混合往往不能反映出事物的本质,得不出正确的结果。反应条件十分重要,温度、浓度、介质、催化剂,甚至反应物之间量的关系,反应物添加的次序都会影响实验结果。实验时,请注意反应条件,也希望大家进行这方面的探讨。

定性分析实验的任务是鉴定物质是由哪些元素、离子、原子团或化合物组成,如分析对象是无机物,称无机分析。定性分析可采用化学分析法或仪器分析法。在化学分析法中,主要采用溶液中的沉淀反应、颜色的变化或发生特征气体的反应,称湿法。还可采用在高温下进行焰色反应,或与硼砂等熔剂熔融,观察熔珠的颜色,称干法。仪器分析法主要采用光谱分析,这是目前定性分析方法中最全面、最快速的方法,其缺点是对某些阴离子不适用。本书主要介绍化学分析法。

在其他离子共存时,不需要经过分组、分离,取一份溶液直接检出一种离子的方法,称为分别分析。取一份溶液,按照一定的步骤和次序,将离子加以分组、分离,然后鉴定每组中的离子,称系统分析。将各组离子分开的试剂称组试剂。实验时,分别分析和系统分析可结合使用。

定性分析实验中采用的分离与鉴定反应,不论属于哪一类反应,都必须在一定的条件下进行。一种反应采用极少量(或浓度极低)的离子便能检出,就是灵敏度高。反应有特征性,不受其他离子干扰,就是选择性高。在选用鉴定反应时,应同时考虑反应的灵敏度和选择性,在灵敏度能满足要求的条件下,尽量采用选择性高的反应。但是,一般说来,各种反应或多或少会有某些干扰,不过可以通过控制反应条件(如控制酸度,或加入掩蔽剂),或分离干扰物质后再进行鉴定,这样可以提高选择性。

为了正确判断分析结果,通常要做空白试验和对照试验。所谓空白试验,就是用纯水代替试液,用同样的方法进行试验,以排除所用试剂或纯水中是否有被检验的离子。所谓对照试验,就是用已知溶液代替试液进行试验,以检查试剂是否失效变质,或反应条件是否控制正确。

阳离子分析采用硫化氢系统分析法。该法以硫化物溶解度的差别为基础,以盐酸、硫化氢、硫化铵、碳酸铵为组试剂,将 25 种阳离子分为 5 个组,然后在各组中分离和鉴定每一种离子。在阴离子分析中,采用分别分析法。

分离与检验是定性分析实验的主要内容,因此,掌握四大平衡的基础理论,全面了解常用试剂与常见离子的反应,了解硫化氢系统分析,将有助于分析实验现象,得出结论,有利于未知液分析方案的设计。实验时有条不紊、耐心细致地操作,再加仔细观察,善于分析,是做好定性分析实验的必要条件。而沉淀是否完全,分离是否彻底,鉴定反应条件是否严格控制,则是实验成败的关键。

定性分析实验中,要注意以下问题:

(1) 阳离子混合试液的用量每次为 0.5~1 mL。试液取多了,试剂用量大,又不易沉淀完全,还会造成小试管容纳不下。

(2) 调节酸度或沉淀时,一定要将溶液混合均匀。

(3) 沉淀要完全,除了沉淀剂的量要取够外,还要针对沉淀对象,控制沉淀条件。一是严格控制沉淀时的 pH,使该沉淀的全部沉淀下来,不该沉淀的留在溶液中;二是在加热条件下进行沉淀以避免胶体的形成。如发现上层溶液混浊,与沉淀分离不清,可在沸水浴上加热 5 min 以上,使胶体凝聚而沉降。

(4) 分离要彻底。要做到这一点,需做好两个操作:沉淀与溶液的分离和沉淀的洗涤。分离后的离心液要透明,如混浊,则需重新离心分离。

(5) 硫代乙酰胺(TAA)的用量应适当过量,使水解后溶液中有足够的硫化氢(或硫化铵)。沉淀作用应在沸水浴中进行,并加热适当长的时间,以促进硫代乙酰胺的水解,保证硫化物沉淀完全。

(6) 在第Ⅲ组阳离子沉淀以后,溶液中尚留有相当量的 TAA,为了避免它氧化为 SO_4^{2-},使第Ⅳ组阳离子过早沉淀,应立即进行Ⅳ组阳离子的分析。

(7) 做阳离子检出练习时,应取出几滴溶液,控制好反应条件(如酸度)后进行。并同时进行对照试验,以检验反应条件是否控制正确。

做完性质或定性分析实验后,请记住将实验结果与记录一起展示给指导教师。

在第二篇无机物制备、提纯的基础上,本篇的无机物制备实验将进一步介绍制备实验的知识和技术。

金属矿石常以金属氧化物、硫化物、卤化物、含氧酸盐等形式存在,一般采用精选过的矿石为原料。矿石的分解常用酸或碱分解,即矿石经酸溶或碱熔,再经浸取、除杂、氧化或还原、灼烧等处理,才能得到所需的化合物或单质。这里安排了三个以天然矿石为原料的制备实验,分别以氧化物矿——软锰矿($MnO_2 \cdot xH_2O$)和铬铁矿($FeO \cdot Cr_2O_3$)、含氧酸盐矿——钛铁矿($FeTiO_3$)为原料制备含氧酸盐、金属和氧化物,均模拟工业生产的工艺流程。

由软锰矿制备高锰酸钾的第一步是矿石的碱法分解——碱熔法,在矿石与强碱氢氧化钾共熔的同时通入空气,由空气中的氧使二氧化锰氧化成锰酸钾。实验室制备时,则在碱熔时加入氧化剂氯酸钾。第二步是用电解法把锰酸钾氧化成高锰酸钾,此法的优点是锰酸钾的利用率高:

$$2K_2MnO_4+2H_2O \xlongequal{\text{电解}} 2KMnO_4+2KOH+H_2\uparrow$$

如用酸酸化:

$$3K_2MnO_4+4HAc \xlongequal{} 2KMnO_4+MnO_2\downarrow+4KAc+2H_2O$$

$$3K_2MnO_4+2CO_2 \xlongequal{} 2KMnO_4+MnO_2\downarrow+2K_2CO_3$$

只有 2/3 的锰酸钾转变成产物,1/3 则又回到了二氧化锰。

由铬铁矿制备金属铬的实验,是在氧气存在下先将矿石和无水碳酸钠、白云石粉一起在电炉中高温焙烧,即碱熔分解,得到的焙烧物称炉料。

用水浸取炉料得铬酸钠溶液，再用硫化钠还原成氢氧化铬，经煅烧得三氧化二铬，用铝热法还原成金属铬。

由钛铁矿制备二氧化钛的方法是先将矿石经酸溶分解后得硫酸钛，用水浸取、除杂、水解得 β-钛酸，将 β-钛酸灼烧就得到产物二氧化钛。考虑到钛铁矿中含有少量重金属，要使它们变成硫化物而除去，由于量少，易形成胶体而使过滤困难，故在酸溶时，加入少量三氧化二锑，使它生成硫酸锑(Ⅲ)，在浸取除杂时，与硫化钠形成三硫化二锑沉淀，此沉淀能吸附少量重金属的硫化物，形成共沉淀，使过滤操作易于进行。

氮在常温下是不活泼的气体，但在高温时，可与镁生成氮化镁，因此高温反应是制取无机物的一种重要方法。有些物质对空气敏感，则需在惰性气氛中进行合成，常用的惰性气氛是氮气或氩气。由于高温时，镁与氧、水亦反应，而且产品氮化镁遇水不稳定，因此氮化镁的合成要求无氧、无水，先通氮气将空气赶尽再加热。干燥、纯净的氮气是该实验成功的关键，这时的氮气既是反应物，又是保护气。二价铬在溶液中不稳定，易被空气中的氧氧化，难溶的醋酸亚铬虽是最稳定的铬(Ⅱ)盐，但在潮湿状态下同样不稳定，它的制备要避免与空气接触。实验中利用还原剂锌与介质盐酸反应生成的氢气作保护气，设计了一个简易无氧操作装置制备醋酸亚铬，并利用洗涤剂覆盖潮湿盐，避免了未干燥盐的氧化。

19 主族元素

19.1 碱金属、碱土金属

（4~6 学时）

预习

1. 碱金属盐以易溶为特征，仅有少数盐是微溶；而许多碱土金属盐以微溶、难溶为特征。查出实验所需微溶、难溶盐的溶解度，并注意碱金属盐、碱土金属盐在溶解度上的差异，这些差异正是定性分析中分离与鉴定这些离子的理论基础。

2. 焰色反应、鉴定反应的条件、灵敏度与选择性、系统分析和分别分析、组试剂、空白试验与对照试验等基本概念。

3. 查出 Na^+、Mg^{2+}、Ca^{2+}、Ba^{2+}的鉴定方法和条件。

4. 小试管的水浴加热，检验沉淀完全的方法，离心分离，少量沉淀的洗涤。

思考题

1. 从碳酸锂溶解度与温度的关系得出它的制备条件。

2. 制备微溶、难溶盐时，常因溶液呈过饱和状态而不立即析出沉淀，如何破坏过饱和溶液的介稳状态？

3. 试验沉淀的性质时，常常离心分离后取少量沉淀进行，为什么？

4. 哪些离子可用焰色反应鉴定，为什么？每次焰色反应时，镍铬丝为什么必须处理干净？鉴定液中加盐酸（1∶1）的目的是什么？

实验

1. 碱土金属氢氧化物的性质

各取 5 滴盐溶液进行下列试验：

	0.5 $mol\cdot L^{-1}$ $MgCl_2$ 溶液	0.5 $mol\cdot L^{-1}$ $CaCl_2$ 溶液	0.5 $mol\cdot L^{-1}$ $BaCl_2$ 溶液
2 $mol\cdot L^{-1}$ NaOH 溶液（放置后观察）			
2 $mol\cdot L^{-1}$氨水			

由实验结果说明碱土金属氢氧化物溶解度递变次序。

2. 锂、钠、钾微溶盐的生成

(1) 微溶锂盐的生成　在 5 滴 1 mol · L^{-1} LiCl 溶液中,滴加 1 mol · L^{-1} NaF 溶液,观察产物的颜色和状态。

用 1 mol · L^{-1} Na_2CO_3 溶液、0.2 mol · L^{-1} Na_2HPO_4 溶液代替 NaF 重复试验,制取 Li_2CO_3、Li_3PO_4。

提示:Li_3PO_4 沉淀易从沸腾的稀溶液中获得。

(2) 微溶钠盐的生成　在 5 滴 1 mol · L^{-1} NaCl 溶液中,滴加饱和六羟合锑(Ⅴ)酸钾溶液,观察产物的颜色和状态。

(3) 微溶钾盐的生成　等体积混合 1 mol · L^{-1} KCl 溶液和饱和酒石酸氢钠($NaHC_4H_4O_6$)溶液,观察产物的颜色和状态。

3. 碱土金属难溶盐的生成和性质

(1) 硫酸盐的溶解度比较　各取 3 滴溶液进行下列试验:

	0.5 mol · L^{-1} $MgCl_2$ 溶液	0.5 mol · L^{-1} $CaCl_2$ 溶液	0.5 mol · L^{-1} $BaCl_2$ 溶液
0.5 mol · L^{-1} Na_2SO_4 溶液			

观察产物的颜色和状态。如有沉淀生成,离心分离后,分别取少量沉淀,试验与浓盐酸的作用。由实验结果比较 $MgSO_4$、$CaSO_4$、$BaSO_4$ 溶解度的大小。

(2) 碳酸盐的生成与溶解

① 分别取 0.5 mol · L^{-1} $MgCl_2$ 溶液、0.5 mol · L^{-1} $CaCl_2$ 溶液、0.5 mol · L^{-1} $BaCl_2$ 溶液各 2 滴,在 $MgCl_2$ 溶液中滴加 1 mol · L^{-1} $NaHCO_3$ 溶液,在其余溶液中滴加 1 mol · L^{-1} Na_2CO_3 溶液,边加边振荡,观察现象。如有沉淀生成,离心分离后试验沉淀与 2 mol · L^{-1} HAc 溶液的作用。

② 取 1 滴 0.5 mol · L^{-1} $MgCl_2$ 溶液,加 2 滴 NH_4Cl 溶液,加 6 mol · L^{-1} 氨水至溶液呈碱性,滴加 2 mol · L^{-1} $(NH_4)_2CO_3$ 溶液,333 K 水浴加热,观察现象。

分别用 0.5 mol · L^{-1} $CaCl_2$ 溶液、0.5 mol · L^{-1} $BaCl_2$ 溶液代替 $MgCl_2$,进行实验。

比较①、②的实验结果,说明它们的差异,以及引起差异的原因。从实验结果得出分离 Mg^{2+} 与 Ca^{2+}、Ba^{2+} 的实验条件(如控制溶液的 pH、温度等）。

(3) 钙或钡的铬酸盐、草酸盐的生成和性质　各取少量溶液进行下列试验：

	0.5 $mol \cdot L^{-1}$ $MgCl_2$ 溶液	0.5 $mol \cdot L^{-1}$ $CaCl_2$ 溶液	0.5 $mol \cdot L^{-1}$ $BaCl_2$ 溶液
0.5 $mol \cdot L^{-1}$ K_2CrO_4 溶液			
饱和$(NH_4)_2C_2O_4$ 溶液			

观察实验结果。如有沉淀生成，离心分离，各取少量沉淀，分别与 2 $mol \cdot L^{-1}$ HAc 溶液、2 $mol \cdot L^{-1}$ HCl 溶液作用。

由实验结果说明在强酸性介质中，能否得到 $BaCrO_4$、CaC_2O_4 沉淀，为什么？在 Ca^{2+}、Ba^{2+}共存时，能否用 $C_2O_4^{2-}$ 来鉴定 Ca^{2+}？

4. 焰色反应

取镶有镍铬丝的玻璃棒一根，按下法清洁：浸镍铬丝于纯的 6 $mol \cdot L^{-1}$ HCl 溶液中（放在滴板的凹槽内），在氧化焰中灼烧片刻，再浸入酸中，再灼烧，如此重复数次，直到火焰不再呈现任何其他颜色。

用洁净的镍铬丝蘸取 Li^+ 试液［预先放在滴板凹槽内，并加 1 滴 HCl (1∶1)溶液］，灼烧，观察火焰的颜色。

同法观察钠、钾（通过钴玻璃观察）、钙、锶、钡盐溶液的焰色。

5. Na^+、Mg^{2+}、Ca^{2+}、Ba^{2+}混合液的分析

(1) 分析简表①

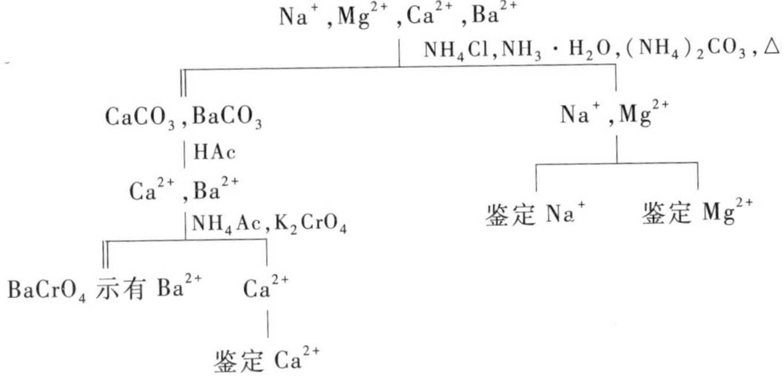

① ‖表示沉淀，|表示溶液。

(2) 分析步骤　取 Na^+、Mg^{2+}、Ca^{2+}、Ba^{2+}试液各 3 滴,混合均匀。

① 在试液中加 4 滴 2 $mol \cdot L^{-1}$ NH_4Cl 溶液,加 6 $mol \cdot L^{-1}$氨水至溶液呈碱性。加热,在搅拌下滴加 2 $mol \cdot L^{-1}$ $(NH_4)_2CO_3$ 溶液至沉淀完全,离心沉降,移清液于另一试管。

② 沉淀用热纯水洗涤 1 次,弃去洗涤液。加 6 $mol \cdot L^{-1}$ HAc 溶液使沉淀溶解,加入 2 滴 3 $mol \cdot L^{-1}$ NH_4Ac 溶液,逐滴加入0.1 $mol \cdot L^{-1}$ K_2CrO_4 溶液至出现橙色为止,产生黄色沉淀示有 Ba^{2+}。离心沉降。

③ 取步骤②的清液鉴定 Ca^{2+}。

④ 取步骤①的清液鉴定 Mg^{2+}。

⑤ 取步骤①的清液鉴定 Na^+。

扩展实验

——硬水的软化

预习

硬水的种类与软化的方法;离子交换树脂的种类与作用,树脂的预处理、装柱、转型与再生的方法。

实验

取碱式滴定管一支,卸去乳胶管内的玻璃珠,在底部先垫上玻璃丝少许,再加小玻璃珠若干,然后装入准备好的阳离子交换树脂至管的零刻度附近,固定于滴定管架上。

取硬水 10 mL,慢慢倾入阳离子交换柱内,用烧杯盛接交换后的水。检验水是否有硬度,解释实验结果。

——六硝基合钴(Ⅲ)酸钠的制备

预习

查以硝酸钴(Ⅱ)、亚硝酸钠为原料,制备六硝基合钴(Ⅲ)酸钠的氧化剂。写出制备反应的方程式,计算理论产量。

实验

在烧杯内加入 7.5 mL 纯水,加热,加入 2.5 g $Co(NO_3)_2 \cdot 6H_2O$、7.5 g $NaNO_2$,冷却至温热,边搅拌、边缓慢地加入 2.5 mL 50% HAc 溶液,冷却。

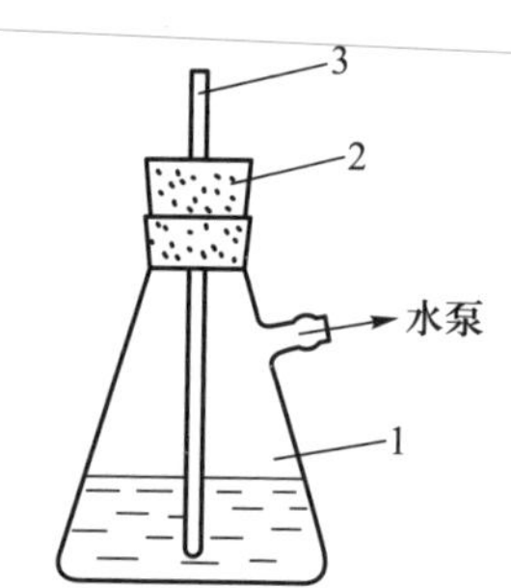

图 5-19-1　空气氧化装置
1—滤瓶;2—橡胶塞;
3—玻璃管

按图 5-19-1 装配仪器,把溶液转移到滤瓶内,把支管接到水泵上,让空气通过溶液 20 min,过滤,弃去残余物。加 15 mL 95%乙醇到滤液中,放置 40 min。过滤,用乙醇、丙酮洗涤，抽干，称量。

配制 1~2 mL 饱和 $Na_3[Co(NO_2)_6]$溶液，试验：

(1) 配合物对酸的稳定性；

(2) 配合物对碱的稳定性；

(3) 配合物与 K^+、NH_4^+ 的反应，如有产物生成，在沸水浴上试验产物对热的稳定性。

根据实验结果回答：

(1) 用 $Na_3[Co(NO_2)_6]$鉴定 K^+的反应条件。

(2) 现有一 K^+、NH_4^+ 的混合液，如何鉴定 K^+？请你用实验来回答设计方案的可行程度。

问题

1. 解释碱土金属氢氧化物和碳酸盐溶解度大小的递变次序。
2. 碳酸铵组的沉淀条件之一是加热，说明其原因及合适的温度。
3. 由实验总结缓冲溶液在分离中的作用。

19.2 卤　　素

(8 学时)

预习

1. 安全知识：卤素单质都具有毒性，毒性随卤素相对原子质量的增大而降低，但液溴造成的伤害比氯大，使用时应注意。
2. 单质的状态及颜色。
3. 实验室制备氯气的方法；检验氯气、碘的方法。
4. 卤素、含氧酸及其盐以氧化性为特征，氧化还原能力可用电极电势定量表示。复习电极电势的概念及其影响因素。
5. 沉淀平衡及其影响因素。
6. Cl^-、Br^-、I^-混合液的初步检验条件，Ag^+、Pb^{2+}、PO_4^{3-} 的鉴定方法。

思考题

1. 根据热力学数据计算，在溶液中由 $Ag^+(aq)$、$Ca^{2+}(aq)$、$X^-(aq)$生成 $AgX(s)$、$CaX_2(s)$的 $\Delta_r G_m^\ominus$，说明哪些反应能自发进行，并与实验结果比较。
2. 试用电极电势预言在 Br^-、I^-的混合溶液中，加四氯化碳，滴加氯水，有机相中先出现何种物质的颜色。
3. 求溶解氯化银沉淀所需氨水的最低浓度。设平衡时$[Ag(NH_3)_2]^+$浓度为 $0.1\ mol \cdot L^{-1}$。

实验

1. 单质

(1) 卤素的溶解性　观察氯水、溴水、碘水的颜色。分别取适量卤水(如卤水浓度大,可适当加水稀释),滴加 CCl_4,充分振荡。静置分层后观察卤素在有机层中的颜色,并与卤水的颜色作比较。

由实验结果说明卤素在何种溶剂中溶解度大,碘在两类溶剂中颜色不同的原因。

(2) 卤素的氧化性

① 氯、溴的氧化性:以 0.1 $mol\cdot L^{-1}$ KBr 溶液、0.1 $mol\cdot L^{-1}$ KI 溶液、CCl_4、氯水、溴水为原料,设计实验试验卤素氧化性的大小。

② 碘与活泼金属的作用(通风橱内进行):取少量研细的碘与铝粉(或镁粉、锌粉)混合均匀,加入 2 滴水,观察现象。

(3) 卤素的歧化反应　在溴水中滴加 2 $mol\cdot L^{-1}$ NaOH 溶液,有什么现象?再加入数滴 2 $mol\cdot L^{-1}$ HCl 溶液,又有什么现象?

用碘水代替溴水进行试验。

为什么加试剂的次序是 NaOH 溶液加到溴水中,而不是反之?

2. 卤化物

(1) 卤化物的溶解度

① 在 0.1 $mol\cdot L^{-1}$ NaF、0.1 $mol\cdot L^{-1}$ NaCl、0.1 $mol\cdot L^{-1}$ KBr、0.1 $mol\cdot L^{-1}$ KI 四种溶液中,分别滴加 0.1 $mol\cdot L^{-1}$ $Ca(NO_3)_2$ 溶液,观察现象。

② 用 0.1 $mol\cdot L^{-1}$ $AgNO_3$ 溶液代替 $Ca(NO_3)_2$ 溶液进行试验。从试验现象说明何者难溶于水,沉淀的颜色是什么?将有沉淀的混合物离心分离,在 AgX 沉淀中滴加相同滴数的浓氨水,边滴加边振荡,观察沉淀溶解的难易。

用 0.5 $mol\cdot L^{-1}$ $Na_2S_2O_3$ 代替浓氨水,试验 AgX 沉淀溶解的难易。

由试验结果说明卤化银溶解度的大小。如用浓氨水分离 AgCl 与 AgBr 沉淀,能达到分离的目的吗?结合思考题 3,试设计分离方法。

(2) Ag^+、Hg_2^{2+}、Pb^{2+}的氯化物　可由 0.1 $mol\cdot L^{-1}$ $AgNO_3$、0.1 $mol\cdot L^{-1}$ $Hg_2(NO_3)_2$、0.1 $mol\cdot L^{-1}$ $Pb(NO_3)_2$ 和 0.5 $mol\cdot L^{-1}$ NaCl 四种溶液分别制取 Ag^+、Hg_2^{2+}、Pb^{2+}的氯化物,取少量沉淀分别进行下列试验:

	AgCl	Hg_2Cl_2	$PbCl_2$
浓盐酸			
氨水			
热水			

由试验结果得出它们的沉淀条件与分离方法。

(3) 非金属卤化物的水解

① 取少量 PCl_5 固体于试管中,加 1 mL 水,振荡,观察现象。试验溶液的酸碱性,检查反应产物。

② 在盛水的试管中加入 $SiCl_4$ 液体少许,观察。实验后即把试管洗净。

(4) 多卤化物 试验碘在水、KI 溶液中的溶解情况,观察溶液的颜色,并用实验检验溶液中是否有碘存在。

3. 次氯酸钠和氯酸钾的制备(通风橱中进行)

按图 5-19-2 装置仪器,在锥形瓶内放约 3 g MnO_2 粉末,安全漏斗伸入试管底部。在管 6 中放 4 mL 6 mol · L^{-1} KOH 溶液(放热水浴中),管 7 中放4 mL 2 mol · L^{-1} NaOH 溶液(放冰水浴中)。检查装置不漏气后,由漏斗加入 15 mL 9 mol · L^{-1} HCl 溶液,缓慢加热,控制氯气均匀发生。热水浴温度控制在 323~328 K,当管 6 溶液由无色慢慢变成黄色,再由黄色突然变成无色时,继续通氯气至溶液呈极淡的黄色,停止加热。打开废气控制夹 4,关控制夹 3。

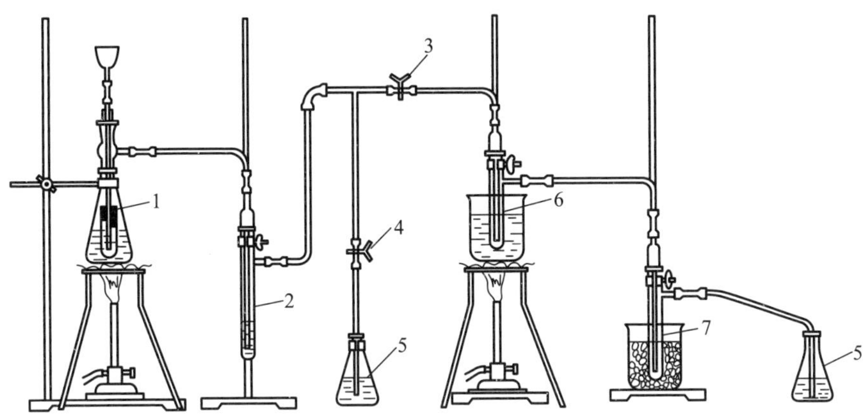

图 5-19-2 次氯酸钠、氯酸钾的制备装置

1—切口橡胶塞;2—洗气瓶(有支管的试管);3—控制夹(开);
4—废气控制夹(关);5—废气、尾气吸收器;6、7—有支管的试管;

将管 6 拆下,用自来水或冰水冷却至晶体不再增加时过滤,用极少量的纯水洗涤晶体,水浴烘干。检验母液中有无 Cl^- 存在。

管 6、管 7 中各发生了什么反应,产物是什么?

保留晶体与管 7 溶液做下面实验用。

待氯气不再发生时拆除氯气发生器,将剩余物用水稀释后倒入盛有消石灰的缸中,洗净仪器。

4. 含氧酸盐的氧化性

(1) 取 1 mL 管 7 溶液,用 6 $mol \cdot L^{-1}$ H_2SO_4 溶液中和至近中性后,分别进行下列实验:

① 加入 0.2 $mol \cdot L^{-1}$ $MnSO_4$ 溶液(可适当稀释)。

② 加入 0.1 $mol \cdot L^{-1}$ KI 溶液。

(2) 分别取制得的晶体与下列物质反应:

① 浓盐酸,检验气体产物。

② 在中性(H_2O)及酸性(2 $mol \cdot L^{-1}$ H_2SO_4 溶液)介质中,加0.1 $mol \cdot L^{-1}$ KI 溶液,检验产物。

③ I_2(米粒大的晶体,加适量水),数滴浓硫酸,微热,检验放出的气体。

由实验结果说明卤素含氧酸盐的性质。

5. Cl^-、Br^-、I^-混合液的分离、鉴定

(1) 写出分析简表。

(2) 分析步骤

① 取 2~3 滴 Cl^-、Br^-、I^-混合液,加 1 滴 6 $mol \cdot L^{-1}$ HNO_3 溶液酸化,滴加 0.1 $mol \cdot L^{-1}$ $AgNO_3$ 溶液至沉淀完全,加热 2 min,离心分离,弃去溶液。

② 在沉淀中加入 5~10 滴 2 $mol \cdot L^{-1}$ $NH_3 \cdot H_2O$ 溶液,剧烈搅拌并温热 1 min,离心沉降,移清液于另一试管。

③ 溶液以 6 $mol \cdot L^{-1}$ HNO_3 溶液酸化,白色沉淀复又出现,证实 Cl^- 存在。

④ 沉淀中加入 5~8 滴 1 $mol \cdot L^{-1}$ H_2SO_4 溶液及少许锌粉,充分搅拌,加热至沉淀颗粒都变为黑色,离心分离。

⑤ 取步骤④的离心液 3 滴,加入 8 滴 CCl_4,逐滴加入氯水,有机层显紫色,表示有 I^-。

继续加氯水,有机层紫色褪去呈红褐色;如氯水过量,则呈黄色(BrCl),表示有 Br^-。

扩展实验

——未知物鉴定

向教师领取未知试样一份,内含卤化物的一种或两种,或含 Ag^+、Pb^{2+} 的硝酸盐的一种或两种,写出鉴定方案。

实验后,将实验现象展示给教师,并告知你的结论。

问题

1. 综述所试卤素、卤化物的性质,卤素含氧酸盐氧化能力与介质的关系。

2. 如何配制 0.1 $mol \cdot L^{-1}$碘水？

3. 当你打开 PCl_5 试剂瓶时，看到什么现象？这类试剂应如何保存？

4. 单质氯能置换碘化钾中的碘，碘又能置换氯酸钾中的氯，这两者矛盾否？说明原因。

5. 淀粉-碘化钾试纸遇高浓度氯气，或较长时间与氯气接触，会观察到什么现象？原因何在？

19.3 硫的化合物

（6~8 学时）

预习

1. 安全知识：硫化氢气体极毒，吸入微量即发生头痛、眩晕等症状；可溶性 Hg^{2+} 盐亦有毒，使用时应注意。

2. 硫代乙酰胺的性质，在实验室的用途。

3. 硫化氢气体的检验方法，王水的制法。

4. 查出难溶金属硫化物的 K_{sp} 值。

5. 查 Cu^{2+}、Hg^{2+}、Sn(Ⅳ)的鉴定方法与条件。

思考题

1. 实验室常用的浓酸（盐酸、硝酸、硫酸）、浓氨水的浓度是多少？常用的稀酸、稀碱的浓度是多少？一般情况下，溶液的酸化用何种酸？为什么？

2. 本实验 7 中，得到的硫化铜、硫化汞沉淀，需用纯水洗 2 次后，才能加硝酸加热，将两者分离，说明水洗的目的。

3. Cu^{2+} 的证实试验中，加醋酸钠的目的是什么？

4. 硫化汞溶于盐酸、碘化钾溶液后，为什么要除去硫化氢后才能加试剂？鉴定时，如亚硫酸钠失效，碘不能除去会出现什么现象？如何消除？

实验

1. 硫化氢的性质

（1）取 10 滴 5%硫代乙酰胺（简称 TAA）溶液，用稀硫酸酸化，水浴加热，此时有气体放出，观察气体的颜色，小心嗅其气味，并检验气体。

（2）在稀硫酸酸化的 0.1 $mol \cdot L^{-1}$ $K_2Cr_2O_7$ 溶液中，加数滴 TAA，水浴加热，离心沉降，观察现象。

用 0.1 $mol \cdot L^{-1}$ $KMnO_4$ 溶液代替 $K_2Cr_2O_7$ 进行实验。

由实验结果说明硫化氢的性质。

2. 难溶金属硫化物的生成和溶解

（1）用 0.2 $mol \cdot L^{-1}$ $ZnSO_4$ 溶液、$(NH_4)_2S$ 溶液制备 ZnS　分别用

0.2 mol · L^{-1} $CdSO_4$ 溶液、0.2 mol · L^{-1} $CuSO_4$ 溶液、0.1 mol · L^{-1} $Hg(NO_3)_2$溶液、0.1 mol · L^{-1} $SbCl_3$ 溶液和 TAA,水浴加热 5 min 以上,制取少量硫化物。注意各种硫化物的颜色。

(2) 取少量硫化物沉淀进行下列试验

① 在 ZnS 沉淀中滴加 1 mol · L^{-1} HCl 溶液,观察现象。再加入 2 mol · L^{-1} 氨水中和 HCl 溶液,有什么现象?

② CdS 沉淀在 6 mol · L^{-1} HCl 溶液中。

③ CuS 沉淀在热的 6 mol · L^{-1} HNO_3 溶液中。

④ HgS 沉淀在热的王水(自制)中。

⑤ Sb_2S_3 沉淀在$(NH_4)_2S$ 溶液中。保存余下的 Sb_2S_3 沉淀做实验 3。

3. 多硫化物

在 1 mL 0.5 mol · L^{-1} Na_2S 溶液中加少许硫粉,水浴加热,观察硫是否溶解,溶液呈何色?

分别进行下列试验:

(1) 取少量 Na_2S_x 溶液,滴加稀盐酸使溶液呈酸性。

(2) 取少量自制的 Sb_2S_3 沉淀,滴加 Na_2S_x 溶液,水浴加热。

由实验结果说明多硫化物的性质。

4. 亚硫酸及其盐的性质

(1) 取 5 滴 TAA 溶液,加稀硫酸酸化,水浴加热,滴加 0.1 mol · L^{-1} Na_2SO_3 溶液,观察现象。由实验结果说明 Na_2SO_3 的作用。

(2) 试验在酸性介质中 $KMnO_4$ 与 Na_2SO_3 的反应,说明 Na_2SO_3 的作用。

在所试验的性质中,亚硫酸及其盐以何种性质为主?

5. 硫代硫酸钠的制备与性质

(1) 制备　在烧杯中加入 2 g 研细的硫粉、6 g Na_2SO_3固体、30 mL 水,加热至沸后再微沸 30 min,同时不断搅拌,并保持溶液体积为 20 mL 左右。随着反应的进行,硫粉从悬浮状态进入溶液。趁热过滤,弃去残渣。将滤液转移到小烧杯中,蒸发至溶液稍混,冷却,观察析出晶体的颜色和形状。如无晶体析出可加入晶种。过滤,用滤纸吸干晶体,称量。

(2) 性质　取制备的晶体配制 5 mL 0.2 mol · L^{-1} $Na_2S_2O_3$ 溶液,进行下列试验:

① 取少量溶液,用稀酸酸化。

② 取 0.5 mL 碘水,滴加 $Na_2S_2O_3$ 溶液。

③ 取 0.5 mL $Na_2S_2O_3$ 溶液,加 2 滴 2 mol · L^{-1} NaOH 溶液,滴加氯水。检验产物中有无 SO_4^{2-} 存在。

④ 在 4 滴 0.1 mol · L^{-1} $AgNO_3$ 溶液中，加 1～2 滴 $Na_2S_2O_3$ 溶液，观察。放置再观察。

另取 2 滴 $AgNO_3$ 溶液，连续滴加 $Na_2S_2O_3$，又有何现象？

总结硫代硫酸及其盐的性质。

6. 过二硫酸盐的氧化性

（1）在酸性介质中，试验 0.1mol · L^{-1} KI 溶液与 $Na_2S_2O_8$ 固体的作用。

（2）取 1 mL 1 mol · L^{-1} H_2SO_4 溶液、1 mL 纯水、1 滴 0.002 mol · L^{-1} $MnSO_4$ 溶液，混合均匀后，装在两支小试管中。

① 在一试管中，加 1 滴 0.1 mol · L^{-1} $AgNO_3$ 溶液及少许 $Na_2S_2O_8$ 固体。

② 在另一试管中，只加 $Na_2S_2O_8$ 固体。

水浴加热，观察现象并进行比较，说明 Ag^+ 的作用及过二硫酸盐的性质。

7. Cu^{2+}、Hg^{2+}、Sn(IV)混合溶液的分析

（1）写出分析简表。

（2）空白试验、对照试验　按 Cu^{2+}（附录十九中 Cu^{2+} 的鉴定方法 1）、Sn(IV)的鉴定方法做 Cu^{2+}、Sn(IV)的对照试验。按附录十九中 Hg^{2+} 的鉴定方法 1 进行空白试验、对照试验，比较试验结果，从而确定出现何种实验现象才能确证 Hg^{2+} 的存在。

（3）分析步骤

① 取 4 滴 Sn(IV)试液、6 滴浓盐酸、2 滴 Hg^{2+} 试液、2 滴 Cu^{2+} 试液，混合均匀。加 4 滴 5% TAA，加热 5 min，待硫化物下沉后，离心分离。在溶液中再加 1 滴 TAA，加热，检验沉淀完全与否。沉淀完全后，离心分离。溶液按步骤⑤处理。用 6 mol · L^{-1} HCl 溶液洗涤沉淀 1～2 次（每次用 2～3 滴），弃去洗液。

② CuS、HgS 的分离：沉淀用水洗 2 次后加 6 滴 6 mol · L^{-1} HNO_3 溶液，加热 3 min，离心分离。

③ Cu^{2+} 的鉴定：取步骤②的溶液，如是蓝色示有 Cu^{2+}，做 Cu^{2+} 的证实试验。

取 2 滴溶液放在滴板上，加入 3 滴 3 mol · L^{-1} NaAc 溶液、2 滴 $K_4[Fe(CN)_6]$ 溶液，生成红棕色沉淀证实 Cu^{2+} 存在。

④ Hg^{2+} 的鉴定：取步骤②的沉淀用水洗 2 次后，加 6 滴 1 mol · L^{-1} KI 溶液、6 滴 6 mol · L^{-1} HCl 溶液，充分搅动使沉淀溶解。若不溶解，可以在沉淀上再加 KI、HCl，反复两次。加热，除去 H_2S，在溶液中加 2 滴 KI－Na_2SO_3 溶液，2～3 滴 Cu^{2+}，生成橘黄色沉淀，示有 Hg^{2+}。

⑤ Sn(Ⅳ)的鉴定：取步骤①的溶液，加 2~3 片镁片，不断搅拌，待反应完全后，加 2 滴 6 $mol \cdot L^{-1}$ HCl 溶液。取出 2 滴溶液，加 1 滴 0.2 $mol \cdot L^{-1}$ $HgCl_2$ 溶液，生成白色沉淀，示有 Sn(Ⅳ)。

将鉴定 Cu^{2+}、Hg^{2+}、Sn(Ⅳ)的试验现象与对照试验的现象比较，如有差别，找出原因。

扩展实验

——未知物鉴定

思考题

1. 完成下表：

S^{2-}、SO_3^{2-}、$S_2O_3^{2-}$、SO_4^{2-}、$S_2O_8^{2-}$ 的基本分析反应

	S^{2-}	SO_3^{2-}	$S_2O_3^{2-}$	SO_4^{2-}	$S_2O_8^{2-}$
稀硫酸					
$BaCl_2$					
$AgNO_3$					
氧化剂(酸性 $KMnO_4$)					

2. 在酸性溶液中，上表内的哪些离子不能共存？

3. 为什么在鉴定 SO_3^{2-}、$S_2O_3^{2-}$ 前必须除去 S^{2-}？如何除去？

实验

向教师领取未知试样一份，内含 S、Na_2S、Na_2SO_3、$Na_2S_2O_3$、Na_2SO_4、$Na_2S_2O_8$ 固体中的一种或两种，写出鉴定方案。

实验后，将实验现象展示给教师，并告知你的结论。

问题

1. 根据实验 2 的结果、难溶硫化物的 K_{sp} 及各类平衡之间的关系，总结难溶硫化物的溶解方法及其和溶解度之间的关系。

2. 沉淀 Zn^{2+} 时，用 $(NH_4)_2S$ 作沉淀剂的目的是什么？

3. 根据 Ag^+ 与适量、过量 $S_2O_3^{2-}$ 反应的实验结果，进一步讨论反应条件对化学反应（产物、方向、速率等）的影响。请你自我评估对反应条件控制的重视程度。

4. 回答下列问题：

(1) 硫化铵溶液久置变黄的原因。

(2) 亚硫酸钠久置失去还原性的原因。

19.4 氮 族

（6~8 学时）

预习

1. 安全知识：除 N_2O 外所有氮的氧化物均有毒，毒性以 NO_2 为最大，且中毒后尚无特效药治疗，有关实验在通风橱中进行。砷、锑、铋及其化合物均有毒，使用时请注意。

2. 氢氧化物 $R(OH)_n$ 的酸碱性与"中心离子"R^{n+} 的离子势的关系。

3. 焦磷酸盐、偏磷酸盐、聚磷酸盐的结构。

4. NH_4^+ 的鉴定方法。

5. 试管内加热固体的操作要领，坩埚的使用。

思考题

1. 根据解离平衡、沉淀平衡的原理，推断磷酸银应在何种介质中才能沉淀完全，如在强碱性溶液中能否得到磷酸银沉淀？

2. 用磷钼酸铵法、镁铵试剂法能否区分 PO_4^{3-}、$P_2O_7^{4-}$、PO_3^-？

实验

1. 铵盐的热分解

（1）在干燥大试管内放入少量 NH_4Cl 固体，加热试管底部，用潮湿的石蕊试纸检验逸出的气体，观察试纸颜色的变化，继续加强热，试纸的颜色又呈何色？此时在试管上部冷的壁上观察到什么现象？

（2）取少量 NH_4NO_3 固体放在干燥大试管内，加热，观察现象。

（3）用少量 $(NH_4)_2SO_4$ 固体进行试验。

由实验结果总结铵盐热分解的类型。

2. 羟氨的还原性

滴加 5%硫酸羟氨溶液到酸化的 0.1 mol · L^{-1} $KMnO_4$ 溶液中，观察现象。

3. 亚硝酸及其盐

（1）亚硝酸盐的氧化还原性　分别试验 0.5 mol · L^{-1} $NaNO_2$ 溶液与酸化的 0.1 mol · L^{-1} $KMnO_4$ 溶液、0.1 mol · L^{-1} KI 溶液的反应。

（2）亚硝酸的分解　在 $NaNO_2$ 溶液中滴加稀硫酸，边振荡边观察现象。

由实验结果总结亚硝酸及其盐的性质。

4. 硝酸的氧化性

（1）浓硝酸与非金属反应　在少许硫粉中加浓硝酸，水浴加热。反应一段时间后用滴管取出几滴清液，检验有无 SO_4^{2-}。

（2）硝酸和锌、铜的反应 在通风橱中进行下列反应：

① 浓硝酸和锌、铜。

② 稀硝酸（1.5 $mol \cdot L^{-1}$）和锌、铜，如反应慢可加热。30 min 后，用气室法鉴定锌与稀硝酸的反应液中是否存在 NH_4^+。

5. PO_4^{3-}、$P_2O_7^{4-}$、PO_3^- 的区分

提供 0.2 $mol \cdot L^{-1}$ Na_2HPO_4、0.2 $mol \cdot L^{-1}$ $Na_4P_2O_7$、0.2 $mol \cdot L^{-1}$ $NaPO_3$、0.1 $mol \cdot L^{-1}$ $AgNO_3$、2 $mol \cdot L^{-1}$ HNO_3、2 $mol \cdot L^{-1}$ HAc、蛋白七种溶液，按下表进行实验：

	PO_4^{3-}	$P_2O_7^{4-}$	PO_3^-
滴加 $AgNO_3$ 溶液，观察。再加 HNO_3 溶液			
HAc 溶液酸化后加蛋白溶液（振荡）			

由实验结果说明三种离子的区分方法及反应进行的条件。

6. 磷酸的制备与磷酸根离子的鉴定

（1）少量 P_2O_5 溶于 1 mL 纯水中。

（2）少量 P_2O_5 溶于 2 mL 纯水中，加 2～3 滴稀硝酸，水浴加热 15～20 min。

检验两份溶液中磷酸根的存在形式。若分别在 5 min、10 min 后，取（2）的溶液进行检验，可观察反应的过程。

提示：注意鉴定反应的条件。当体系介质不合鉴定条件时，应用酸或碱进行调节，否则鉴定实验会失败。

根据实验结果说明 HNO_3 的作用。

7. 各种磷酸盐之间的转化

（1）在坩埚内放少许研细的 Na_2HPO_4，小火加热，待水分完全汽化逸出后，大火灼烧 15 min，冷却。检验产物中磷酸根的形式。

提示：用 Ag^+ 鉴定产物时，加 HAc 溶液可消除少量 PO_4^{3-} 对鉴定的干扰。

（2）灼烧少量 NH_4NaHPO_4 固体，冷却，观察产物状态。加 1～2 mL 水，加热溶解后取少量溶液检验产物。

8. 砷、锑、铋

（1）三价氢氧化物酸碱性的比较

① 用 0.2 $mol \cdot L^{-1}$ $AsCl_3$ 溶液、2 $mol \cdot L^{-1}$ NaOH 溶液制取 H_3AsO_3，并

试验其在 2 mol · L^{-1} HCl 溶液、2 mol · L^{-1} NaOH 溶液中的溶解性。保留两份溶液。

② 用 0.1 mol · L^{-1} $SbCl_3$ 溶液、0.1 mol · L^{-1} $BiCl_3$ 溶液代替 $AsCl_3$ 进行实验。保留 Na_3SbO_3 溶液。

由实验结果说明砷、锑、铋三价氢氧化物的酸碱性，并作比较。

(2) 氧化还原性

① 在保留的 $AsCl_3$、Na_3AsO_3 溶液（Na_3AsO_3 溶液需调至中性）内，分别加入碘酒少许，比较实验结果。

② 在 3 滴 0.1 mol · L^{-1} KI 溶液中，加浓盐酸、0.2mol · L^{-1} Na_3AsO_4 溶液少许，观察现象。若现象不明显，可加入少量 CCl_4。

③ 在 3 滴 0.1 mol · L^{-1} $AgNO_3$ 溶液中，滴加 2 mol · L^{-1}氨水至生成的沉淀溶解，加入自制的 Na_3SbO_3 溶液，略加振荡，微热，观察现象。

④ 取 0.2 mol · L^{-1} $SbCl_5$ 溶液、浓盐酸各 3 滴，加 0.1 mol · L^{-1} KI 溶液少许，振荡，观察现象。

⑤ 在用稀硝酸酸化的 0.002 mol · L^{-1} $MnSO_4$ 溶液中，加入少量 $NaBiO_3$ 固体，水浴加热，观察现象。

这是鉴定 Mn^{2+}的方法。

(3) 硫化物与硫代酸盐

① 制取 As_2S_3 沉淀，试验：

a. 沉淀与 0.5 mol · L^{-1} Na_2S 溶液的作用，再加稀盐酸酸化。

b. 沉淀与 Na_2S_x 溶液（自制）的作用，再加稀盐酸酸化。

观察现象，比较结果。

② 制取 Bi_2S_3，进行上述实验。

根据实验结果比较 As_2S_3、Sb_2S_3（见实验 19.3）、Bi_2S_3 的颜色、性质，说明硫代酸盐的稳定性。

扩展实验

——硝酸盐的氧化性

在坩埚中放 1~1.5 g $NaNO_3$ 固体、0.5 g 铅粒，慢慢加热，待盐熔化后，再强热 10 min，冷却后，用 5 mL 水浸取。

(1) 取少量浸取液，用稀硫酸酸化，有何现象？说明产物中有何种阴离子？

(2) 在坩埚内加少量稀盐酸酸化，搅拌。取少量清液，鉴定溶液中有无 Pb^{2+}？

根据实验结果，写出有关反应方程式。

问题

1. 总结

① 浓、稀硝酸与活泼金属、不活泼金属、非金属的反应情况。

② 三价砷、锑、铋的氢氧化物的酸碱性、不同价态化合物的氧化还原性的变化规律。

2. 铵盐的热分解温度较低，它的分解过程与一般含氧酸盐的热分解有什么不同？

3. 可以利用铵化合物的何种性质除去 NH_4^+？

4. 解释在高酸度下砷酸可以氧化 I^-，在低酸度下亚砷酸又可以还原碘的原因。

19.5 碳 族

(4~6 学时)

预习

1. 安全知识：一氧化碳、可溶性铅盐均有毒，使用时请注意。

2. 盐的热稳定性、盐的水解，介质对氧化还原能力的影响。

思考题

1. 如何试验不溶性氢氧化物，如氢氧化铅的酸碱性？

2. 为什么盛过水玻璃或硅酸钠的容器，实验后必须立即洗净？

3. 查出 Fe^{3+}、Mg^{2+}、Ba^{2+} 的氢氧化物、碳酸盐的 K_{sp}(298 K)。

① 由于 CO_3^{2-} 水解生成 HCO_3^{2-}、OH^-，当 Na_2CO_3 溶液与金属盐溶液反应时，可能生成正盐、碱式盐或氢氧化物。至于生成何物，则和金属碳酸盐、氢氧化物的溶解度有关。若碳酸盐溶解度小于相应的氢氧化物，则生成正盐；若两者的溶解度相近，则生成碱式盐；若氢氧化物的溶解度很小，则生成氢氧化物沉淀。

② 根据 K_{sp}(298 K)值，计算 Fe^{3+}、Mg^{2+}、Ba^{2+} 的氢氧化物，以及 Mg^{2+}、Ba^{2+} 碳酸盐的溶解度($mol \cdot L^{-1}$)。由溶解度的值，初步判断 Na_2CO_3 溶液分别与 Fe^{3+}、Mg^{2+}、Ba^{2+} 反应后的产物，以此作为实验 3 的参考。

实验

1. 一氧化碳的制备和性质(通风橱中进行)

(1) 制备 如图 5-19-3 装配仪器。在洗气瓶内装 2 $mol \cdot L^{-1}$ NaOH 溶液，烧瓶中注入 4 mL浓甲酸，由分液漏斗向烧瓶内滴入 5 mL 浓硫酸，加热，则有气体产生。

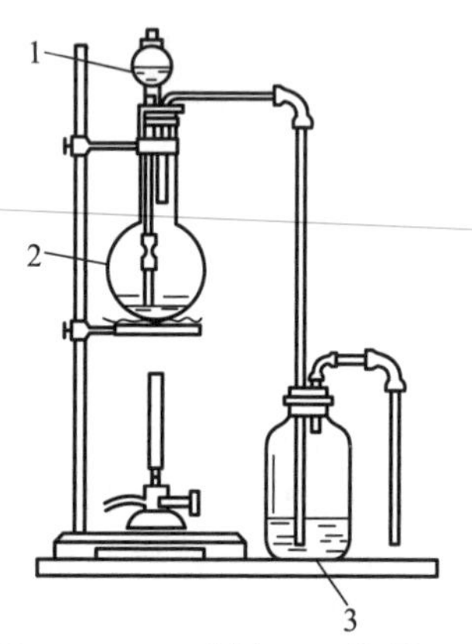

图 5-19-3 制备 CO 装置

1—分液漏斗；2—烧瓶；3—洗气瓶

(2) 性质

① 还原性:制备$[Ag(NH_3)_2]^+$溶液,将 CO 气体通入$[Ag(NH_3)_2]^+$溶液中,观察产物的颜色和状态。

② 可燃性:将导气管从$[Ag(NH_3)_2]^+$液中取出,点燃气体,观察火焰颜色。

2. 二氧化碳的性质

制取三瓶干燥的 CO_2(CO_2 要充满全瓶)。

(1) 点燃镁条,迅速放到充满 CO_2 的瓶里。

(2) 把点燃的红磷放到充满 CO_2 的瓶里。

(3) 把少量汽油放在蒸发皿里,点燃,从瓶里放 CO_2 到燃烧的汽油上。

由实验结果说明 CO_2 的性质。

3. 一些金属离子与碳酸盐的反应

分别试验 0.2 mol·L^{-1} $FeCl_3$ 溶液、0.1 mol·L^{-1} $MgCl_2$ 溶液、0.1 mol·L^{-1} $BaCl_2$ 溶液与 1 mol·L^{-1} Na_2CO_3 溶液的反应,检查沉淀中有无 CO_3^{2-},并与思考题 3 的答案作比较。

4. 碳酸盐的热稳定性

在大试管中放入 1 g $MgCO_3$ 固体,安装导气管,用铁夹将试管固定在铁架台上,并将导气管插入石灰水中。加热固体,观察现象。

继续试验 $Cu(OH)_2 \cdot CuCO_3$、Na_2CO_3、$NaHCO_3$ 的热稳定性,说明哪些固体易分解。

5. 硅酸及其盐

(1) 硅酸盐的水解　取一些 20% Na_2SiO_3 溶液,试验其酸碱性。在 Na_2SiO_3 溶液中滴加饱和 NH_4Cl 溶液,加热,观察现象,检验气体产物。

(2) 硅酸的酸性　在 Na_2SiO_3 溶液中通入 CO_2,并不断搅拌,观察现象。

比较 H_2SiO_3、H_2CO_3、NH_4Cl 的酸性。

(3) 微溶性硅酸盐的生成——“水中花园”　在烧杯中注入 2/3 体积的 20% 水玻璃,分别取一小粒 $CaCl_2$、$CuSO_4$、$Co(NO_3)_2$、$NiSO_4$、$MnSO_4$、$ZnSO_4$、$FeSO_4$、$FeCl_3$ 晶体投入杯中,记住它们的位置,0.5 h后,观察现象。

实验完毕立即洗净烧杯。

6. 锡、铅的化合物

(1) 二价锡、铅的氢氧化物的性质　可用 0.1 mol·L^{-1} $SnCl_2$ 溶液、0.1 mol·L^{-1} $Pb(NO_3)_2$ 溶液、2 mol·L^{-1} NaOH 溶液制备 $Sn(OH)_2$、

$Pb(OH)_2$,分别实验其酸碱性。保留 Na_2SnO_3 溶液。

(2) 锡(Ⅳ)酸的制备与性质

① 用 0.1 mol·L^{-1} $SnCl_4$ 溶液、2 mol·L^{-1}氨水制备 α-锡酸,并分别试验其与浓盐酸、过量 2 mol·L^{-1} NaOH 溶液的作用。

② 用一小片锡、浓硝酸制备 β-锡酸,试验其与酸、碱的作用。

根据实验结果说明两种锡酸的性质。

(3) 氧化还原性

① Sn(Ⅱ)盐的还原性:

a. 在 0.1 mol·L^{-1} $HgCl_2$ 溶液中,滴加 0.1 mol·L^{-1} $SnCl_2$ 溶液,观察现象。继续滴加过量 $SnCl_2$ 溶液,不断搅拌,放置 2~3 min 后,观察产物的颜色和状态。

这一反应用于 Sn^{2+}、Hg^{2+}的鉴定。

b. 在自制的 Na_2SnO_2 溶液中,滴加 0.1 mol·L^{-1} $Bi(NO_3)_3$ 溶液,观察现象。

② Pb(Ⅳ)的氧化性:

a. 在水浴加热的条件下,试验 PbO_2 固体与 6 mol·L^{-1} HCl 溶液的反应,观察现象并检验气体产物。

b. 在少量 PbO_2 中,加入 1 mL 稀硫酸,1 滴 0.2 mol·L^{-1} $MnSO_4$ 溶液,加热,观察现象。

问题

1. 总结:

① CO、CO_2 的性质;一些金属离子与碳酸钠、碳酸氢钠溶液反应的产物;碳酸盐的热稳定性及其影响因素。

② 硅酸及其盐的性质。

③ 比较 Sn(Ⅱ)、Pb(Ⅱ)氢氧化物的酸碱性;Sn(Ⅱ)、Pb(Ⅱ)的还原性;Sn(Ⅳ)、Pb(Ⅳ)的氧化性。

2. 在实验 6(3)中,如果

① Na_2SnO_2+$Bi(NO_3)_3$ 反应的碱度不够;

② PbO_2+$MnSO_4$ 反应介质为 6 mol·L^{-1}硫酸。

则反应结果有无变化?

3. 写出观察到的浓盐酸与二氧化铅反应溶液的颜色,说明原因。

4. 实验室中蓝色硅胶作何种用途,是利用了硅酸的什么性质?

5. 由于从外观无法区分 Mg^{2+} 与碳酸钠、碳酸氢钠的反应产物,试设计实验鉴别。

19.6 硼、铝

（4 学时）

预习

1. 安全知识：硼烷毒性很大，无定形硼的制取实验在通风橱中进行。
2. 无定形硼的制备方法，可能的杂质与除去的方法。
3. 硼砂珠试验。
4. 硼砂的溶解度与温度的关系。

思考题

1. 根据溶解度与温度的关系，如何制取硼砂的饱和溶液？
2. 为什么能用硼砂珠鉴定金属氧化物与盐类？能否用硼酸代替硼砂？
3. 为什么不从水溶液中制备硫化铝？

实验

1. 无定形硼的制取和性质（通风橱中进行）

（1）制取　在铁坩埚中加入 1.8 g H_3BO_3，先小火加热，后大火灼烧。用铁棒搅拌，拿出铁棒，观察棒上灼烧产物的状态，冷却产物。加入 2 g 镁粉（屑），使灼烧产物与镁粉的质量比为 1 : 2，加热，搅拌，观察反应发生时的现象。冷却产物，将产物转移到烧杯中，用稀盐酸处理并加热，过滤、洗涤、干燥。观察产物的颜色和状态。

（2）性质

① 把研细的硼放在蒸发皿中，加浓硝酸，水浴加热并蒸发（如有不溶物，分离后蒸发）直到有晶体出现。

② 观察硼与 NaOH、KNO_3 固体共熔时的反应。

2. 硼酸的制备和性质

（1）硼酸的制备　制取 1 mL 热的饱和 $Na_2B_4O_7 \cdot 10H_2O$ 溶液，加入 0.5 mL浓硫酸。冷水冷却，观察晶体的析出，离心分离，保留晶体。

（2）硼酸酯的生成与性质　取自制的 H_3BO_3 晶体放在蒸发皿中，加几滴浓硫酸、2mL 乙醇，混匀后点燃，观察火焰的颜色。说明 H_2SO_4 的作用。

这一反应可以用来鉴定 H_3BO_3、$Na_2B_4O_7 \cdot 10H_2O$ 等含硼化合物。

（3）硼酸的性质　取少量 H_3BO_3 固体溶于 2 mL 纯水中，测定 pH。在溶液中加 1 滴甲基橙，混匀后分成两份，一份留作比较。在另一份中加几滴甘油，振荡，观察颜色的变化。解释实验结果。

3. 硼砂溶液的缓冲作用

测定硼砂溶液的 pH,试验其溶液是否具有缓冲作用。解释实验结果。

4. 硼砂珠试验

用 6 mol · L^{-1} HCl 溶液把顶端弯成小圈的镍铬丝处理干净。用镍铬丝蘸上一些研细的硼砂固体,在氧化焰上灼烧,熔成透明的圆珠。

用烧红的硼砂珠蘸取钴盐少许,熔融,冷却后观察硼砂珠的颜色。同法试验铜、铁、锰、铬、镍盐的硼砂珠颜色。

提示:金属盐固体需研细,硼砂珠只能蘸取极少量的金属盐,否则硼砂珠色太深而影响观察。如把熔融的硼砂珠震落在蒸发皿内,形成小圆球进行观察,效果较好。

清除镍铬丝上色珠的方法:烧熔后震脱,再用 HCl 溶液清洁镍铬丝。

5. 铝及其化合物

(1) 金属铝的性质　分别试验铝片与下列物质的作用:

① 2 mol · L^{-1} HCl 溶液。

② H_2O。

③ 2 mol · L^{-1} NaOH 溶液。

④ 冷、热的浓硝酸。

⑤ 0.5 mL 0.5 mol · L^{-1} $NaNO_3$ 溶液、0.5 mL 40% NaOH 溶液,检验放出的气体。

(2) 氢氧化铝的制备与性质　用 0.5 mol · L^{-1} $Al_2(SO_4)_3$ 溶液、6 mol · L^{-1}氨水制备 $Al(OH)_3$,分别试验其与过量氨水、过量 NaOH、HCl 的作用。

(3) 硫化铝的制备与性质

① 制备:混合 0.25 g 铝粉、1 g 硫粉。把混合物放在坩埚中,在上面覆盖 0.25 g 铝粉,盖上盖子。加热使其反应,直到坩埚炽热为止。由于反应剧烈,并放出大量热,在反应过程中,不要打开坩埚盖去直视反应,以免伤害眼睛。冷却,打开盖子,观察反应物的颜色和状态。

② 水解:取少量产物放入水中,观察现象,检验气体。

(4) 铝的配合物　在 1~2 滴 0.5 mol · L^{-1} $Al_2(SO_4)_3$ 溶液中,滴加 1 mol · L^{-1} NaF 溶液,观察现象。继续加入 NaF,有何变化?

6. Al^{3+}的鉴定

按附录十九表 1 中的鉴定方法进行。

问题

1. 总结：

① 硼的化学性质，硼酸、硼砂的性质，各种金属盐的硼砂珠颜色。

② 铝、氢氧化铝的性质，铝形成配合物的能力。

2. 实际上不溶于水的铝，为什么能溶于氯化铵和碳酸钠溶液中？

20 过渡元素

20.1 钛、钒

（4～6 学时）

预习

1. 钛盐、钒酸盐与过氧化氢的反应。
2. 钒的常见氧化态及它们在水溶液中的状态和颜色。
3. 钛、钒氧基离子的生成。
4. 多酸的概念，钒酸根的聚合。

思考题

根据电极电势，预言还原剂 Fe^{2+}、Sn^{2+}、Zn 与 V(Ⅴ)反应的产物，并与实验结果比较。

实验

1. Ti(Ⅳ)的鉴定与过氧钛酸的生成

按 $TiCl_4$ ∶ 1 $mol \cdot L^{-1}$ H_2SO_4 = 1 ∶ 10（体积比）配制 $TiOSO_4$ 溶液。

（1）Ti(Ⅳ)的鉴定　在 2 滴 $TiOSO_4$ 溶液中，加入 2 滴 3% H_2O_2，观察现象。在微酸性溶液中，H_2O_2 与钛盐的反应可用来鉴定 Ti(Ⅳ)。

（2）过氧钛酸的生成　在（1）的溶液中，边振荡边滴加 6 $mol \cdot L^{-1}$ 氨水，直至沉淀出现，观察沉淀的颜色。

2. 钛酸的制备和性质

取 5 滴 $TiOSO_4$ 溶液，逐滴加入 6 $mol \cdot L^{-1}$ 氨水，振荡，直到有大量白色凝胶状沉淀生成，离心分离。取少量沉淀分别进行下列试验：

（1）加 1 $mol \cdot L^{-1}$ H_2SO_4 溶液。

（2）加 6 $mol \cdot L^{-1}$ NaOH 溶液。

（3）加纯水，煮沸 10 min，离心分离，试验沉淀与 1 $mol \cdot L^{-1}$ H_2SO_4 溶液、6 $mol \cdot L^{-1}$ NaOH 溶液的作用。

提示：如无法判断沉淀是否溶解，可离心分离后，在离心液中检验 Ti(Ⅳ)存在与否。注意 Ti(Ⅳ)的鉴定条件，在强碱性溶液中，需用酸调到微酸性后鉴定。

由实验结果说明 α-钛酸、β-钛酸的制备与性质。

3. 二氧化钛的性质

(1) 与浓硫酸的反应(通风橱中进行) 在蒸发皿中放少量 TiO_2 固体,加入 2 mL 浓硫酸,加热 10 min 以上(注意控制温度,防止浓硫酸溅出与分解),冷却。取出少量混浊液放入 1~2 mL 水中,混匀,离心分离。在清液中检验是否有 Ti(Ⅳ)存在。

(2) 与氢氧化钠的反应 在蒸发皿中放少量 TiO_2 固体,加入 2 mL 40% NaOH 溶液,加热。冷却后取少量混浊液放入 1~2 mL 水中,离心分离。检验离心液中是否有 Ti(Ⅳ)存在(注意反应介质)。

根据实验结果总结 TiO_2 的酸碱性。

4. Ti(Ⅲ)的生成与性质

在 1 mL 稀硫酸中,加 1 滴 $TiOSO_4$ 溶液、2~3 片锌,加热后放置,观察现象。取 1 滴 0.01 $mol \cdot L^{-1}$ $KMnO_4$ 溶液,酸化后滴加还原后的钛液,观察现象。

5. 五氧化二钒的生成和性质

取少量 NH_4VO_3 固体放在坩埚中,用小火加热,并不断搅拌,当固体颜色呈暗红色时,停止加热,冷却,观察产物的颜色。

取四份产物(少量)分别进行下列试验:

(1) 加少量纯水,水浴加热,冷却后测定 pH。

(2) 加浓硫酸,观察固体溶解否。稀释所得溶液(如何稀释),有何现象?

(3) 加 6 $mol \cdot L^{-1}$ NaOH 溶液,加热,观察现象,保留溶液。

(4) 加浓盐酸,加热,观察颜色变化。当溶液呈暗绿色时用水稀释,又有什么变化?

6. 硫代酸盐的形成与稳定性

在 5(3)所得的溶液中,滴加 $(NH_4)_2S$ 溶液,观察溶液颜色的变化。用 6 $mol \cdot L^{-1}$ HCl溶液酸化,观察现象。

7. V(Ⅴ)的氧化性

配制 VO_2Cl 溶液:在 0.2~0.3 g NH_4VO_3 固体中加入 5 mL 6 $mol \cdot L^{-1}$ HCl 溶液、3 mL 纯水。

取少量 VO_2Cl 溶液,分别进行下列试验:

(1) 加 2~3 片锌,放置,观察反应过程中颜色的变化。

(2) 加 1 小匙 $SnCl_2$ 固体,水浴加热。

(3) 加饱和 $(NH_4)_2Fe(SO_4)_2$ 溶液,加数滴 1 $mol \cdot L^{-1}$ NaF 溶液掩蔽产物 Fe^{3+},以免干扰观察反应结果。

根据溶液颜色的变化,判断V(Ⅴ)被还原到何种氧化态。比较还原剂的强弱。

8. 钒酸根的聚合

取5 mL VO_2Cl 溶液,测定pH。滴加6 mol·L^{-1} NaOH溶液,观察变化。当pH=2时,有何现象?继续滴加NaOH,又有何变化?当pH=9~10时,微热溶液,观察变化。

提示:由于聚合反应进行得很慢,NaOH溶液需慢慢滴加。

9. V(Ⅴ)的鉴定

配制0.5 mL饱和 NH_4VO_3 溶液,加几滴3% H_2O_2,观察现象。用2 mol·L^{-1} HCl溶液酸化,有何变化?

在酸性溶液中,钒酸盐与 H_2O_2 反应,可用于钒的鉴定。

问题

1. 总结:

① 二氧化钛的性质,α-钛酸、β-钛酸的制备与性质,并与锡酸的性质作比较。

② 五氧化二钒的性质,V(Ⅴ)的还原产物与还原剂强弱的关系,多钒酸根的种类与存在的pH范围。

③ Ti(Ⅳ)、V(Ⅴ)化合物的鉴定方法。

2. 低价钛、低价钒化合物有什么相似处?

3. 实验中观察到的钒酸铵溶液呈何颜色?说明原因。

4. 如何区分Ti(Ⅳ)、V(Ⅴ)化合物?

20.2 铬、锰

(4学时)

预习

1. 铬的常见氧化态及它们的存在状态和颜色。

2. 锰的常见氧化态及它们的存在状态和颜色。

3. Cr^{3+}、Mn^{2+}的鉴定方法与条件。

思考题

1. 总结在实验中已接触过的难溶铬酸盐及它们的颜色。

2. 在实验2(1)中,当Cr(Ⅲ)转化成Cr(Ⅵ)后,为什么要煮沸除去氧气后才加酸?酸化的目的是什么?为什么用醋酸而不用其他酸酸化?

3. 根据电极电势及其与浓度的关系,推测 $K_2Cr_2O_7$ 能否与稀盐酸(1 mol·L^{-1})、浓盐酸反应,并与实验结果比较。

实验

1. 低价铬的生成与性质

在 $Cr_2(SO_4)_3$ 溶液中,用稀硫酸酸化,加入锌粉,水浴加热直到猛烈起泡,注意溶液颜色的变化。振荡,溶液的颜色又如何变化?

由实验结果说明低价铬的稳定性。

2. Cr(Ⅲ)与 Cr(Ⅵ)之间的转化

(1) 取 2 滴 0.1 $mol \cdot L^{-1}$ $Cr_2(SO_4)_3$ 溶液,逐滴加入 2 $mol \cdot L^{-1}$ NaOH 溶液,观察生成物的颜色和状态。滴加过量 NaOH 溶液,边加边振荡,观察变化。在溶液中加入足量 3% H_2O_2,微热,颜色如何变化?继续加热以分解多余的 H_2O_2。取出 5 滴溶液,用稀醋酸酸化,检验溶液中的 CrO_4^{2-}。此反应用来检验 Cr^{3+}。

分析以上实验结果,说明 $Cr(OH)_3$ 的酸碱性,以及 Cr(Ⅲ)的氧化与介质的关系。

(2) 在酸化的 0.1 $mol \cdot L^{-1}$ $K_2Cr_2O_7$ 溶液中,加入少许 Na_2SO_3 固体,观察现象。

(3) 分别试验浓盐酸、1 $mol \cdot L^{-1}$ HCl 溶液与 0.1 $mol \cdot L^{-1}$ $K_2Cr_2O_7$ 溶液的作用(水浴加热),用淀粉-碘化钾试纸检验有无氯气生成。解释实验结果。

3. CrO_4^{2-} 与 $Cr_2O_7^{2-}$ 之间的转化

(1) 在 0.1 $mol \cdot L^{-1}$ K_2CrO_4 溶液中加稀硫酸酸化,颜色有何变化?再加入过量稀 NaOH 溶液,又有何变化?

(2) 试验 0.1 $mol \cdot L^{-1}$ $K_2Cr_2O_7$ 与 0.1 $mol \cdot L^{-1}$ $BaCl_2$ 反应,观察现象。检查反应前后溶液的 pH,说明反应的产物与原因。

4. 三价铬的配合物

(1) 若实验 17.1 未做,则按其 1.(1)②、③、⑤配制,并把反应溶液的总体积控制在 0.5~1 mL。观察现象,说明形成的配合物。

(2) 水合异构现象 水浴加热 1 mL 0.01 $mol \cdot L^{-1}$ $CrCl_3$ 溶液 20 min 左右,冷却,观察颜色的变化,解释原因。

5. Mn(Ⅱ)氢氧化物的生成和性质

用 0.1 $mol \cdot L^{-1}$ $MnSO_4$ 溶液,2 $mol \cdot L^{-1}$ NaOH 溶液制取 $Mn(OH)_2$,立即滴加2 $mol \cdot L^{-1}$ HCl 溶液,观察现象。

制取 $Mn(OH)_2$,放置,观察变化。

由实验结果说明 $Mn(OH)_2$ 的性质。

6. 二氧化锰的生成和性质

(1) 在 0.1 $mol \cdot L^{-1}$ $KMnO_4$ 溶液中,滴加 0.2 $mol \cdot L^{-1}$ $MnSO_4$ 溶液,观察反应产物的状态和颜色。

(2) 在少量 MnO_2 固体中加入浓盐酸,加热,观察溶液颜色的变化,检验放出的气体。

7. 高锰酸钾的氧化性

(1) 与 Na_2SO_3 的反应　在强碱性、中性、酸性介质中，分别试验 0.1 mol·L^{-1} Na_2SO_3 溶液与 0.01 mol·L^{-1} $KMnO_4$ 溶液的作用。根据实验结果说明在不同介质中 $KMnO_4$ 还原产物的状态与颜色。Mn(Ⅵ)在何种介质中稳定？

(2) 与有机物质的作用　在少量乙醇溶液中，加入少量稀硫酸，再逐滴加入$KMnO_4$ 溶液，观察，写出反应方程式。提示：乙醇被氧化为乙醛，进一步被氧化为乙酸；纤维素在酸性溶液中被氧化成碳酸。

8. Mn^{2+}的鉴定

按附录十九表 1 中的鉴定方法进行。

9. 高锰酸钾的制备

在铁坩埚中加入 1 g KOH、1 g $KClO_3$，加热使之熔化。慢慢加入 0.5 g MnO_2，随加随用铁棒搅拌，继续加热至不再有气体(何物)放出，冷却。用 10 mL水浸取产物，过滤。注意滤液的颜色，MnO_2 已被氧化为何物？

稀释滤液至 20 mL，滴加 6 mol·L^{-1} HAc 溶液酸化溶液，注意溶液的颜色，有无沉淀出现？

扩展实验

——Mn(Ⅲ)的生成

预习

1. 各种价态锰的吸收光谱见图 5-20-1(摘自大学化学实验改革课题组.大学化学新实验[M].杭州：浙江大学出版社，1990)。

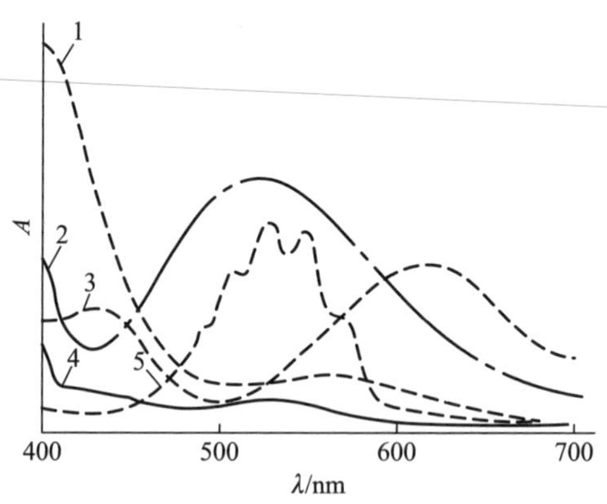

图 5-20-1　各价态锰的吸收光谱

1—Mn(Ⅳ)；2—Mn(Ⅲ)；3—Mn(Ⅵ)；4—Mn(Ⅱ)；5—Mn(Ⅶ)

2. 吸收曲线及其测定。

实验

1. 在 5 mL 0.1 mol·L^{-1} $MnSO_4$ 溶液（自配）中，加 2.5 mL 浓硫酸，用冷水冷却后，再加入 5 滴 0.01 mol·L^{-1} $KMnO_4$ 溶液，混合均匀，测定溶液的吸收光谱，确定 Mn 的价态。与实验 6(1) 的结果相同否？

注意在水溶液中该价态的颜色，用目视能否与 MnO_4^- 区分？

2. 用测吸收曲线的方法，检验你在实验 19.5 中对问题 2②的回答是否正确。

由以上实验结果讨论影响反应产物的因素。

问题

1. 分别用示意图表示铬、锰各种氧化态之间转化的条件：介质、氧化剂或还原剂。
2. 写出 $Mn^{2+} \longrightarrow MnO_4^-$ 的方法。
3. 制备高锰酸钾的实验中为什么用铁坩埚而不用瓷坩埚？

20.3 铁、钴、镍

（4 学时）

预习

氧化还原反应与介质的关系，配合物的生成与稳定性。

思考题

1. 指出制备氢氧化亚铁的关键步骤。
2. 从不同介质中电极电势的大小，判断将 Co^{2+}、Ni^{2+} 氧化应在何种介质中进行？
3. 生成钴氨配合物的反应中加氯化铵的目的是什么？
4. 查出 $[Co(SCN)_4]^{2-}$ 的稳定常数 β_4，要增加鉴定 Co^{2+} 反应的灵敏度，可采取哪些措施？

实验

1. Fe(Ⅲ) 的氧化性、Fe(Ⅱ) 的还原性及其离子鉴定

(1) 离子鉴定　在白滴板上按下表进行试验：

	Fe^{3+}	Fe^{2+}
$K_3[Fe(CN)_6]$		
$K_4[Fe(CN)_6]$		
NH_4SCN		
0.25%邻菲咯啉		

由实验结果确定 Fe^{3+}、Fe^{2+} 的鉴定方法。

(2) 氧化还原性

① 在 1 mL 0.2 mol·L^{-1} $FeCl_3$ 溶液中,加 10 滴 2 mol·L^{-1} H_2SO_4 溶液及少许铁屑,水浴加热,放置。取出少许清液,用 0.5 mol·L^{-1} NH_4SCN 溶液检验铁的价态。反应进行至近于无 Fe^{3+} 后,加 1 mL 水,任铁屑沉底。取少许清液,加 1 滴浓硝酸,溶液呈何色?检验铁的价态。保留其余溶液。

② 取 1 滴 0.1 mol·L^{-1} $KMnO_4$ 溶液,酸化后滴加自制的 Fe^{2+} 清液,观察现象,检验铁的价态。

③ 在 0.2 mol·L^{-1} $FeCl_3$ 溶液中滴加 TAA,水浴加热,观察现象。离心分离后,检验溶液中铁的价态。

2. 铁、钴、镍的氢氧化物

(1) 二价氢氧化物的生成和性质

① 取 1~2 mL 6 mol·L^{-1} NaOH 溶液,加热煮沸以赶尽空气,冷却。取 0.5 mL 自制的 Fe^{2+} 溶液,用滴管移取 0.5 mL NaOH 插入 Fe^{2+} 液中(直至试管底部),慢慢放出 NaOH 溶液(整个操作尽量避免引进空气),观察在 NaOH 放出的瞬间产物的颜色及其变化,立即加入 2 mol·L^{-1} HCl 溶液,沉淀是否溶解?

重复制取 $Fe(OH)_2$ 沉淀,放置,观察变化。

② 在 5 滴 0.2 mol·L^{-1} $Co(NO_3)_2$ 溶液中,滴加 2 mol·L^{-1} NaOH 溶液,观察。微热,产物的颜色有何变化?加 2 mol·L^{-1} HCl 溶液,观察现象。

重复制取 $Co(OH)_2$ 沉淀,放置,观察。

③ 用 0.2 mol·L^{-1} $Ni(NO_3)_2$ 溶液、2 mol·L^{-1} NaOH 溶液制取两份氢氧化物,一份加 HCl 溶液,另一份放置,观察。

(2) 三价氢氧化物的生成和性质

① 制取少量 $Fe(OH)_3$,加浓盐酸,观察。检验溶液中铁的价态。

② 往 0.5 mL 0.2 mol·L^{-1} $Co(NO_3)_2$ 溶液中加几滴溴水,再滴加 NaOH 溶液至碱性,观察现象。离心分离后,在沉淀中加入浓盐酸,水浴加热,观察溶液的颜色,检验气体产物。当溶液呈现蓝或蓝绿色时,边滴加水稀释边振荡,观察溶液颜色的变化。

③ 用 0.2 mol·L^{-1} $Ni(NO_3)_2$ 溶液代替 $Co(NO_3)_2$ 进行试验。在沉淀中加入浓盐酸,观察变化,检验气体产物。

3. 钴、镍的配合物

(1) 在 5 滴 0.2 mol·L^{-1} $Co(NO_3)_2$ 溶液中加入少量 NH_4Cl 固体,逐

滴加入 6 mol·L^{-1}氨水，放置，观察颜色的变化。加 2~3 滴 5% H_2O_2 溶液，放置再观察。

(2) 在 1 滴 0.2 mol·L^{-1} $Co(NO_3)_2$ 溶液中，加入 0.5 mL 戊醇，再逐滴加入饱和 NH_4SCN 溶液，振荡试管，观察水层和有机层的颜色变化。说明 $[Co(SCN)_4]^{2-}$在水层、有机层中的颜色。

这是鉴定 Co^{2+}的反应。

(3) 在 10 滴 0.2 mol·L^{-1} $Ni(NO_3)_2$ 溶液中滴加 6 mol·L^{-1}氨水，观察滴加过程中的变化。

(4) 在白滴板上加 1 滴 Ni^{2+}溶液、1 滴 6 mol·L^{-1}氨水、1 滴丁二酮肟，观察现象。

这是鉴定 Ni^{2+}的反应。

扩展实验

——三草酸合铁酸钾的制备与性质

实验

1. 制备

2 g $Fe(NO_3)_3·9H_2O$ 固体溶于 2.5 mL 水。

在 3 g $K_2C_2O_4·H_2O$ 固体中加 5 mL 水，适当加热溶解。

将 $Fe(NO_3)_3$ 溶液缓慢加到摇动中的热 $K_2C_2O_4$ 溶液中，冰浴冷却至晶体不再增加，过滤，用冰水、丙酮洗涤，干燥，称量。

2. 光化反应(光敏性)

(1) 将一些固体产品放在表面皿上，暴露在阳光下，放置，观察。

(2) 取 1 g 产品溶于 10 mL 纯水中，进行下列试验：

① 检验铁的价态。

② 取余下的溶液盖上表面皿，放在阳光下，放置，观察。过滤光化反应后的产物，洗涤。取产物少许，加适量水，加几滴 2 mol·L^{-1} H_2SO_4 溶液，加热使其成溶液，检验铁的价态。

由实验结果说明三草酸合铁酸钾晶体的颜色、铁的价态。它在固态或水溶液状态见光易分解的性质称为光敏性，写出光分解反应方程式。

问题

1. 总结：

① 本实验遇到的水合离子、氢氧化物的颜色。

② 铁、钴、镍二价氢氧化物的稳定性；三价氢氧化物的生成条件。

2. 由实验结果说明 Co(Ⅱ)与 Co(Ⅲ)在水合离子时何者稳定，在配离子和氢氧化物中何者稳定。

3. 根据实验 19.1 至实验 19.3 的结果,总结过渡元素的特性:过渡元素的氧化态、水合离子的颜色、形成配合物的能力。

4. 实验中常用的氧化剂、还原剂有哪些?

5. 设计实验,制取纯的 $Fe(OH)_2$。

20.4 铜、锌分族

(4 学时)

预习

1. 安全知识:可溶性 Cd(Ⅱ)、Hg(Ⅱ)化合物有毒,使用时应注意。

2. 查电极电势表,写出铜、汞的标准电极电势图,判断 Cu(Ⅰ)、Hg(Ⅰ)的稳定性。

3. 查阅文献:郑万里. 氯化亚铜制备方法的改进[J]. 大学化学,1991,6(2):46。

思考题

1. 在什么条件下 Cu(Ⅰ)才能稳定存在?

2. 制备氯化亚铜时加氯化钠的目的?

实验

1. 氢氧化物(或氧化物)的生成和性质

(1) 分别在 0.1 mol·L^{-1} Ag^+、0.2 mol·L^{-1} Zn^{2+}、0.2 mol·L^{-1} Cd^{2+}、0.1 mol·L^{-1} Hg^{2+}四种盐溶液中滴加 2 mol·L^{-1} NaOH 溶液,观察现象。试验产物与2 mol·L^{-1} HCl(或 HNO_3)溶液、过量 NaOH 的作用。

(2) 制取 $Cu(OH)_2$,分别试验它与过量 6 mol·L^{-1} NaOH 溶液、2 mol·L^{-1} HCl 溶液的作用,对热的稳定性。

总结氢氧化物的酸碱性与稳定性。

2. 配合物的生成

(1) 与氨水的作用　在 Zn^{2+}、Cd^{2+}、Hg^{2+}盐溶液中逐滴加入 2 mol·L^{-1} 氨水,观察现象。

(2) 铜的配合物　在 10 mL 0.5 mol·L^{-1} $CuCl_2$ 溶液中加入固体 NaCl,直到溶液颜色发生变化,溶液中形成了什么物质?取 5 滴溶液用水稀释,观察变化。

保留其余溶液。

(3) 汞的配合物　在 Hg^{2+}盐溶液中,逐滴加入 0.1 mol·L^{-1} KI 溶液,观察现象。加入过量 KI 溶液,再观察。

3. 氯化亚铜的生成和性质

在自制的 $CuCl_2$ 与 NaCl 的混合溶液中加入少量铜屑,盖上表面皿加热,直到溶液颜色变成棕黄色。取出几滴溶液,加到 10 mL 纯水中(加几滴

2 mol · L^{-1} HCl溶液),如有白色沉淀生成,则迅速把全部溶液倾入 100 mL 纯水(加 10 滴 2 mol · L^{-1} HCl 溶液)中,等大部分沉淀析出后,倾出溶液,用 20 mL纯水洗涤沉淀。将沉淀保留在纯水中,用滴管取沉淀分别进行下列试验:

(1) 将少许沉淀暴露在空气中。

(2) 将沉淀加到浓盐酸中(滴管插入管底)。

(3) 将沉淀加到浓氨水中(滴管插入管底)。

观察现象。

在制备过程中,溶液呈棕黄色,试说明原因。

参考预习 3 中推荐的文献,请你改进本实验。

4. 碘化亚铜的生成

在 0.2 mol · L^{-1} $CuSO_4$ 溶液中滴加 0.1 mol · L^{-1} KI 溶液,观察现象。滴加适量0.5 mol · L^{-1} $Na_2S_2O_3$ 溶液(不宜多加),观察现象。

由实验结果说明产物的颜色,$Na_2S_2O_3$ 的作用。请回忆一下,你在哪些实验中已接触到以上现象?

5. Cu^{2+}、Zn^{2+}、Hg^{2+} 的鉴定

按附录十九表 1 中的鉴定方法进行。若实验 19.3 中 7 已做,则只做 Zn^{2+}的鉴定。

研究课题

晶体氢氧化铜的制备

预习

写出硫酸铜溶液分别与氨水、氢氧化钠溶液反应的方程式。

思考题

为什么不用 Cu^{2+}盐与氢氧化钠反应来制备氢氧化铜?

实验①

方法 1

向加热至 343 K 的 $CuSO_4$ 饱和溶液中注入 10%的氨水溶液,直到呈现深蓝色,将溶液过滤,并向冷却的混合物中逐滴加入 NaOH 溶液,直至生成绿色沉淀。滤出沉淀,用温水洗涤,并在真空中或用 H_2SO_4 干燥。

方法 2

向煮沸的 $CuSO_4$ 溶液中,分批加入氨水溶液到形成蓝色沉淀,然后于搅拌下向其中逐滴加入氨水,直到沉淀不再具有蓝色。从 $CuSO_4$ 原液中过滤出制得的细结晶沉淀,用水仔细地洗涤,并以 10% ~ 15% NaOH 溶液浸

---

① 摘自 H.Г.克留契尼科夫. 无机合成[M]. 上海:上海科学技术出版社,1989.

没,然后将沉淀过滤,用水洗涤(以酚酞试验),并在真空中或于干燥器内进行干燥。

按文献方法制备晶形 $Cu(OH)_2$,并做一些条件试验,如反应温度、反应物浓度,以得出制备的最佳方法与最佳条件。

问题

1. 比较ⅠB、ⅡB族与相应主族元素的氢氧化物的性质。
2. 总结 Cu^{2+}、Ag^{+}、Zn^{2+}、Cd^{2+}、Hg^{2+} 的性质实验结果,完成下表:

		Cu^{2+}	Ag^{+}	Zn^{2+}	Cd^{2+}	Hg^{2+}
NaOH	适量					
	过量					
氨水	适量					
	过量					
KI						
$(NH_4)_2S$						

21 常见离子的分离和鉴定

21.1 阳离子混合液分析练习

（8~10 学时）

预习

1. 硫化氢系统分析法，阳离子的分组、组试剂及分离条件，离子的检出反应。

2. 半微量定性分析操作：溶液酸碱性的调节、沉淀、检验沉淀完全的方法、离心分离、沉淀的洗涤、沉淀的转移与溶解。

思考题

1. Mn^{2+}的鉴定反应中，介质是硝酸而不是盐酸，为什么？

2. 沉淀氢氧化铝的条件是什么？在 Al^{3+}的鉴定中，得到白色沉淀已初步判断为氢氧化铝，为什么还要做 Al^{3+}的证实试验？证实试验中，Al^{3+}与铝试剂反应的条件是什么？

3. 阳离子系统分析时，为什么要首先鉴定 NH_4^+？如何鉴定？

4. 分离铜、锡组与铁组时，调节 $c(H^+) = 0.3 \sim 0.6\ mol \cdot L^{-1}$的目的是什么？如果大于或小于此范围，对实验有何影响？实验中如何调节 $c(H^+) = 0.3 \sim 0.6\ mol \cdot L^{-1}$？

5. Cu^{2+}的鉴定条件是什么？硫化铜溶于热的 6 $mol \cdot L^{-1}$硝酸后，如何做 Cu^{2+}的证实试验？

6. 硫化镍溶于热的 6 $mol \cdot L^{-1}$硝酸后，如何做 Ni^{2+}的证实试验？

7. 在 Ca^{2+}的沉淀操作中，加醋酸、加热的目的是什么？为什么要除去大部分铵盐后才能沉淀Ⅳ组阳离子？

8. 能否用盐酸溶解碳酸钙（或碳酸钡）后鉴定 Ca^{2+}（或 Ba^{2+}）？

9. 由于操作上的马虎，出现下列情况：

① 溶液中的 H_2S 未赶尽；

② 除 NH_4^+ 后的碱性溶液未用浓醋酸酸化。

用六硝基合钴酸钠试剂鉴定 K^+时会出现什么现象？

实验

1. Al^{3+}、Fe^{3+}、Zn^{2+}、Mn^{2+}混合液的分析

（1）写出分析简表。

（2）分析步骤　取 Fe^{3+}、Mn^{2+}试液各 1 滴，Al^{3+}、Zn^{2+}试液各 4 滴，摇匀组成混合试液。

① Mn^{2+}的鉴定：取试液 1 滴，加 5 滴水稀释，鉴定 Mn^{2+}。

② Fe^{3+}的鉴定：用 NH_4SCN 溶液鉴定 Fe^{3+}。

③ Fe^{3+}、Mn^{2+}、Al^{3+}、Zn^{2+}的分离：　取 0.5～1 mL 试液，加入 2 滴 3 mol·L^{-1} NH_4Cl 溶液，加 6 mol·L^{-1}氨水至生成沉淀后，再多加 3 滴，搅动，加热。冷却后离心分离，用0.3 mol·L^{-1} NH_4Cl 溶液（自配）洗沉淀 1～2 次，洗涤液与离心液合并。

④ Fe^{3+}、Mn^{2+}与 Al^{3+}的分离：　在步骤③的沉淀中，加 3 滴水，6 滴 6 mol·L^{-1} NaOH 溶液，搅动，加热，离心分离。沉淀不再鉴定。

⑤ Al^{3+}的鉴定：在步骤④的离心液中，加 6 mol·L^{-1} HAc 溶液中和至溶液刚呈酸性，加 2 滴 3 mol·L^{-1} NH_4Ac 溶液，加 6 mol·L^{-1}氨水至石蕊试纸显碱性反应，加热2～3 min，白色絮状沉淀为 $Al(OH)_3$。

⑥ Al^{3+}的证实：在步骤⑤的沉淀中滴加 6 mol·L^{-1} HCl 溶液至沉淀刚溶解，加 2 滴 3 mol·L^{-1} NH_4Ac 溶液、2 滴铝试剂，微热，生成红色絮状沉淀。加 6 mol·L^{-1}氨水至碱性，红色絮状沉淀不消失，证实有 Al^{3+}。

⑦ Zn^{2+}和 Mn^{2+}的分离：在步骤③的离心液中，加入 5 滴 6 mol·L^{-1} NaOH 溶液后，加 6 滴水，加 2 滴 3% H_2O_2，混合均匀，水浴加热，分解剩余的 H_2O_2。如有沉淀生成，离心分离，弃去沉淀。

⑧ Zn^{2+}的鉴定：取步骤⑦的离心液，用 6 mol·L^{-1} HCl 溶液调节溶液的 pH＝10，加 4 滴 TAA，加热，生成白色沉淀，示有 Zn^{2+}。

2. Sn(Ⅳ)、Cu^{2+}、Cr^{3+}、Ni^{2+}、Ca^{2+}、NH_4^+ 混合液的分析

(1) 写出分析简表。

(2) 分析步骤　取 Sn(Ⅳ)、Ca^{2+}试液各 2 滴，Cu^{2+}、Cr^{3+}、Ni^{2+}、NH_4^+ 试液各 3 滴，混合均匀组成试液。

① NH_4^+ 的鉴定：自拟。

② Cu^{2+}、Sn(Ⅳ)与其他离子的分离：取 0.5～1 mL 试液，先用 6 mol·L^{-1}氨水、后用 2 mol·L^{-1}氨水将试液调至碱性，再用 2 mol·L^{-1} HCl 溶液使试液恰变酸性，加入等于溶液总体积 1/5 的 2 mol·L^{-1} HCl 溶液，此时溶液的酸度为 0.3～0.6 mol·L^{-1}。加入 5 滴 TAA，搅匀。沸水浴加热 5 min，离心沉降，再加入 2 滴 TAA，加热，直至沉淀完全。离心分离，用 2 mol·L^{-1} HCl 溶液洗涤沉淀，弃去洗液。溶液按步骤⑥处理。

③ CuS 和 SnS_2 的分离：在步骤②的沉淀中，加 4 滴 6 mol·L^{-1} HCl 溶液，搅动，加热，离心分离。

④ Cu^{2+}的鉴定：取步骤③的沉淀用水洗 2 次后，加 6 滴 6 mol·L^{-1} HNO_3 溶液，水浴加热，从溶液的颜色初步判断，并做 Cu^{2+}的证实试验。

⑤ Sn(Ⅳ)的鉴定:用步骤③的溶液鉴定 Sn(Ⅳ)。

⑥ Cr^{3+}、Ni^{2+}、Ca^{2+}的分离:在步骤②的离心液中,加 6 mol·L^{-1}氨水至碱性后再多加 2 滴,加 2 滴 3 mol·L^{-1} NH_4Cl 溶液,加 5 滴 TAA,水浴加热 5 min,离心沉降。在离心液中再加 2 滴 TAA,加热,直至沉淀完全。离心分离,沉淀用0.3 mol·L^{-1} NH_4Cl溶液洗涤 1~2 次,洗涤液并入离心液中,溶液按步骤⑩处理。

⑦ Ni^{2+}与 Cr^{3+}的分离:在步骤⑥的沉淀中加入 6 滴水、6 滴 6 mol·L^{-1} NaOH 溶液,搅动后加入 3% H_2O_2,搅动,水浴加热,直至多余的 H_2O_2 分解,冷却后离心分离。

⑧ Ni^{2+}的鉴定:在步骤⑦的沉淀中,加 2 滴 6 mol·L^{-1} HNO_3 溶液,加热溶解,离心分离,弃去硫。离心液中鉴定 Ni^{2+}。

⑨ Cr^{3+}的鉴定:步骤⑦的溶液为黄色,示有 CrO_4^{2-},鉴定 CrO_4^{2-},证实 Cr^{3+}的存在。

⑩ Ca^{2+}的沉淀:将步骤⑥的溶液转移到蒸发皿中,加 6 mol·L^{-1} HAc 溶液酸化,水浴加热,蒸发至原有体积的 1/2,如有硫析出,离心分离,弃去硫。将离心液蒸干,灼烧除去大部分铵盐,冷却后用 5 滴 2 mol·L^{-1} HCl 溶液溶解残渣(如有不溶物,离心分离),加入 6 mol·L^{-1}氨水使呈碱性,加热,加入 2 mol·$L^{-1}$$(NH_4)_2CO_3$ 溶液至沉淀完全,离心分离。

⑪ Ca^{2+}的鉴定:热水洗沉淀 1 次,加 2 滴 6 mol·L^{-1} HAc 溶液溶解,鉴定 Ca^{2+}。

3. Ag^+、Cu^{2+}、Hg^{2+}、Al^{3+}、Fe^{3+}、Ba^{2+}、K^+混合液的分析

(1) 写出分析简表。

(2) 分析步骤　取 Ag^+、Cu^{2+}、Hg^{2+}、Fe^{3+}各 2 滴,Al^{3+}、Ba^{2+}、K^+各 4 滴,混合均匀组成试液。

① Fe^{3+}的鉴定。

② Ag^+的分离:取 0.5~1 mL 混合试液,加入 2 mol·L^{-1} HCl 溶液,水浴微热,沉淀完全后,离心分离。用 0.2 mol·L^{-1} HCl 溶液洗涤沉淀,洗涤液并入离心液中。

③ Ag^+的鉴定:取步骤②的沉淀鉴定 Ag^+。

④ Cu^{2+}、Hg^{2+}与其他离子的分离:取步骤②的溶液,小心调节 $c(H^+)$= 0.3~0.6 mol·L^{-1},加入 4 滴 TAA,加热 5 min,离心沉降,检查沉淀是否完全。沉淀完全后,离心分离。用 10 滴热水(加 10 滴水,加热)洗沉淀,洗涤液与离心液合并。再用 10 滴热水洗涤,弃去第二次的洗涤液。

⑤ CuS、HgS 的分离:取步骤④的沉淀,加 6 滴 6 mol·L^{-1} HNO_3 溶液,

加热 3 min,离心分离。

⑥ Cu^{2+}的鉴定:取步骤⑤的溶液,根据溶液颜色作初步判断,并做 Cu^{2+}的证实试验。

⑦ Hg^{2+}的鉴定:取步骤⑤的沉淀,用水洗 2 次后,进行 Hg^{2+}的鉴定。

⑧ Al^{3+}、Fe^{3+}与 Ba^{2+}、K^+的分离:取步骤④的溶液,加 6 mol · L^{-1}氨水至碱性后再多加 2 滴,加 2 滴 3 mol · L^{-1} NH_4Cl 溶液,加 4 滴 TAA,加热,直至沉淀完全。离心分离,沉淀用 0.3 mol · L^{-1} NH_4Cl 溶液洗涤 1~2 次,洗涤液并入离心液。

⑨ Al^{3+}与 Fe^{3+}的分离:取步骤⑧的沉淀,加入 4 滴 6 mol · L^{-1} NaOH 溶液、2 滴 3% H_2O_2,煮沸,离心分离,弃去沉淀。

⑩ Al^{3+}的鉴定:取步骤⑨的溶液鉴定、证实 Al^{3+}。

⑪ Ba^{2+}与 K^+的分离:取步骤⑧的溶液,按 Sn(Ⅳ)、Cu^{2+}、Cr^{3+}、Ni^{2+}、Ca^{2+}、NH_4^+ 混合液的分析中 Ca^{2+}的沉淀操作,分离 Ba^{2+}和 K^+。

⑫ Ba^{2+}的鉴定:取步骤⑪的沉淀鉴定 Ba^{2+}。

⑬ K^+的鉴定:将步骤⑪的剩余溶液转移至蒸发皿中,加 10 滴 6mol · L^{-1} NaOH 溶液,水浴加热,使溶液浓缩为原体积的 1/2。检查 NH_4^+ 是否除去。如未除尽,则重按上述操作进行至 NH_4^+ 完全除尽。

取 4 滴除尽 NH_4^+ 后的溶液,加浓醋酸酸化,鉴定 K^+。

问题

1. 实验中,你在沉淀完全、彻底分离、反应条件的控制方面做得如何?

2. 如在实验中出现以下现象,原因何在?

① 用 $K_4[Fe(CN)_6]$鉴定 Cu^{2+},得到的是棕色沉淀。

② 试液中有 Ni^{2+},但加二乙酰二肟后,无红色沉淀出现。

③ 含 Cr^{3+}试液加过氧化氢煮沸后,灰绿色沉淀不消失;鉴定 CrO_4^{2-} 时,得到的沉淀是白色。

④ 得到的 $CaCO_3$ 沉淀有色。

21.2　阳离子混合液的分析

(8~12 学时)

1. 已知阳离子混合液的分析

从以下几组混合离子中任选 2~3 组,先拟好分析方案,再进行实验。

(1) Ag^+、Hg^{2+}、Zn^{2+}、NH_4^+

(2) Sn(Ⅳ)、Cu^{2+}、Ba^{2+}、Ni^{2+}

(3) Cu^{2+}、Mn^{2+}、Cr^{3+}、K^{+}

(4) Mn^{2+}、Al^{3+}、Ba^{2+}、Ca^{2+}

(5) Fe^{3+}、Cr^{3+}、Ba^{2+}、K^{+}

2. 未知阳离子混合液的分析

(1) 由 13 种阳离子(K^{+}、NH_4^{+}、Ca^{2+}、Ba^{2+}、Ag^{+}、Hg^{2+}、Cu^{2+}、Ni^{2+}、Mn^{2+}、Al^{3+}、Cr^{3+}、Zn^{2+}、Sn(Ⅳ))中的 3 至 4 种组成一组未知阳离子混合液,请自拟分析方案。

(2) 请你的同学将任意 4 种阳离子混合组成试液,进行分析练习。

(3) 向教师领取一组混合试液,进行分析。实验完成后,将实验现象(包括对照试验)展示给教师,并告知结论。

提示:

(1) 注意未知液的颜色,借以初步判断可能存在的离子。

(2) 提供 Sn(Ⅳ)的试剂是 $SnCl_4$,如混合液中有 Sn(Ⅳ)存在,则哪个阳离子不可能存在?

(3) 每次取 0.5~1 mL 未知液做试验。

(4) 未知液分组后,为避免搞错,可在试管上贴标签。

(5) 未知液中有 Al^{3+}时,一定要控制好沉淀条件,使沉淀完全。否则遗留到 Ni^{2+}组,则在 pH = 10 时,会有 $Al(OH)_3$ 沉淀,而误认为是 ZnS。

(6) 分离到后面几组时,如体积过大,可在蒸发皿中蒸发,浓缩后再做。

21.3 阴离子混合液的分析

(4 学时)

预习

阴离子的分析。

实验

领取未知溶液一份,其中可能含有 CO_3^{2-}、NO_2^{-}、NO_3^{-}、PO_4^{3-}、S^{2-}、SO_3^{2-}、SO_4^{2-}、$S_2O_3^{2-}$、Cl^{-}、Br^{-}、I^{-},按以下步骤检出未知液中的阴离子。

初步试验:

(1) 溶液的酸、碱性试验　如为酸性,则混合液不可能含有被酸分解的阴离子,如 $S_2O_3^{2-}$、S^{2-}、NO_2^{-}、CO_3^{2-}、SO_3^{2-}。

如溶液显碱性,取几滴混合液,加稀硫酸酸化,轻敲管底,观察是否有气泡产生,如现象不明显,可稍微加热。如有气泡产生,可能有 S^{2-}、$S_2O_3^{2-}$、

NO_2^-、CO_3^{2-}、SO_3^{2-}。

(2) 氧化性离子的试验　取 2 滴混合液,加入 8 滴饱和 $MnCl_2$ 的浓盐酸溶液,在沸水浴中加热 2 min,溶液变深褐色或黑色,示有氧化性较强的离子,如 NO_2^-、NO_3^-。

另取 3 滴混合液,加稀硫酸酸化,加几滴 CCl_4,1~2 滴 1 mol · L^{-1} KI 溶液,振荡试管,如 CCl_4 层显紫色,示有 NO_2^-。

(3) 还原性离子的试验　取 5 滴混合液,加数滴 6 mol · L^{-1} HNO_3 溶液酸化,加 2 滴 0.01 mol · L^{-1} $KMnO_4$ 溶液,若紫色褪去,示有一种或一种以上的还原性离子,如 S^{2-}、$S_2O_3^{2-}$、Br^-、I^-、SO_3^{2-}、NO_2^-,若加热后紫色褪去,示有 Cl^-。

(4) $AgNO_3$ 检验法　取 2 滴混合液,加 6 mol · L^{-1} HNO_3 溶液使呈酸性,再多加 2 滴,加数滴 0.1 mol · L^{-1} $AgNO_3$ 溶液,搅动,产生黑色沉淀示有 S^{2-} 或 $S_2O_3^{2-}$,黄色沉淀示有 I^- 或 Br^-,白色沉淀示有 Cl^-。需注意,黑色可能掩盖其他颜色的沉淀。

(5) $BaCl_2$ 检验法　取 2 滴混合液,加入数滴 0.5 mol · L^{-1} $BaCl_2$ 溶液,若生成白色沉淀,示有 SO_4^{2-}、$S_2O_3^{2-}$、SO_3^{2-}、PO_4^{3-}、CO_3^{2-}。加 2 mol · L^{-1} HCl 溶液于沉淀中,沉淀不溶示有 SO_4^{2-}。需注意如有 $S_2O_3^{2-}$ 时出现的现象。

(6) 阴离子的检出　经过以上的初步检验,判断哪些离子可能存在,然后进行分离、鉴定,最后确定未知液中存在的离子。

问题

1. 一试样不溶于水而溶于稀硝酸,如已证实含 Ag^+ 和 Ba^{2+},问何种阴离子需检验?

2. 一试样易溶于水,已证实含 Ba^{2+},在酸根 NO_3^-、PO_4^{3-}、Cl^-、SO_4^{2-} 中,哪种离子不需检验?

21.4 简单无机物的分析

(4~8 学时)

预习

试样的系统分析。这里的试样是指单一无机化合物(盐、氧化物、酸和碱)和它们的混合物。

思考题

1. 常见无机化合物中,有一部分化合物具有特征颜色,根据这些颜色能否作初步判断?

2. 常见无机化合物中,哪些具有升华和挥发的性质?

3. 熟悉常见无机化合物的溶解性,哪些难溶?

实验

1. 初步试验

(1) 外表观察　领取试样,观察试样的颜色、潮解性、结晶形状等。

(2) 溶解性试验　取火柴头大小试样,依次用下列溶剂:纯水、2 mol · L^{-1} HCl 溶液、浓盐酸、2 mol · L^{-1} HNO_3 溶液、浓硝酸、王水处理(包括不加热和水浴加热两种情况)。

在用纯水试验时,如看不出它有显著的溶解,可取出上层清液放在蒸发皿中,小火蒸干,若蒸发皿上无明显的残渣,可判断不溶。

观察试样是否完全溶或部分溶于某种试剂,溶解时是否产生气泡,有何气味? 如溶于水,则应检查溶液的酸碱性。

2. 阳离子试液的制备和分析

(1) 溶液的制备　根据溶解度的试验,对全溶于水的试样,取 50 mg 试样溶于2.5 mL 水中,所得溶液做阳离子分析用。

对不溶于水的试样,选择能全溶的酸作溶剂,并尽量利用稀酸。如 HCl 和 HNO_3 均不能使其全溶,才用王水。例如,选用 HNO_3 作溶剂,可在蒸发皿中,用 2.5 mL 6 mol · L^{-1} HNO_3 溶液处理 50 mg 试样,将溶液放在水浴上蒸至 2~3 滴,冷却后加 4.5 mL 水,搅拌,并使析出的盐类全部溶解,将此溶液移入试管中,待分析。

(2) 取约 1 mL 制备的溶液,自拟分析步骤进行分析。

3. 阴离子试液的制备和分析

(1) 溶液的制备。

① 可溶于水的物质的溶解:取 100 mg 固体试样,加 1 滴 6 mol · L^{-1} NaOH 溶液和 1 mL 水,搅拌 5 min,离心分离。在残渣上再加 1 mL 水和 1 滴 6 mol · L^{-1} NaOH 溶液,再搅拌 5 min,离心分离。合并两次离心液,加入 1.5 mol · L^{-1} Na_2CO_3 溶液,如有沉淀产生,则继续加 Na_2CO_3 直至沉淀完全为止,离心分离,溶液供阴离子分析用。

② 不溶于水的物质的溶解:取 100 mg 试样,加 0.5 mL 1.5 mol · L^{-1} Na_2CO_3 溶液,剧烈搅拌 5 min,离心分离。在残渣上再加 0.5 mL Na_2CO_3 溶液,重复上面的处理共两次,合并 3 次离心液,供阴离子分析用。

(2) 阴离子分析　根据阳离子的分析,以及阴离子的初步试验,可知道某些阴离子肯定存在,某些阴离子不可能存在,某些阴离子需要证实后再作结论。

4. 判断

根据阴、阳离子的分析,结合试样的初步试验,判断固体试样中有哪些成分。

问题

1. 有一白色固体试样易溶于水,加入盐酸时有硫化氢和二氧化碳气体放出。能否判断哪些阳离子不可能存在,哪些阳离子可能存在并需要检验证实?

2. 有一固体试样易溶于水,并检验出了 Ag^+,问哪些阴离子不可能存在?

3. 有一未知溶液,无色、无臭呈强碱性,可能存在哪些阳离子?与这些阳离子共存的阴离子有哪些?

4. 分别用简便方法鉴定三瓶红色粉末:硫化汞、碘化汞和三氧化二铁;三瓶白色粉末:氯化银、氯化铅、氯化锌。

5. 某未知固体试样,可能有三氯化铁、铬酸钡、硫酸锰、硝酸银组成,试样经盐酸处理后得一白色沉淀 A 和橙色溶液 B。A 能完全溶解在氨水中,往 B 中通硫化氢气体则生成白色物质 C 及溶液 D,C 使溶液浑浊。用碳酸钠中和 D,冒出气泡并得一灰绿色沉淀 E。问此混合物由哪几种物质组成?A、B、C、D、E 各是什么物质?写出有关的反应方程式。

22 无机物制备

22.1 氮化镁的合成

(6 学时)

预习

氮与活泼金属的反应;钢瓶的使用。

思考题

1. 有哪些金属可以生成离子型氮化物?

2. 氮气中含有水、氧气,对实验结果有何影响? 如何除去这些杂质?

实验

1. 合成

称取 0.6 g 镁粉(或镁屑),置于干燥的不锈钢舟(或瓷舟)中,均匀地铺成一薄层。

将不锈钢舟放在瓷管中央,如图 5-22-1 装配仪器,并注意使不锈钢舟所在部位正好在炉子加热区的中央。用石棉绳绕好炉子两端的瓷管,使封闭紧密。

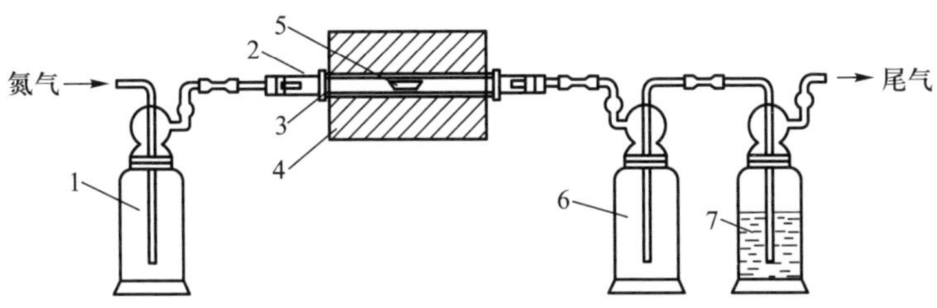

图 5-22-1　氮化镁合成装置

1、6—缓冲瓶;2—瓷管;3—石棉绳;4—管式炉;
5—不锈钢舟;7—$FeSO_4$ 饱和溶液洗气瓶

通氮气 15 min,把空气赶尽。控制氮气流速使尾气的气泡一个接一个为宜。接通管式炉电源,炉温升高,当温度达到 1 073 K 时,保温 0.5 h(镁屑需1 h),以使反应完全。反应结束后,切断电源,缓慢冷却。当炉温降至室温时,关闭氮气钢瓶,取出不锈钢舟,将产品称量,保存于干燥试管中,并塞上塞子。

2. 产品鉴定

(1) 观察产品的颜色。

(2) 把少量产品放在空气中,能闻到什么气味?

(3) 把少量产品放入盛有 1 mL 水的试管中,观察现象。鉴定水解后的产物。

问题

根据实验结果说明氮化镁的性质。

22.2 醋酸亚铬的制备

(4 学时)

预习

二价铬化合物的性质。

思考题

1. 在什么条件下才能制得二价铬的化合物?

2. 锌、盐酸、重铬酸钾反应完成的标志是什么?说明原因。

3. 难溶的醋酸亚铬是最稳定的二价铬化合物,但在潮湿时易被氧化。实验中最困难的是哪一步,应采取什么措施?

4. 实验中产生大量氢气,又使用乙醚、乙醇等有机溶剂,最重要的安全措施是什么?

实验

1. 无氧水的制备

将 100 mL 纯水煮沸 10 min 后,隔绝空气冷却。

2. 醋酸亚铬的制备

在吸滤瓶中放 1.5 g $K_2Cr_2O_7$ 粉末、7.5 g 锌丝,锥形瓶中放冷的 NaAc 溶液(13.5 g NaAc · $3H_2O$ 固体,加 12 mL 无氧纯水),250 mL 烧杯中放自来水。按图 5-22-2 装配仪器。

装配时须注意,吸滤瓶要塞紧,滤瓶内导管要伸到瓶底。在分液漏斗中放 35 mL 8 mol · L^{-1} HCl 溶液,打开通向烧杯的弹簧夹,夹紧通向锥形瓶的弹簧夹,向滤瓶内滴加 HCl 溶液,控制滴加速度使反应以一定的速度进行,但不剧烈。当滤瓶内溶液变成纯蓝色时,表示反应结束。打开通向锥形瓶的弹簧夹,关闭通向烧杯的弹簧夹,使过剩的 Zn 与 HCl 反应产生的 H_2 将溶液压到锥形瓶中,当转移完全后,迅速塞紧锥形瓶,以防空气进入。用冰水冷却,有红色晶体析出。

3. 晶体的洗涤与干燥

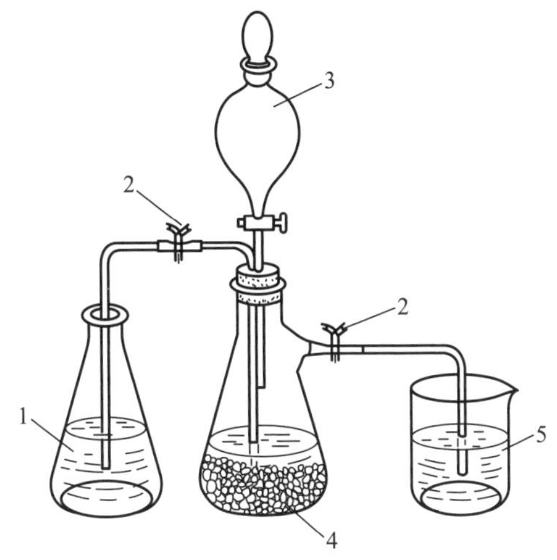

图 5-22-2 醋酸亚铬制备装置

1—锥形瓶;2—弹簧夹;3—分液漏斗;4—吸滤瓶;5—烧杯

$Cr(Ac)_2$ 晶体上附有 NaAc 和其他盐,需用水彻底洗去。为了防止产品与空气接触,过滤与洗涤时,晶体上面要有一层液体,操作时要做到不等前一次溶液或洗涤液流完就要加下一次的洗涤液。

摇动锥形瓶,将溶液与晶体一起过滤,依次用四份 6 mL 冷的无氧水、两份6 mL无水乙醇、两份 6 mL 无水乙醚洗涤晶体。抽干,在纸上晾干,将晶体转移到有塞的干燥瓶中,称量。

扩展实验

——醋酸亚铬的鉴定

用磁天平测定产物的磁性,由磁性决定产物是否纯净。

22.3 电解法制备高锰酸钾

(8 学时)

预习

1. 从软锰矿制备高锰酸钾的方法。
2. Mn(Ⅳ、Ⅵ、Ⅶ)化合物的性质。
3. 查出高锰酸钾在不同温度下的溶解度。
4. 重结晶原理。

思考题

1. 如何过滤强碱性溶液?

2. 写出电解时两个电极上的反应方程式。

3. 根据高锰酸钾溶解度数据,计算重结晶时溶解每克产品所需的水量。

实验

1. 锰酸钾的制备

在铁坩埚中,加入 8 g $KClO_3$、16 g KOH,混合均匀。小火加热,并用铁棒不断搅拌。待混合物熔融后,边搅拌边分次加入 11 g MnO_2。随着反应的进行,熔融物的黏度逐渐加大,要用力搅拌以防结块。当反应物快要干涸时,更要用力不断搅拌,使呈颗粒状,不结成大块粘在坩埚壁上。反应物干涸后,再强热5 min,此时适当搅动。

冷却,从坩埚中取出产物,在研钵中研细后放入 250 mL 烧杯中,分别用 40 mL、20 mL、20 mL 纯水浸取。每次浸取时,搅拌、加热,以促使其溶解,静置片刻,倾出上层清液于另一烧杯中。合并 3 次浸取液趁热过滤(包括熔物渣),滤液留作电解用。

若坩埚内壁粘有较多的固体,则把坩埚放在烧杯中一起加热,溶解固体,以免损失产物。

2. 锰酸钾溶液的电解

阳极为镍片,尺寸如图 5-22-3 所示,卷成圆筒状。从虚线处向下折成 90°,由小孔处固定到电极插座上。阴极为下面弯曲为螺旋形的一根粗铁丝(直径为 2 mm)。

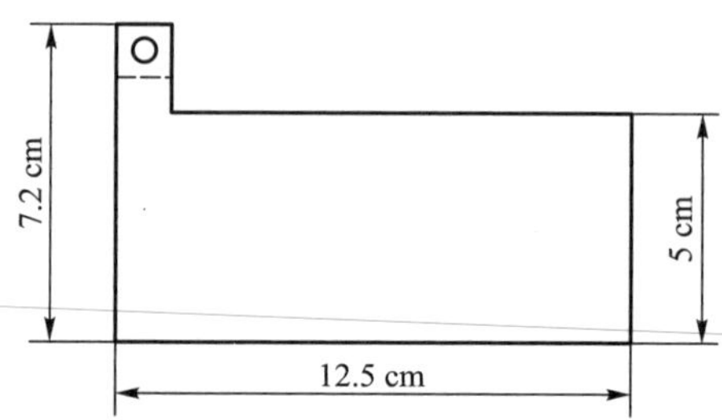

图 5-22-3　电解锰酸钾溶液用的阳极尺寸

将滤液倒入烧杯(电解槽)中,加热到 333 K,放入电极,此时浸入溶液的阴极面积应是阳极的 1/10,电极间的距离为 0.5~1.0 cm。接通直流电源,控制阳极的电流密度为 10 $mA \cdot cm^{-2}$,阴极的电流密度为 100 $mA \cdot cm^{-2}$,槽电压为 2.5~3.0 V。阴极上可观察到有气体放出,$KMnO_4$ 则在阳极逐渐析出并沉于烧杯底部,溶液的颜色发生变化。电解约 2 h 后 K_2MnO_4 已大部分转为 $KMnO_4$,用玻璃棒蘸取电解液滴在滤纸上,如只显紫红色而无绿色,可认为电解完毕。停止通电,取出电极。用冷水冷却电解液,使其充分结晶。

过滤、称量。

3. 高锰酸钾的重结晶

计算溶解粗产品所需的水量,用重结晶法提纯粗产品。将尽可能抽干的提纯产品放在表面皿上,在 353 K 的烘箱中干燥 1 h。冷却、称量。

注意:在烘干过程中绝对不能在产品中混入纸屑或其他可燃物质,以免发生危险。

问题

与实验 20.2 中的高锰酸钾制备方法相比较,电解法的优点是什么?

22.4 从钛铁矿制备二氧化钛

(8 学时)

预习

1. 钛铁矿的组成,矿石的酸法分解;Ti(Ⅳ)化合物的性质。
2. 盐的水解及影响因素,β-钛酸的制法。

思考题

1. 简述酸法溶矿制取二氧化钛的原理,写出主要化学反应式。
2. 产品中的主要杂质是什么?对产品有何影响,如何除去?
3. 浸取产物时为什么温度不能超过 348 K?

实验

1. 分解钛铁矿

在蒸发皿里加入 50 g 研细的 300 目钛铁矿,用少量水(5 mL 左右)拌匀,加入0.01 g Sb_2O_3,再加入 50 mL 浓硫酸。一面搅拌,一面放在沙浴上加热,并用温度计(可测量到 523 K)测量反应物的温度。当温度升至 433 K 时温度会急剧上升,这表明反应已经开始,停止搅拌,观察反应物的颜色和黏度有何变化。待温度升到 473 K 左右,保温15 min(注意:切勿超过 493K),直到反应物变稠为止。在 433K 陈化 0.5 h,最后冷至 323 K 左右。

2. 浸取产物

取出产物放在烧杯中,用 160 mL 水浸取 1 h。浸取温度不得超过 348 K,过高时用冷水冷却,不断搅拌以加速其溶解。加入 0.1 g Na_2S 固体、1 g 铁粉,搅拌,反应约 10 min。吸滤,除去残渣,并用 10 mL 水洗残渣。

3. 分离硫酸亚铁

取滤液 1 mL,检查溶液中有无 Fe^{3+}。如无 Fe^{3+},冰盐浴冷却滤液至 271 K,则有$FeSO_4 \cdot 7H_2O$ 析出,吸滤。

4. 钛盐的水解

把滤去 $FeSO_4 \cdot 7H_2O$ 晶体的溶液加热至 363 K 左右，然后把它慢慢加至 500 mL 沸水中。煮沸 1 h（应不时地补充水分），观察反应物的颜色和状态。吸滤，用 2 mL 3 $mol \cdot L^{-1}$ H_2SO_4 溶液洗涤沉淀，再用纯水洗至滤液中不含 Fe^{3+} 为止。

5. 二氧化钛的制备

把 β-钛酸放在坩埚中灼烧 0.5 h 至不冒白烟为止。冷却，观察产物的颜色，称量。

提示

1. 所用粗硫酸浓度要高，以使反应发生，温度急剧上升，否则此现象不易观察到。

2. 陈化 0.5 h 后，立即转移到烧杯中，时间太长会产生结块不易转移。

3. 钛盐溶液煮沸时需不断搅拌，否则沉淀的 β-钛酸会阻止气泡上升而发生暴沸。

参考数据

$FeSO_4 \cdot 7H_2O$ 在含 120～140 g $(TiO_2) \cdot L^{-1}$、酸比值 $F = 2.2 \sim 2.5$ 的 H_2SO_4 溶液中的溶解度：

温度/K	303	293	287	283	278	273	271	267
铁含量/($g \cdot L^{-1}$)	88	70	48.5	43	35	25	22	14

酸比值 F 是“有效”H_2SO_4（游离酸和钛所化合的酸的总和）的质量对溶液中 TiO_2 质量的比值。

22.5 从铬铁矿制备金属铬

（8 学时）

预习

1. 铬铁矿的主要成分；Cr(Ⅲ)、Cr(Ⅵ)化合物的性质。

2. 铝热法。

思考题

1. 简述从铬铁矿制备金属铬的原理，写出主要化学反应式。

2. 用铝热法还原三氧化二铬时，除铝粉外，为什么还要加镁屑和硝酸钠？

3. 按铬铁矿含三氧化二铬为 39%，计算铬的理论产量。

实验

1. 铬铁矿的焙烧

把 36 g 铬铁矿、24 g 无水 Na_2CO_3、87 g 白云石粉一起磨细、混匀，置于瓷管中（图 5-22-4）。接通电源，电炉升温，同时不断旋转瓷管。当温度升至 1 223 K，保温10 min，停止加热。待瓷管冷却后倒出炉料，料呈暗绿色。

2. 浸取

把炉料放在烧杯中（若炉料结块需预先研细），加水 200 mL，在不断搅拌下加热15 min，静止片刻，让炉渣沉降。倾出清液，再用水重复浸取炉料 2 次，每次用 150 mL 水。合并 3 次浸取液，连同炉渣吸滤，弃去炉渣。

3. 铬酸钠的还原

按图 5-22-5 安装仪器，加热 Na_2CrO_4 溶液至 368 K 时，开动搅拌器，小心旋开分液漏斗旋塞，滴加 15% Na_2S 溶液到 Na_2CrO_4 溶液中。数分钟后，用玻璃棒蘸取一些溶液于滤纸上，加一滴醋酸联苯胺溶液，如溶液对醋酸联苯胺不显色，说明 CrO_4^{2-} 已基本与 Na_2S 反应，停止加入 Na_2S 溶液。继

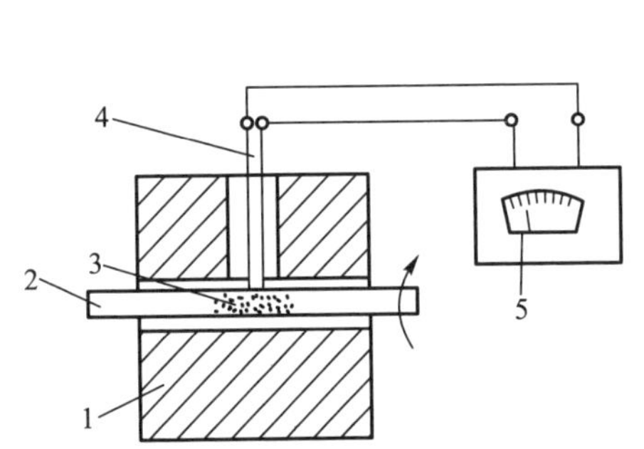

图 5-22-4 铬铁矿焙烧装置

1—管式炉；2—瓷管；3—炉料；4—热电偶；5—高温计

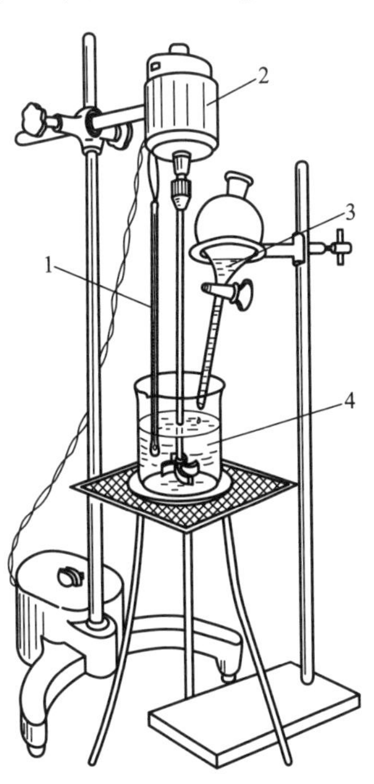

图 5-22-5 铬酸钠还原装置

1—温度计； 2—电动搅拌机；3—Na_2S 溶液；4—Na_2CrO_4 溶液

续加热与搅拌 5 min，以利反应完全。吸滤，热水洗至滤液的 pH 在 11 左右，且无 S^{2-} 存在。

4. 氢氧化铬的煅烧

置吸干后的 $Cr(OH)_3$ 在瓷坩埚中，小火加热，当颜色由绿色变为棕褐色后，大火煅烧 20 min，冷至室温，称量。

5. 冶炼

在沙浴上，于 423 K 烘干 $NaNO_3$，除去其中的水分。按 2 g 铝粉、1 g 镁屑、5 g $NaNO_3$ 的比例组成点火剂。

称取 60 g Cr_2O_3、27g 铝粉，与部分点火剂混合均匀。在陶土坩埚底部铺上一层点火剂，再放 Cr_2O_3 和铝粉的混合物，压紧，在其上部挖小洼孔，用点火剂填满再在其面上铺一薄层点火剂（图 5-22-6）。

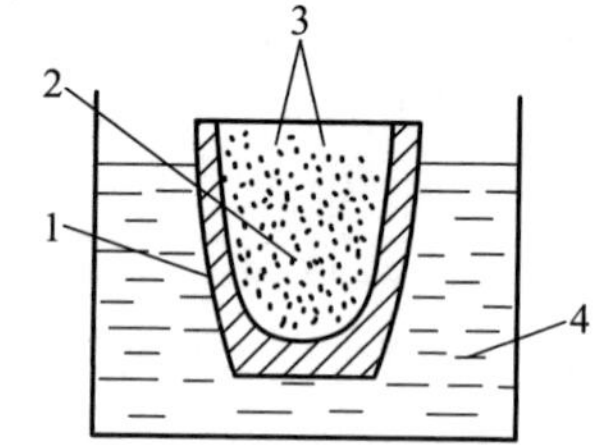

图 5-22-6　铝热法还原装置
1—坩埚；2—铝粉+三氧化二铬；3—点火剂；4—沙

把坩埚放沙盆中，然后用坩埚钳夹一镁条，点火后小心地丢入坩埚中，反应立即猛烈进行。反应结束后，冷却，取出反应物，敲去炉渣即得金属铬，称量。

提示

1. 白云石粉（$CaCO_3$、$MgCO_3$）作为炉料的填充剂，防止炉料烧结，使炉料疏松有利于铬铁矿的氧化。

2. 联苯胺的分子式为

$$H_2N-C_6H_4-C_6H_4-NH_2$$

与 Na_2CrO_4 的反应式如下：

$$3H_2N-C_6H_4-C_6H_4-NH_2 + 2Na_2CrO_4 + 10HAc \xlongequal{} 3HN{=}C_6H_4{=}C_6H_4{=}NH + 2Cr(Ac)_3 + 4NaAc + 8H_2O$$

蓝色

问题

1. 工业用的硫化钠往往含有硅酸钠，常用加入石灰水的方法除去，试说明其原理。

2. 某厂老法生产金属铬的流程如下：

在氧气存在下，铬铁矿、碳酸钠、白云石高温共熔，用水浸取熔体，过滤。用硫酸酸化滤液，调节 pH，使铝以氢氧化铝形式从溶液析出，此时铬酸钠转化为重铬酸钠，过滤。浓缩滤液，加入浓硫酸，使三氧化铬沉淀析出，过滤。加热分解三氧化铬为三氧化二铬，铝热法还原得金属铬。

试写出主要化学反应式，并与本实验制备方法比较，进行评说。

第六篇

综合、研究

学 习 要 求

本篇介绍综合性和富有探索性的研究式实验。综合性实验是由若干个简单实验组成,介绍对化学物质进行初步研究的思路和方法,进行无机化合物的制备和组分测定、复杂体系的预处理和组分分析。研究式实验则是在查阅资料的基础上,拟订实验方案,独立完成实验,最后用小论文的形式表达实验结果,初步练习用实验解决化学问题。

在获得全面训练的学习过程中,除了继续巩固基本操作、基本技术外,要始终不忘实验课程的最终目的——获得独立解决实际问题的能力。因此,要把综合性、研究式实验的学习看作"化学家在实验室里做研究工作"那样,有一个要解决的化学问题,于是查阅资料,设计实验,进行观察和测试,分析和探讨,经实验、改进、再实验,直至问题解决。

本篇是大学化学实验的最后阶段,实验有一定的难度,因此,必须投入时间和精力,进行周密思考,灵活应用已掌握的化学知识、实验技术和方法,用主动、积极的学习获得能力培养的最佳效果。

实 验 方 法 提 要

一、制备配合物的常用方法

一般说来,制备配合物的第一步是寻找效果好的反应。常用的配合物制备反应有:取代反应、直接反应、氧化还原反应等。

1. 取代反应

(1) 配位水被其他配体取代 绝大多数金属离子在水溶液中都以水合配离子的形式存在,其他配体可以全部或部分地取代水分子形成新的配合物,这样的反应往往是分步进行的。如$[Ni(NH_3)_6]Br_2$的制备,可将溴化镍溶液加到过量的浓氨水中,即可得蓝紫色的$[Ni(NH_3)_6)]Br_2$晶体,且取代反应进行得很完全。但若将硫酸铜溶液加到过量氨水中,氨不能全部取代$[Cu(H_2O)_6]^{2+}$中的水分子,只能形成$[Cu(NH_3)_5H_2O]^{2+}$和$[Cu(NH_3)_4(H_2O)_2]^{2+}$。当加入乙醇后,可析出深蓝色的$[Cu(NH_3)_4(H_2O)_2]SO_4$晶体。

(2) 非水配体间的相互取代 在水溶液中,$[Co(NO_2)_6]^{3-}$配离子中的NO_2^-可被乙二胺(en)部分取代而生成$[Co(NO_2)_2(en)_2]^+$。

(3) 利用热分解反应　许多配合物在加热时可逐步失去配体。还有一些配合物，在失去配体的同时，外界的离子可以进入内界。因此，通过控制加热温度，可用来制备其他方法难以制备的配合物。如将$[Cr(en)_3]Cl_3$加热至 483 K，可制得顺式$[Cr(en)_2Cl_2]Cl$。

2. 直接反应

氯化亚铁与液氨(沸点 240 K)反应后，使未配位的过量氨挥发，可得到在室温下稳定的$[Fe(NH_3)_6]Cl_2$。若将 Fe^{2+} 与氨水反应，则主要生成氢氧化物沉淀。在水溶液中制备不到的$[Cu(NH_3)_6]Br_2$，同样可用溴化铜溶液与液氨来制备。

3. 氧化还原反应

三价钴配合物比二价钴配合物稳定，但在一般化合物中则相反。因此，制备三价钴配合物时，常用二价钴化合物为原料，通过氧化反应来制备，如橙色的$[Co(NH_3)_6]Cl_3$ 可用如下方法获得：

$$2[Co(H_2O)_6]Cl_2+2NH_4Cl+10NH_3+H_2O_2 \xlongequal{\text{活性炭}} 2[Co(NH_3)_6]Cl_3+14H_2O$$

同样以过氧化氢为氧化剂，在草酸亚铁、草酸钾和草酸的水溶液中，可得到绿色的 $K_3[Fe(C_2O_4)_3]$。

与钴配合物相反，三价铬的配合物常以铬酸盐或重铬酸钾为原料，用还原剂还原来制备，有时配体本身就是还原剂。如在水溶液中，草酸、草酸钾和重铬酸钾反应可制得 $K_3[Cr(C_2O_4)_3]$。同样，三价锰的配合物也可通过还原高价锰化合物来制备，如高锰酸钾、草酸和草酸钾在水溶液中反应得 $K_3[Mn(C_2O_4)_3]$。

制取配合物的第二步是从反应混合物中分离出产物。对于经典配合物，常用结晶方法进行分离，其技术有：

① 蒸发除去部分溶剂，再用冰盐浴冷却反应混合物。

② 缓慢加入与溶剂能互溶的另一种溶剂，以降低产物的溶解度。

③ 如要得到的配合物是配阳离子，加入与它生成难溶盐的合适阴离子使它分离出来。反之，若要分离出配阴离子，则加入适当的阳离子。

二、固相化学反应简介①

传统的化学反应往往是在溶液或气相中进行，那么，化学反应的发生是否真的离不开液体或溶剂？1912 年，当时年轻的 Hedvall 在 Berichte 杂

① 忻新泉，周益明，牛云垠. 低热固相化学反应[M].北京：高等教育出版社，2010.

志上发表了“关于林曼绿”（CoO 和 ZnO 的粉末固体反应）为题的论文，否定了“没有液体的存在就不能发生化学反应”。从此，固相化学反应的研究正式拉开序幕。

1. 固相化学反应的定义

固相化学反应的定义一直是化学家争论，但至今尚无定论的问题。狭义地说，只有固体与固体之间的反应才是固相化学反应。从广义的层面看，凡是反应中有固体物质直接参与的反应都可以称为固相化学反应，这样，固体的氧化、还原、相变、分解，固体与固体、固体与液体、固体与气体的反应都属于固相化学反应的范畴。

2. 固相化学反应的分类

固相化学反应从不同的角度可以有不同的分类。如根据固相化学反应发生需要的温度，可将固相化学反应分为三类：

反应温度低于 373 K 的低热固相化学反应（也称为室温/近室温固相化学反应）；

反应温度介于 373~873 K 之间的中温固相化学反应；

反应温度高于 873 K 的高温固相化学反应。

3. 室温/低热固相化学反应

教材中涉及的是室温/低热固-固相化学反应，也就是室温（293 K 左右）及低于 373 K 时的固-固相化学反应。

由于传统的材料主要是一些高熔点的无机固体，它们的合成通常涉及 1 273~1 773 K 的高温固相化学反应，因而，人们产生了固相化学反应通常只能在高温下进行，室温/低热固-固相化学反应几乎很难进行的观念，因此室温/低热固-固相化学反应的研究一直未受到重视。

自 20 世纪 80 年代以来，国内外越来越多的化学家从不同的角度探索了这一领域，取得了大量振奋人心的结果，使室温/低热条件下的固-固相化学反应成为化学科学中的一个小小的分支。

4. 室温/低热固相化学反应在无机合成中的优势

（1）合成了一类只有在固相中才能存在的介稳态化合物（它们的特点是：不能在溶液中合成，又不能在高温时存在，只能用室温/低热固相化学反应制取，也只能以固相状态存在）。

（2）在溶剂中难溶的金属盐或难溶的配体可以通过固相化学反应合成。

（3）易水解的金属盐，可以通过固相化学反应合成。

（4）室温/低热固相化学反应符合绿色化学的要求。首先，固相化学反应产率高，从热力学探讨固-固相化学反应没有化学平衡，反应得率

100%，大量的实验结果已证实了这一结论。此外，固-固相直接反应，不用或少用溶剂，过程简单，大大减少了环境污染；在室温/低热条件下的反应又节约能源。“减污、节能、高效”的这些优点为化工产品生产的绿色化提供了一条可选择的途径。

低热固相化学反应作为一个新的合成手段，已在新的配合物、多酸化合物、羰基化合物、原子簇化合物、金属有机化合物、磷酸盐化合物、纳米材料、电池及其他功能材料的合成，以及有机合成中得到了广泛的应用。

5. 影响低热固相化学反应的因素

固相化学反应在固体“表面”进行，决定固相化学反应的因素是固体化学反应物质的晶体结构、内部的缺陷、形貌（粒度、空隙度、表面状况），以及界面上微量杂质引起组分的表面能量状态不同等。在这些因素中，晶体的结构和缺陷、物质化学反应性和界面能量状态是内在因素；反应温度、参与反应的气相物质的压力、电化学反应中电极上提供的外加电压、射线的辐射、机械处理（如机械粉碎、预混合等）、反应时间等是外界条件。此外，多晶转变、脱水、分解、形成固溶体等作用常伴随反应物晶格的活化。有时外界条件也可能影响甚至改变内在的因素，例如对固体物质进行某些预处理时，如辐射、掺杂、机械粉碎、压团、加热、在真空或某种气氛中反应，均能改变固体物质内部的结构和缺陷的状况，从而改变其能量状态。

反应物颗粒的大小对固相化学反应有直接影响，颗粒越细反应速率越快。由于颗粒大小对固相化学反应速率影响极大，所以将固体物料进行研磨粉碎，以提高固体物质的比表面积，并使晶粒表面及内部产生严重缺陷，是增加质点活性、促进固相化学反应的有效措施之一。

三、化学式的测定

1. 合成法

合成法是将一定质量的几种单质化合成待研究的化合物。根据该化合物的质量确定化学式。

2. 分解法

先将待测化合物分解为单质或其他形式的化合物，再分别测定它们的含量，以求得化学式。如三氯化六氨合钴（Ⅲ）的组成测定就采用分解法。但由于该化合物是配合物，还需确定配离子的组成。因此必须通过测定配阳离子（或配阴离子）的电荷数，才能最后定出配合物的化学式。

3. 确定配离子电荷的方法

(1) 电导法　见第四篇实验方法提要。

(2) 离子交换法 该法为常用、简便而准确的方法。配阳离子与氢型阳离子交换树脂中的 H^+ 交换，H^+ 进入溶液中；配阴离子则与氢氧型或氯型交换树脂中的 OH^- 或 Cl^- 交换，OH^- 或 Cl^- 进入溶液中。交换出来的 H^+、OH^- 或 Cl^- 可用标准碱、标准酸或标准硝酸银溶液滴定，通过计算即可得出配离子的电荷数：

$$配离子的电荷数=\frac{H^+(或\ OH^-、Cl^-)物质的量}{配合物物质的量}$$

四、植物中某些元素的鉴定与定量测定

1. 植物的灰化与浸取

植物为有机体，主要由 C、H、N 和 O 等元素组成，还含有 P、I，以及 Fe、Al、Ca、Mg、Cu、Mn、Zn、Na、K 等微量金属元素。将植物烧成灰烬，经过一定的浸取和分离处理，即可鉴定、定量测定其中的某些元素。用于实验的植物标本可以选择茶叶、海带或紫菜，也可以是松枝、柏枝的枯枝或干叶。每种植物中各元素的含量不尽相同。

在通风橱中，将已干燥、粉碎的植物试样放在敞口的蒸发皿或坩埚中加热灰化，称为“干灰化”。灰化时，除几种主要元素形成易挥发的物质逸出外，其他元素则留在灰烬中。若用松枝、柏枝的枯枝，则先充分灰化，再移至研钵磨细。

用盐酸浸取灰烬，Fe、Al、Ca、Mg、Mn 等元素便进入溶液。

另取灰烬，用浓硝酸溶解，再加纯水，过滤得含 P 元素的溶液。

在灰烬中加 5%醋酸溶液，稍加热溶解，过滤得含 I 元素的溶液（海带、紫菜中含量较高）。

2. Fe^{3+}、Al^{3+}、Ca^{2+}、Mg^{2+} 的定性鉴定

Fe^{3+}、Al^{3+}、Ca^{2+}、Mg^{2+} 需分离后鉴定。用氨水调节溶液的 pH，使 Fe^{3+} 与 Al^{3+} 形成沉淀，与 Ca^{2+}、Mg^{2+} 分离，沉淀用盐酸溶解。钙镁混合液中，Ca^{2+} 和 Mg^{2+} 的鉴定互不干扰，可直接鉴定，不必分离。铁铝混合液中 Fe^{3+} 对 Al^{3+} 的鉴定有干扰，需分离 Fe^{3+} 后进行 Al^{3+} 的鉴定。

P、I 元素可单独鉴定。

3. Fe^{3+}、Al^{3+}、Ca^{2+}、Mg^{2+} 的定量测定

(1) 钙、镁含量的测定 钙、镁含量的测定可采用配位滴定法，需注意 Fe^{3+}、Al^{3+} 的存在会干扰 Ca^{2+}、Mg^{2+} 的测定，分析时，可用掩蔽剂加以掩蔽。

(2) 铁含量的测定 植物中铁含量较低，可用分光光度法测定。在 $pH=2\sim9$ 的条件下，Fe^{2+} 与邻菲咯啉（缩写为 Phen）能生成稳定的橘红色的

配离子$[Fe(Phen)_3]^{2+}$,反应式如下:

$$Fe^{2+}+3Phen \longrightarrow [Fe(Phen)_3]^{2+}$$

该配合物的 $\lg\beta_3=21.3$,摩尔吸收系数 $\kappa_{508}=1.1\times10^4\ L\cdot cm^{-1}\cdot mol^{-1}$。

显色前,用盐酸羟胺把 Fe^{3+} 还原成 Fe^{2+}($pH<3$),其反应式如下:

$$2Fe^{3+}+2NH_2OH\cdot HCl = 2Fe^{2+}+2H_2O+4H^++N_2\uparrow+2Cl^-$$

Cu^{2+}、Co^{2+}、Ni^{2+}、Cd^{2+}、Hg^{2+}、Mn^{2+}、Zn^{2+}等离子也能与 Phen 生成稳定的配合物,在少量的情况下,不影响铁的测定,量大时可用 EDTA 掩蔽或预先分离。

显色时,溶液的酸度过高($pH<2$),反应进行较慢;若酸度太低,则 Fe^{2+} 水解,影响显色。

由于显色反应受到多种因素的影响,如溶液的酸度、显色剂的用量、有色溶液的稳定性、温度、溶剂、干扰物质、加入试样的次序等,因此,分光光度法的测定条件均通过实验来确定。选择适宜的反应条件,并严格控制反应条件是提高反应选择性和灵敏度的有效办法。此外,还须考虑实验的测量条件,如波长、光程等,波长由吸收曲线定,选择最大吸收波长作为测定波长,可提高测定的灵敏度和准确度;光程由选择的比色皿厚度定,一般情况下,光程愈长,测定的灵敏度愈高。

实验中,通过对显色反应的几个条件试验,学习分光光度法测定条件的选择。条件试验时,变动某实验条件,固定其余条件,测得一系列吸光度值,绘制吸光度-某实验条件的曲线,根据曲线确定某实验条件的适宜值或适宜范围。

五、若干研究方法简介

1. 热分析法

热重法(thermogravimetry, TG):用来研究物质的质量随温度变化的规律。采用热天平(又称热重分析仪)测定试样在温度变化时由于发生某种热效应,如分解、化合、脱水、氧化还原等原因而引起的质量增加或减少,从而研究物质的物理化学过程。仪器记录得到热重曲线,其数学表达式为 $m=f(T\text{或}t)$。曲线的横坐标是温度 T 或时间 t,纵坐标是质量 m。

差热分析(differential thermal analysis, DTA):测定在受热或受冷过程中,试样和参考物间的温差与温度的关系,由此来研究物质的物理化学过程。参考物在受热过程中不发生热效应,待测试样与参考物置于加热炉中,同时以相同的条件升温或降温,当试样发生相变、分解、化合、升华、脱水、溶化等热效应时,试样与参考物之间会产生温差,利用差热电偶可以测量出反映这一温差的差热电势，差热电势经毫伏直流放大器放大后送入记录器记录，即可得到差热曲线，其数学表达式为 $\Delta T=f(T$ 或 $t)$，曲线的横坐标是温度 T 或时间 t，纵坐标是温差，曲线向下是吸热反应，向上是放热反应。

差示扫描量热法（differential scanning calorimetry，DSC）：DSC 曲线与 DTA 曲线十分相似。由于 DSC 中的试样随时处于程序控制温度下，温度条件严格，该法具有较高分辨率。

2. X 射线衍射（X-ray diffraction，XRD）谱

每一种晶体都具有自己特有的化学组成和晶体结构。没有任何两种晶体物质，它们的晶胞大小、晶胞中所含质点（原子、离子或分子）的种类和数目，以及它们在晶胞中的排列方式是完全一致的。因此，当 X 射线通过晶体时，每一种晶体都有自己特征的衍射花样，就像人的指纹一样。它们的特征可以用衍射面网的间距 d 和衍射的相对强度 I/I_1 来表示。

粉末衍射标准联合委员会（JCPDS）专门负责收集晶体的衍射标准数据，并编制了一套 X 射线粉末衍射数据的卡片（JCPDS 卡片）。实际工作中只要测得被测物质的粉末衍射数据，再查对 JCPDS 卡片，即可得知被测物质的化学式、习惯名称及有关的各种结晶学数据。

3. 红外光（IR）谱

红外光谱是由分子的振动能级跃迁引起的，它和分子结构有着密切的关系。谱带的特征振动频率是对化学键及官能团进行定性分析的基础，谱带的强度是定量分析的基础。

红外光谱可用于研究配位键的生成、配合物的对称性及性质等，但常与其他方法配合使用。红外光谱可鉴别配合物的顺反异构体。如 $Cu(gly)_2 \cdot H_2O$（配体甘氨酸根 $H_2NCH_2COO^-$ 的缩写为 gly）在波数 450～500 cm^{-1}、1 000～1 100 cm^{-1}，1 100～1 200 cm^{-1} 3 个区域内，顺式异构体均为双峰，而反式异构体都是单峰。配位键的振动频率与金属和配体的性质都有关，配位键比共价键弱，且金属原子比碳、氢原子重得多，故配合物的伸缩和弯曲振动一般出现在低频区，常与其他低频振动互相作用，以致配位键一般难以根据经验规律加以归属，而常用比较法。比较自由配体与其配合物的红外光谱，在自由配体的光谱中应当找不到配合物的振动谱带。其缺点是有些配体在生成配合物后会出现新的振动频率，与配位键的振动频率在同一区域，常不易分辨出配位键的振动频率。用同位素取代中心原子，可以更明确地找出配位键的振动频率的归属。已分别用同位素如（^{50}Cr，^{53}Cr）、（^{54}Fe，^{57}Fe）、（^{63}Cu，^{65}Cu）等对金属-氮、金属-氧、金属-磷、金

属-卤素的伸缩振动进行了归属，如在顺-$[Cu(gly)_2]\cdot H_2O$ 配合物中，Cu(Ⅱ)与甘氨酸根 gly(N)形成的配位键的振动频率是(以波数表示) 460 cm^{-1}或450~500 cm^{-1}，Cu(Ⅱ)与 gly(O)形成的配位键的振动频率约为 310 cm^{-1}(与其他振动偶合的频率)或250~350 cm^{-1}。

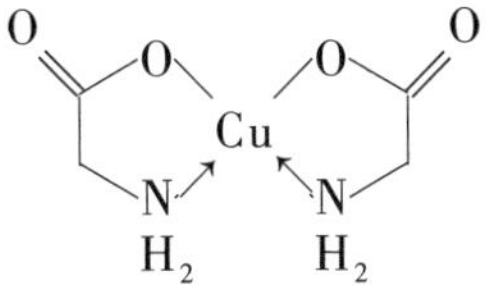

顺式结构图 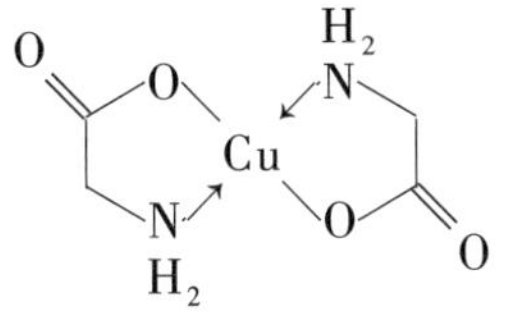　　　反式结构图

4. 磁化率法

磁性是物质的基本性质之一，它与物质的其他性质，如光学、电学、热学等一样，是由化合物的结构决定的。通过化合物磁性的研究，可以了解一些结构信息，如配合物中心原子的氧化态、电子构型、配合物的价键本性和立体结构。此外它的仪器简单，操作方便。

化合物分子中的电子如若全部配对，为反磁性物质。若分子中有未成对的电子则为顺磁性物质。反磁性物质的分子没有固有原子磁矩，反磁性是所有物质的通性，它不仅存在于反磁性物质中，也存在于顺磁性物质中。顺磁性物质的分子有固有原子磁矩，但是无相互作用。

物质在外磁场作用下会被磁化，人们常用磁化率(χ)表示物质的磁性质。用古埃磁天平测定物质的磁化率时，将装有试样的圆柱形玻璃管悬挂在分析天平的一个臂上，使试样底部处于电磁铁两极的中心，另一端则处于场强很弱的区域，因此整个试样管处于一个非均匀磁场中。若不考虑试样管周围介质(如空气)的影响，作用在整个试样管上的力为 $F=\frac{1}{2}\mu_0\chi H^2A$。其中，$\chi$ 为体积磁化率；A 为柱形试样的截面积，H 为磁场强度，μ_0 为常数($4\pi\times10^{-7}$ $Wb\cdot A^{-1}\cdot m^{-1}$)。当试样受到磁场的作用力时，天平的另一臂上加减砝码，可以使天平重新平衡。设 Δm 为施加磁场前后的质量差[$\Delta m=\Delta m$(空管+试样)$-\Delta m$(空管)]，则

$$F=\frac{1}{2}\mu_0\chi H^2A=g\cdot\Delta m\text{（}g\text{ 为重力加速度）}$$

因为 $m=\rho hA$(ρ、h 分别为密度和高度)，所以$\chi=\frac{2g\cdot\Delta m\cdot\rho h}{\mu_0 mH^2}$。又因为质量磁化率$\chi_g$、摩尔磁化率$\chi_M$ 与体积磁化率χ 的关系分别为$\chi_g=\frac{\chi}{\rho}$，$\chi_M=\frac{\chi\cdot M}{\rho}$

(ρ、M 分别为试样的密度和摩尔质量),所以 $\chi_g = \dfrac{2g \cdot \Delta m \cdot h}{\mu_0 m H^2}$;$\chi_M = \dfrac{2g \cdot \Delta m \cdot h \cdot M}{\mu_0 m H^2} = \chi_g \cdot M$。

测定一个试样的磁化率之前,一般先用已知磁化率的物质校正磁天平。校正磁天平的标定物有 $Hg[Co(CNS)_4]$、$[Ni(en)_3]S_2O_3$、$CuSO_4 \cdot 5H_2O$、$(NH_4)_2Fe(SO_4)_2 \cdot 6H_2O$ 等。当待测试样和校正用试样在同一试样管中的填装高度相同,并且在同一场强下进行测量时,待测试样的质量磁化率为

$$\chi_{g,2} = \chi_{g,1} \cdot \frac{\Delta m_2 - \Delta m_0}{\Delta m_1 - \Delta m_0} \cdot \frac{m_1}{m_2}$$

式中,Δm_0、Δm_1、Δm_2 分别为空试样管、校正试样加试样管、待测试样加试样管在施加磁场前后的质量变化;m_1、m_2 分别为校正试样和待测试样的质量。$\chi_{g,1}$ 为校正用试样的质量磁化率,可从有关手册查到。

根据待测试样的质量磁化率可以计算它的摩尔磁化率 χ_M。由于配合物的 χ_M 是中心金属离子、配体及其他离子未成对电子的顺磁性磁化率和配对电子反磁性磁化率的总和。因此,若研究的是配合物,中心金属离子含未成对的电子,由此产生的摩尔磁化率 χ'_M,须从测得的磁化率中减去配体的磁化率及外界各离子的磁化率(即抗磁校正,有关数值见附录二十二),从而得出中心离子的摩尔磁化率 χ'_M。顺磁性物质的摩尔磁化率与温度有关,按照居里定律,$\chi_M^{-1} - T$ 是过原点的直线。若研究的配合物遵循居里定律,可根据 χ'_M 计算实验测定的磁矩:$\mu_{实验} = 2.828\sqrt{\chi'_M T}$($T$ 为实验时的温度)。

电子的磁矩来自两方面的贡献,即电子的自旋角动量和轨道角动量。对于大部分第一过渡金属配合物,其金属离子在周围配体电场中,由于 d 轨道的分裂,会使某些组态离子的轨道角动量受到抑制,对磁矩毫无贡献,其轨道磁矩完全冻结,即轨道角动量由于配体场的作用而猝死,其顺磁磁性由电子自旋运动产生的理论磁矩为 $\mu_{eff} = 2\sqrt{s(s+1)} = \sqrt{n(n+2)}$。一般情况下,$\mu_{eff}$ 与 $\mu_{实验}$ 的大小相近。可通过关系式 $\mu_{实验} = \mu_{eff} = 2\sqrt{s(s+1)} = \sqrt{n(n+2)}$($n$ 为未成对电子数)推算物质的不成对电子数。但是有些过渡金属离子的配合物实验磁矩比理论计算偏大,如 3d 电子为 6、7、8 的一些离子的配合物,其原因是轨道磁矩未完全冻结。

23 综合性实验

23.1 三氯化六氨合钴的制备及其组成的确定

（20 学时）

预习

1. Co(Ⅱ)、Co(Ⅲ)化合物的性质。

2. 沉淀滴定法——莫尔法。

3. 电导、电导率、摩尔电导率；DDSJ—308 型电导率仪的使用。

4. 对能全部解离的配合物，配合物的离子总数与摩尔电导率之间的实验规律。

思考题

1. 在$[Co(NH_3)_6]Cl_3$的制备过程中，氯化铵、活性炭、过氧化氢各起什么作用？影响产品产量的关键在哪里？

2. $[Co(NH_3)_6]^{3+}$与$[Co(NH_3)_6]^{2+}$比较哪个稳定？为什么？

3. 氨的测定原理是什么？氨测定装置中，漏斗下端插入氢氧化钠液面下，以及橡胶塞切口的原因是什么？

4. 测定钴含量时，试液中加入 10%氢氧化钠，加热后产生棕黑色沉淀，这是什么化合物？加入 6 mol·L^{-1}盐酸、30% 过氧化氢，加热至溶液呈浅红色，这是什么化合物？用什么方法测定钴含量？为什么要用 30% 六亚甲基四胺将溶液的 pH 调至 5~6？

5. 氯的测定原理是什么？CrO_4^{2-}浓度、溶液的酸度对分析结果有何影响？合适的条件是什么？

6. 如何测定$[Co(NH_3)_6]Cl_3$的解离类型？

实验

1. 三氯化六氨合钴的制备

在锥形瓶中，将 4 g NH_4Cl 溶于 8.4 mL 水中，加热至沸，加入 6 g 研细的$CoCl_2\cdot 6H_2O$晶体，溶解后稍冷，加 0.4 g 活性炭，摇动锥形瓶，使其混合均匀。用流水冷却后，加入 13.5 mL 浓氨水，再冷至 283 K 以下，用滴管逐滴加入13.5 mL 5% H_2O_2 溶液，水浴加热至 323~333 K，保持 20 min，并不断旋摇锥形瓶。然后用冰浴冷却至 273 K 左右，吸滤，不必洗涤沉淀，直接把沉淀溶于50 mL沸水中（水中含 1.7 mL 浓盐酸）。趁热吸滤，慢慢加入 6.7 mL 浓盐酸于滤液中，即有大量橘黄色晶体析出，用冰浴冷却后过滤。

晶体以冷的 2 mL 2 mol · L^{-1} HCl 溶液洗涤，再用少许乙醇洗涤，吸干。晶体在水浴上干燥，称量，计算产率。

2. 三氯化六氨合钴(Ⅲ)组成的测定

(1) 氨的测定　准确称取 0.2 g 左右的试样，放入 250 mL 锥形瓶中，加80 mL水溶解，然后加入 10 mL 10% NaOH 溶液。在另一锥形瓶中准确加入 30~35 mL 0.5 mol · L^{-1} HCl 标准溶液，放入冰浴中冷却。

按图 6-23-1 装配仪器，从漏斗加 3~5 mL 10% NaOH 溶液于小试管中，漏斗颈下端插入液面 2~3 cm。加热试液，开始可用大火，当溶液近沸时改用小火，保持微沸状态，蒸馏 1 h 左右，即可将溶液中氨全部蒸出。蒸馏完毕，取出插入 HCl 溶液中的导管，用纯水冲洗导管内外(洗涤液流入氨吸收瓶中)。取出吸收瓶，加 2 滴 0.1%甲基红溶液，用 0.5 mol · L^{-1} NaOH 标准溶液滴定过剩的 HCl，计算氨的含量。

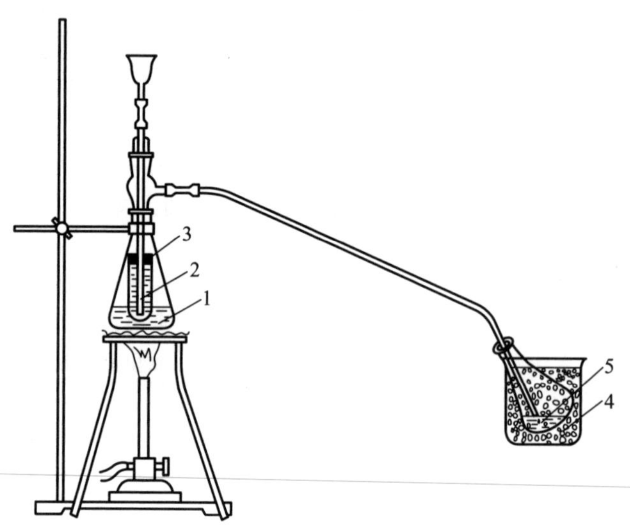

图 6-23-1　蒸氨装置

1—试液；2—10% NaOH 溶液；3—切口橡胶塞；4—冰浴；5—HCl 标准溶液

(2) 钴的测定　准确称取 0.17~0.22 g 试样两份，分别加 20 mL 水溶解，再加入 3 mL 10% NaOH 溶液。加热，有棕黑色沉淀产生，沸后小火加热 10 min，使试样完全分解。稍冷后加入 3.5~4 mL 6 mol · L^{-1}HCl 溶液，滴加1~2滴 30% H_2O_2，加热至棕黑色沉淀全部溶解，溶液成透明的浅红色，赶尽 H_2O_2。冷后准确加入 35~40 mL 0.05 mol · L^{-1} EDTA 标准溶液，加 15~

20 mL 30%六亚甲基四胺后,仔细调节溶液的 pH 为 5~6,加 2~3 滴 0.2%二甲酚橙,用 0.05 $mol \cdot L^{-1} ZnCl_2$ 标准溶液滴定,当试样溶液由橙色变为紫红色即为终点。计算钴的含量。

(3) 氯的测定

① $AgNO_3$ 溶液的浓度约为 0.1 $mol \cdot L^{-1}$,计算滴定所需的试样量。

② 准确称取试样两份,分别加 25 mL 水,配制成试液。

③ 加 1 mL 5% K_2CrO_4 溶液为指示剂,用 0.1 $mol \cdot L^{-1} AgNO_3$ 标准溶液滴定至出现淡红棕色不再消失为终点。

④ 由滴定数据,计算氯的含量。

由以上分析氨、钴、氯的结果,写出产品的实验式。

3. 三氯化六氨合钴解离类型的测定

(1) 配制 100 mL 1.0×10^{-3} $mol \cdot L^{-1}$ $[Co(NH_3)_6]Cl_3$ 溶液,用 DDSJ—308 型电导率仪测定 298 K 时溶液的电导率 κ。

(2) 确定解离类型　按 $\Lambda_m = \kappa \dfrac{10^{-3}}{c}$ 计算 $[Co(NH_3)_6]Cl_3$ 的摩尔电导率 Λ_m,根据 Λ_m 的数值范围确定其离子数,确定配离子的电荷数、$[Co(NH_3)_6]Cl_3$ 的解离类型。

问题

1. 由实验结果确定自制的三氯化六氨合钴的组成,并分析与理论值有差别的原因。

2. 测定配离子电荷有何其他方法?

研究课题

设计实验方案,回收三氯化六氨合钴和滤液中的钴为二氯化钴。

23.2 二草酸合铜酸钾的制备和组成测定

(16 学时)

预习

1. Cu^{2+} 的配位滴定。

2. 氧化还原滴定——高锰酸钾法。

实验

1. 二草酸合铜酸钾的制备

2 g $CuSO_4 \cdot 5H_2O$ 溶于 8 mL 363 K 的水中,另取 6 g $K_2C_2O_4 \cdot H_2O$ 溶于20 mL 363 K 的水中,趁热在激烈搅拌下迅速将 $K_2C_2O_4$ 溶液加入 $CuSO_4$

溶液中,冷至 283 K 有沉淀析出,减压过滤,用 4 mL 冷水分两次洗涤沉淀,在 323 K 下烘干产品。

2. 组成分析

(1) 结晶水的测定　将两个干净坩埚放入烘箱中,在 423 K 下干燥 1 h,然后放在干燥器内冷却 0.5 h,称量。同法,再干燥 0.5 h,冷却,称量,直至恒重。

准确称取 0.5~0.6 g 产物两份,分别放入两个已恒重的坩埚内,在与空坩埚相同的条件下干燥、冷却、称量,直至恒重。

(2) 铜含量的测定　准确称取 0.34~0.38 g 产物一份,用 2~3 mL 浓氨水溶解,加水稀释后,将溶液定量转移至 100 mL 容量瓶中,稀释至标线,摇匀。准确移取 25 mL 溶液两份,分别加 5 mL $NH_3 \cdot H_2O-NH_4Cl$ 缓冲溶液,加 5 滴 PAN 指示剂[1-(2-吡啶偶氮)-2 萘酚的 0.1%乙醇溶液],用 0.01 $mol \cdot L^{-1}$ EDTA 标准溶液滴定至溶液由浅蓝色变为翠绿色,即到终点。

(3) 草酸根含量测定　准确称取 0.21~0.23 g 产物两份,分别用 2 mL 浓氨水溶解后,加入 22 mL 2 $mol \cdot L^{-1}$ H_2SO_4 溶液,此时会有淡蓝色沉淀出现,稀释至 100 mL,水浴加热至 343~358 K,趁热用 0.02 $mol \cdot L^{-1}$ $KMnO_4$ 标准溶液滴定至微红色(1 min 内不褪色)。沉淀在滴定过程中逐渐消失。

根据以上分析结果计算结晶水、Cu^{2+}和 $C_2O_4^{2-}$ 含量,并推算出产物的实验式。

扩展实验

在测定 $C_2O_4^{2-}$ 含量时,加入 2 $mol \cdot L^{-1}$ H_2SO_4 溶液后有沉淀出现,请自行设计实验,先定性鉴定沉淀为何物,再确定沉淀的组成。

问题

列举测定 Cu^{2+}、$C_2O_4^{2-}$ 的其他方法。

23.3 铁化合物的制备及其组成测定

(20 学时)

预习

Fe(Ⅱ)、Fe(Ⅲ)化合物的性质,Fe^{2+}、Fe^{3+}的鉴定方法。

思考题

1. 如何分析 Fe^{3+}的含量?

2. 写出分析产物组分含量时发生的反应，拟订计算组分含量的计算式。

实验

1. 黄色化合物 $Fe_x(C_2O_4)_y \cdot zH_2O$ 的制备①

在 7.5 g $H_2C_2O_4 \cdot 2H_2O$ 固体中，加 75 mL 纯水，343～353 K 水浴加热溶解（溶液甲）。在 15 g $Fe(NH_4)_2(SO_4)_2 \cdot 6H_2O$ 固体中，加 60 mL 纯水，加约1.5 mL 2 mol·L^{-1} H_2SO_4 溶液酸化，313～323 K 水浴加热至溶解（溶液乙）。

边搅拌边连续滴加溶液甲到溶液乙中，并将混合液继续水浴加热 5～10 min，静置，待产物完全沉淀后，冷却、过滤。用纯水洗涤产物 3 次，每次 15 mL；再用丙酮洗涤 2 次，每次 5 mL。抽干，沸水浴烘干，称量。保存待用。

2. 绿色化合物 $K_xFe_y(C_2O_4)_z \cdot wH_2O$ 的制备

称取 2 g 自制的黄色化合物，加入 5 mL 纯水配成悬浮液，边搅拌边加入 3.2 g $K_2C_2O_4 \cdot H_2O$ 固体。水浴加热至 313 K 并保持此温度，滴加10 mL 30% H_2O_2 溶液，此时会有棕色沉淀析出。加热溶液至沸，将 1.2 g $H_2C_2O_4 \cdot 2H_2O$ 固体慢慢加入至体系成亮绿色透明溶液，如有混浊可趁热过滤。往清液中加8 mL 95%乙醇，置于暗处。待其析出晶体，吸滤，先用 5 mL 1∶1 乙醇溶液洗涤产物。再用 5 mL 丙酮洗涤，抽干，称量，将产物置于棕色瓶中待用。

3. 产物的性质实验

（1）将 0.5 g 自制的黄色产物配成 5 mL 溶液（可加 2 mol·L^{-1} H_2SO_4 溶液微热溶解）。

① 检验铁的价态。

② 酸性介质中实验与 $KMnO_4$溶液的作用，观察现象并检验反应后铁的价态。再加 1 小片 Zn 片，反应后再次检验铁的价态。

（2）取 0.5 g 自制的绿色产物，加 5 mL 纯水配成溶液，作以下实验：

① 取 2 滴溶液，加入 1 滴 2 mol·L^{-1} HCl 溶液，检验铁的价态。

② 在酸性介质中，实验与 $KMnO_4$ 溶液的作用，观察现象，检验铁的价态。再加 1 小片 Zn 片，反应后再次检验铁的价态。

通过以上实验，确定黄色和绿色化合物中铁的价态。当它们分别与 $KMnO_4$溶液和 Zn 片作用时，铁的价态有何变化?

4. 黄色化合物的组成测定

（1）准确称取 0.18～0.23 g 自制黄色产物两份，分别加 25 mL 2 mol·L^{-1}

① 如只做黄色化合物的制备与组成测定，原料用量减至原来的 2/5。

H_2SO_4 溶液溶解，欲加速溶解可微微加热（低于 313 K）。在 343～358 K 的水浴上，用 $KMnO_4$ 标准溶液滴定至终点。

（2）在上述滴定液中加 2 g Zn 粉和 5 mL 2 mol · L^{-1} H_2SO_4 溶液（若 Zn 和 H_2SO_4 不足，可补加，亦可加热）。几分钟后，用滴管吸出 1 滴溶液，在点滴板上用 KSCN 溶液检验。若只显极浅红色，表明 Fe^{3+} 已被完全还原成 Fe^{2+}，过滤（玻璃漏斗、脱脂棉）除去过量 Zn 粉。用 10 mL 稀硫酸洗涤 Zn 粉，合并洗涤液和滤液，用 $KMnO_4$ 标准溶液滴定至终点。

根据以上实验结果推算黄色化合物的化学式。

5. 绿色化合物的组成测定

（1）取自制绿色化合物 1～1.5 g，放入烘箱。在 383 K 干燥 1.5～2 h，放入干燥器内冷却待用。

（2）准确称取 0.18～0.22 g 干燥过的试样两份，分别用与测定黄色产物组成相同的方法测出铁及草酸根的含量。

（3）用重量法测定产物中结晶水的含量，试样量为 0.5～0.6 g，脱水温度为 383 K，第一次干燥时间 1 h，第二次干燥时间 20 min。根据称量结果，计算每克无水化合物所对应的结晶水的物质的量。

根据实验结果，推算绿色化合物的化学式。

扩展实验

测定绿色化合物的磁化率，计算绿色化合物中中心金属离子的未成对电子数，说明草酸根是强场配体还是弱场配体。

问题

1. 为什么制备黄色化合物时，要将溶液甲加到溶液乙中？为什么要用纯水和有机溶剂洗涤产物？不洗或洗涤不彻底对后续实验有何影响？

2. 在制备绿色化合物时，中间生成的棕色沉淀是何物？写出制备过程中的反应方程式。

3. 制备绿色化合物的最后一步是加入乙醇，使产品析出，能否用蒸发浓缩的方法来代替？

23.4 茶叶中微量元素的鉴定与定量测定

（16 学时）

预习

1. 阅读第六篇实验方法提要之四。

2. 从附录查出待鉴定离子的鉴定方法。

思考题

1. 应如何选择灰化的温度？

2. 查附录四、十七的相关数据，得出用氨水分离 Fe^{3+}、Al^{3+} 与 Ca^{2+}、Mg^{2+} 的合适 pH。

3. 鉴定 Ca^{2+} 时，Mg^{2+} 为什么不干扰？如何分离 Fe^{3+}、Al^{3+}？试设计实验步骤。

4. 测定钙、镁含量时，加入三乙醇胺的作用是什么？

5. 说明用邻菲咯啉为显色剂，分光光度法测铁的原理。用该法测得的铁含量是否为茶叶中的亚铁含量？为什么？

6. 如何通过条件试验确定邻菲咯啉显色剂、还原剂、缓冲溶液的用量？

7. 制作标准曲线和进行其他条件试验时，加入试剂的顺序能否任意改变？为什么？

8. 绘制标准曲线时，为什么要以 50 mL 溶液中的铁含量为横坐标？

9. 测定茶叶试液中铁含量时，若试液酸度大，应如何处理？

实验

1. 茶叶中微量元素的定性鉴定

（1）茶叶的灰化和试液的制备

① 茶叶的预处理：将待分析的茶叶试样在 373～378 K 下烘干，粉碎机粉碎，装瓶待用。

② 茶叶的灰化：称取 3 g 茶叶细末，放入洗净、干燥的蒸发皿中。在通风橱内，先小火加热，搅拌，待不再冒烟时，慢慢升高温度，使其由黑色至完全灰化，冷却。

③ Fe^{3+}、Al^{3+} 与 Ca^{2+}、Mg^{2+} 试液的制备：取 2/3 灰烬放在小烧杯中，加 3 mL 6 $mol\cdot L^{-1}$ HCl 溶液，搅拌溶解，加 10 mL 纯水。再滴加 6 $mol\cdot L^{-1}$ $NH_3\cdot H_2O$，控制溶液的 pH，使 Fe^{3+}、Al^{3+} 完全沉淀，并在沸水浴中加热 30 min，常压过滤，热水洗涤烧杯和滤纸。保存滤液，待测。

另取一小烧杯置于长颈漏斗下，用 3 mL 6 $mol\cdot L^{-1}$ HCl 溶液重新溶解滤纸上的沉淀，并少量、多次洗涤滤纸。保存滤液，待测。

④ P 试液的制备：在蒸发皿内余下的试样灰烬中，加入 1～1.5 mL 浓硝酸（在通风橱中进行）溶解，加入 15 mL 纯水，常压过滤，滤液收集在 50 mL 小烧杯中，待测。

（2）Fe、Al、Ca、Mg 元素的定性鉴定

① Ca^{2+}、Mg^{2+} 的鉴定：分别取 2 滴 Ca^{2+}、Mg^{2+} 试液鉴定 Ca^{2+}、Mg^{2+}，根据实验现象，作出判断。

② Fe^{3+}、Al^{3+} 的鉴定：

a. 取 2 滴 Fe^{3+}、Al^{3+} 试液鉴定 Fe^{3+}，根据实验现象，作出判断。

b. 另取 0.5 mL Fe^{3+}、Al^{3+}试液，按设计步骤分离 Fe^{3+}、Al^{3+}。

c. 取分离 Fe^{3+}后的 Al^{3+}试液于另一试管中，按教材 21.1 阳离子混合液分析练习中，实验 1.(2)第⑤与⑥步骤鉴定，证实铝是否存在。观察实验现象，作出判断。

(3) P 元素的鉴定　取少量磷试液于小试管内，鉴定 PO_4^{3-}，观察实验现象，作出判断。

2. 茶叶中微量元素的定量分析

在电子天平上准确称取茶叶细末 7~8 g，置于通风橱中，将茶叶完全灰化，冷却。加 10 mL 6 mol·L^{-1} HCl 溶液浸取，常压过滤、洗涤。

在收集的滤液、洗涤液中，滴加 6 mol·L^{-1} $NH_3 \cdot H_2O$，控制溶液的 pH，使 Fe^{3+}、Al^{3+}完全沉淀，沸水浴中加热 30 min，常压过滤、洗涤。滤液直接用 250 mL容量瓶盛接，并稀释至标线，摇匀，待测。

另取一 250 mL 容量瓶置于长颈漏斗下，用 10 mL 6 mol·L^{-1} HCl 溶液重新溶解滤纸上的沉淀，并少量、多次地洗涤滤纸，稀释容量瓶中滤液至标线，摇匀，待测。

(1) 茶叶中 Ca、Mg 总量与 Ca 含量的测定——配位滴定法

① Ca、Mg 总量的测定：准确移取 25.00 mL Ca^{2+}、Mg^{2+}试液，加入5 mL 25%三乙醇胺水溶液、10 mL pH=10 的 $NH_3 \cdot H_2O-NH_4Cl$ 缓冲溶液，摇匀。以 0.5%铬黑 T 为指示剂，用 0.01 mol·L^{-1} EDTA 标准溶液滴定。根据 EDTA 的消耗量，计算茶叶中 Ca、Mg 的总量(以 MgO：mg/$g_{样}$ 表示)。

② Ca 含量的测定：准确移取 25.00 mL Ca^{2+}、Mg^{2+}试液，加入 5 mL 25%三乙醇胺水溶液，滴加 NaOH 溶液，调节 pH。以钙指示剂为指示剂，用 0.01 mol·L^{-1} EDTA 标准溶液滴定。根据 EDTA 的消耗量，计算茶叶中 Ca 的含量(mg/$g_{样}$)。

计算茶叶中 Mg 的含量(mg/$g_{样}$)。

(2) 茶叶中 Fe 含量的测定——分光光度法

① 0.020 0 mg·mL^{-1} Fe^{3+}标准溶液的配制：

a. 0.200 mg·mL^{-1} Fe^{3+} 标准溶液的配制。计算配制 500 mL 0.200 mg·mL^{-1} Fe^{3+}标准溶液所需的 $NH_4Fe(SO_4)_2 \cdot 12H_2O$(分析纯)量。

准确称取计算量的 $NH_4Fe(SO_4)_2 \cdot 12H_2O$，加入 10 mL 6 mol·$L^{-1}$ HCl 溶液和少量水，溶解后转移至 500 mL 容量瓶中，稀至标线，摇匀。此铁标准溶液亦可由实验室预先配制。

b. 0.020 0 mg·mL^{-1} Fe^{3+}标准溶液的配制。移取 25.00 mL 0.200 mg·mL^{-1} Fe^{3+}标准溶液于 250 mL 容量瓶中，加入 5 mL 6 mol·L^{-1} HCl 溶液，用水稀

释至标线，摇匀。

② 条件试验：

a. 吸收曲线的绘制与测量波长的选择。取两只 50 mL 容量瓶，准确移取 3.00 mL 0.020 0 mg · mL^{-1} Fe^{3+}标准溶液于一容量瓶中，另一只用于配制试剂空白溶液。分别加入 5.0 mL 1%盐酸羟胺水溶液，摇匀。再加入 5.0 mL pH＝4.6 的 HAc-NaAc 缓冲溶液、5.0 mL 0.1%邻菲咯啉水溶液，用纯水稀释至标线，摇匀。放置 10 min 后，用 1 cm 比色皿，以试剂空白溶液为参比溶液，在波长 420～600 nm 之间，每隔 10 nm 测一次吸光度，在最大吸收峰附近，每隔 5 nm 测一次吸光度。以波长为横坐标，吸光度为纵坐标，绘制$[Fe(Phen)_3]^{2+}$配离子的吸收曲线，由吸收曲线确定最大吸收峰的波长，并以此为测定波长。

b. 显色时间的选择与显色溶液的稳定性。按 a.配制两份溶液后，立刻用 1 cm 比色皿，以试剂空白溶液为参比，在选定的测定波长下，间隔 5 min、10 min、15 min、20 min、30 min、1 h、2 h 测定吸光度。以时间为横坐标，吸光度为纵坐标，绘制 $A-t$ 曲线，确定显色反应完成所需要的适宜时间，以及显色溶液稳定的时间。

c. 溶液酸度的选择。在 8 只 50 mL 容量瓶中，分别加入 9.00 mL 铁标准溶液、5.0 mL 1%盐酸羟胺，摇匀。分别加入 5.0 mL 邻菲咯啉，摇匀。分别加入 0、0.2 mL、0.5 mL、1.0 mL、1.5 mL、2.0 mL、2.5 mL、3.0 mL 1 mol · L^{-1} NaOH 溶液，用纯水稀至标线，摇匀。放置 10 min，用 1 cm 比色皿，以纯水为参比，在测定波长下测定各溶液的吸光度。同时用 pH 计测量各溶液的 pH。以 pH 为横坐标，吸光度为纵坐标，绘制 A-pH 曲线，得出测定铁的适宜酸度范围。

d. 显色剂邻菲咯啉用量的选择。在 5 只 50 mL 容量瓶中，分别加入 9.00 mL铁标准溶液、5.0 mL 1%盐酸羟胺，摇匀。分别加入 5.0 mL pH＝4.6 的 HAc-NaAc 缓冲溶液，各加入 3.00 mL、5.00 mL、7.00 mL、9.00 mL、10.00 mL 邻菲咯啉，用纯水稀释至标线，摇匀，放置 10 min。以纯水为参比，在测定波长下测定吸光度。以邻菲咯啉的用量为横坐标，吸光度为纵坐标，绘制 $A-V$ 曲线，确定邻菲咯啉的最佳用量 X。

e. 还原剂盐酸羟胺、缓冲溶液用量的选择。请设计实验步骤，由实验分别测得盐酸羟胺的最佳用量 Y，缓冲溶液的最佳用量 Z。

③ 标准曲线的绘制：分别准确移取 0、1.50 mL、3.00 mL、4.50 mL、6.00 mL、7.50 mL、9.00 mL 铁标准溶液于 7 只 50 mL 容量瓶中，分别加入 Y mL盐酸羟胺，摇匀。分别加入 Z mL HAc-NaAc 缓冲溶液、X mL 邻菲咯

啉,用纯水稀释至标线。摇匀。放置 10 min,以空白溶液为参比,在测定波长下,分别测其吸光度。以 50 mL 溶液中铁含量为横坐标,相应的吸光度为纵坐标,绘制工作曲线。

④ 茶叶中 Fe 含量的测定:准确移取 7.5 mL Fe^{3+}、Al^{3+}试液于 50 mL 容量瓶中,按测定标准曲线的实验步骤加入各种试剂,定容,在相同条件下测定吸光度。由工作曲线求出 50 mL 容量瓶中的 Fe 含量,再计算茶叶中的 Fe 含量($mg/g_{样}$)。

注意事项

1. 茶叶要尽量粉碎以利于灰化。

2. 灰化时要控制好温度,避免茶叶燃烧。灰化应彻底,因灰化完全与否直接影响定量测定微量元素结果的好坏。若酸溶后发现有未灰化物,过滤后,将未灰化的残余重新灰化。酸溶解灰烬的速率较慢时可小火略加热。

3. 测定微量元素含量的实验中,应按定量分析的要求进行规范操作。

4. 茶叶中微量元素的含量高时,定量分析用的试液可用作定性分析。将滤液与洗涤液定容为 100 mL,取 1 mL 试液在小试管中,从小试管取出几滴溶液可以方便地进行鉴定,不必再制备定性分析试液。但在定量分析时,移取的 Ca^{2+}、Mg^{2+}试液量和 Fe^{3+}、Al^{3+}试液量应分别按比例减少。

5. 含锰量高的茶叶可检出锰。

6. 在微量元素的定性鉴定与定量分析实验中,因待测的试液、使用的吸量管较多,应分别贴以标签,以免取错。

7. 由于铁显色体系的试剂空白为无色溶液,因此条件试验中用纯水作参比溶液,操作较为简单。试样中铁含量的测定和标准曲线的制作可同时进行。

8. 由于不同产地、不同牌号的茶叶中,微量元素的含量不同,定量分析时,取液量应作适当调整。

问题

1. 怎样用分光光度法测定水样中的全部铁和亚铁的含量?试拟出简单的步骤。
2. 查阅资料,了解分析微量 Ca^{2+}、Mg^{2+}、Fe^{3+}的其他方法。

23.5 固相配位化学反应

(16~24 学时)

预习

1. 第六篇实验方法提要之二、五。

2. 从网上查阅文献,获得一水合醋酸铜与甘氨酸、六水氯化钴与邻菲咯啉、四水醋酸镍与丁二酮肟固相配位化学反应的相关信息。

思考题

1. 在固相化学反应中,为什么要研磨固体反应物使其颗粒越细越好?
2. 如何判断固相化学反应已完成?
3. 反应完成后,为什么要洗涤固体产物?

实验

1. 固相化学反应

(1) 在玛瑙研钵中,分别磨细对甲基苯胺(C_7H_9N)与 $CoCl_2 \cdot 6H_2O$ 固体后,按物质的量比 2∶1 在室温下混合,一旦接触界面有何变化?

分别在 0.5 mL 0.2 mol·L^{-1} $CoCl_2$ 溶液、0.5 mL 饱和 $CoCl_2$ 溶液中,加入少量已研磨好的对甲基苯胺,白色的界面有无变化?水浴加热煮沸、搅拌,有无变化?

(2) 将 $CuCl_2 \cdot 2H_2O$ 磨细,按物质的量比 1∶2 混合 $CuCl_2 \cdot 2H_2O$、NaOH 固体后再研磨,观察现象。

由实验结果回答:

① 室温/低热固相化学反应的发生是否一定要通过研磨?

② 固相化学反应的发生与 $CoCl_2 \cdot 6H_2O$ 的结晶水有无关系?

③ 反应物相同时,从固相化学反应得到的产物与液相中的反应产物一定相同吗?

注意事项:进行以上定性实验时,请取少量试样,以节约试剂。

2. 室温固相化学反应制备配合物

(1) 二(甘氨酸)合铜的制备

① 固相化学反应:根据化学反应方程式,计算 0.21 g $Cu(Ac)_2 \cdot H_2O$ 需要的甘氨酸(H_2NCH_2COOH)的量。

称取计算量的甘氨酸、$Cu(Ac)_2 \cdot H_2O$,在玛瑙研钵中分别研磨为粉末后,将两者混合继续研磨,并观察实验现象:如颜色的变化,有无气味,并记下相应的时间。参考文献中的研磨时间,待反应完全后用 1∶1 乙醇溶液洗涤两次,抽干。再用丙酮洗涤,抽干。323 K 水浴或烘箱烘干。

② 微波辐射条件下的固相化学反应:分别称取计算量的甘氨酸、$Cu(Ac)_2 \cdot H_2O$,经充分研磨后混合均匀。混合试样装入内径为 0.5 cm、长 8 cm 的试管中,用微量注射器注入 0.01 mL 水引发,微波辐射 40 s(微波炉输出功率850 W,微波频率 2 450 MHz),反应体系由浅蓝色变为深蓝紫色。用 1∶1 乙醇溶液洗涤产物,抽干。再用丙酮洗涤,抽干。323 K 烘干。

比较实验①、②中反应完成的时间,说明微波辐射的作用。

注意事项:

a. 反应物研磨后混合有利于固体颗粒大小均匀。充分研磨不仅使颗粒变小利于反应物充分接触,也提供了促进反应进行的微量的引发能量。

b. 固相化学反应时,微波辐射的时间与所用微波炉的输出功率有关,实验时请根据使用的微波炉功率调整辐射时间。

c. 由于产物易溶于水,故用 1∶1 乙醇溶液充分洗涤产物,在除去未反应的原料的同时,尽量减少产物的损失。

③ 液相反应:用液相反应合成二(甘氨酸)合铜的目的是获得纯净的化合物,以便在缺少文献图谱时将液相反应产物作为固相化学反应产物表征时的参照。

方法 1①

a. 顺式配合物的制备。在 343 K 热水浴上,将 2 g(0.01 mol)$Cu(Ac)_2 \cdot H_2O$ 溶于 25 mL 纯水后,趁热加入 25 mL 乙醇。将 1.5 g(0.02 mol)甘氨酸溶于 25 mL 热纯水,趁热混合两溶液,1 min 后即析出天蓝色针絮状沉淀。用冰水浴冷却,吸滤,保留滤液。用乙醇洗涤产物 2 次,空气中晾干。

b. 反式配合物的制备。在 50 mL 茄形瓶内加入 3/4 份新鲜制得的顺式配合物、1 g 甘氨酸、10 mL 上面保留的滤液与电磁搅拌子。安装好回流装置,水浴加热、搅拌,回流 1 h,沉淀转为蓝紫色鳞片状,趁热过滤。产物在空气中晾干。

方法 2②

a. $Cu(OH)_2$ 的制备。将 2.5 g $CuSO_4 \cdot 5H_2O$ 溶于 8 mL 纯水中,边搅边滴加 1∶1 氨水,直至沉淀出现后又完全溶解,加入 10 mL 3 $mol \cdot L^{-1}$ NaOH 溶液,使 $Cu(OH)_2$ 完全沉淀,吸滤。用 80 mL 温水,分 15 次洗涤,洗至无 SO_4^{2-},抽干。

b. 顺式配合物的制备。称取计算量的甘氨酸溶于 60 mL 水中,加入新制的 $Cu(OH)_2$,在 343 K 水浴中加热、不断搅拌直至 $Cu(OH)_2$ 全部溶解,再加热片刻(338~343 K),立即过滤(滤瓶置于 333 K 水浴中)。滤液移入烧杯中,加入3 mL乙醇,冷却结晶(约 5 min 冷至室温),再移入冰水浴冷却 20~30 min 后吸滤。先用 4 mL 1∶3 乙醇溶液洗涤晶体,后用 4 mL 丙酮

---

① 李妙葵,贾瑜,高翔,等. 大学有机化学实验[M]. 上海:复旦大学出版社,2006:32-33.

② 陈虹锦. 实验化学[M]. 2 版. 北京:科学出版社,2007:343-345.

洗,抽干。323 K 烘30 min,用滤纸压干晶体。

c. 反式配合物的制备。将部分顺式配合物置于 100 mL 小烧杯中,加入尽可能少的水,用小火直接加热成膏状,不断搅拌使其迅速变成鳞片状化合物,继续加热几分钟后停止加热,在搅拌下加入 40 mL 水,立即吸滤。此时溶解度较大的顺式配合物基本全部溶解,在滤纸上得到蓝紫色鳞片状的反式配合物,先用水洗,后用乙醇洗,自然晾干。

④ 顺式配合物中铜含量的测定:设计实验方案,测定顺式配合物中的铜含量。

(2) 二氯化三(邻菲咯啉)合钴的制备

① 固相化学反应:根据化学反应式计算 0.48 g $CoCl_2 \cdot 6H_2O$ 所需一水合邻菲咯啉($C_{12}H_8N_2 \cdot H_2O$,缩写为 $Phen \cdot H_2O$)的量。

称取计算量的 $CoCl_2 \cdot 6H_2O$ 和 $Phen \cdot H_2O$,分别研细后混合,继续研磨。观察颜色的变化,并记录发生变化的时间。反应完成后,用少量水洗涤,抽干,343 K 烘干。

注意事项:此固相化学反应发生的快慢与空气中的湿度有关,湿度大,反应快。

② 液相反应:称取 0.48 g $CoCl_2 \cdot 6H_2O$,置于 100 mL 烧杯中,加水 5 mL。再称取计算量的一水合邻菲咯啉,加 2 mL 水,置于 353 K 水浴中加热至溶解,加入氯化钴溶液,搅匀。水冷却、静置结晶、过滤。按固相化学反应的条件洗涤,烘干。

比较固相化学反应与液相反应中实验现象的差异,并给予解释。

(3) 二(丁二酮肟)合镍的制备

① 固相化学反应:根据化学反应式计算 0.43 g $Ni(Ac)_2 \cdot 4H_2O$ 所需的丁二酮肟($C_4H_8N_2O_2$,配体丁二酮肟根 $C_4H_7H_2O_2^-$ 缩写为 dmg)的量。

称取计算量的丁二酮肟、$Ni(Ac)_2 \cdot 4H_2O$,分别研磨为粉末状,混合后继续研磨。观察、记录实验现象与颜色发生变化、反应完成的时间。反应完成后,用 313~323 K 的温水充分洗涤,383~393 K 烘干。

注意事项:请在通风橱中进行,因反应一旦发生有 HAc 放出。

② 液相反应:参考教材中钢中镍的测定,设计实验,以 0.43 g $Ni(Ac)_2 \cdot 4H_2O$ 为原料从溶液中制备二(丁二酮肟)合镍。

3. 表征

用热分析法、XRD 谱、IR 谱对产品进行表征。查参考文献或标准谱图,或对照液相反应产物谱图,判断固相化学反应的产物。

建议:测定产物 XRD 谱时,同时测定原料的 XRD;测定产物 IR 谱时,同时测定配体的 IR,以作比较。

问题

1. 固-固相化学反应法用于无机物制备时,如何提高产物的产量与纯度?
2. 对照固相、液相化学反应实验,说明固相化学反应的优点。

23.6 水泥中铁、铝、钙和镁的测定

(16 学时)

预习

1. 复杂物试样的预处理。水泥中一般含硅、铁、铝、钙和镁等。将水泥与固体氯化铵混匀后加酸分解,其中硅成硅酸凝胶沉淀下来,经过滤、洗涤后弃去。滤液分别用于测定铁、铝、钙和镁。

2. 酸效应在配位滴定中的重要意义。

3. 指示剂磺基水杨酸、PAN(吡啶偶氮萘酚)、酸性铬蓝 K-萘酚绿 B 的性质。

4. 查出 Fe^{3+}、Al^{3+}、Ca^{2+}、Mg^{2+}与 EDTA 配合物的稳定常数,配位滴定时允许的最低 pH。在单组分体系中,配位滴定法测定 Fe^{3+}、Al^{3+}、Ca^{2+}、Mg^{2+}含量的方法。当 Ca^{2+}、Mg^{2+}共存时,测定含量的方法。

5. 在几种离子共存的体系中,选择滴定的可能性,以及提高配位滴定选择性的途径。

思考题

1. 叙述在 Fe^{3+}、Al^{3+}、Ca^{2+}、Mg^{2+}共存的体系中测定各组分含量的实验原理。

2. 为什么在配位滴定 Fe^{3+}、Al^{3+}、Ca^{2+}、Mg^{2+}时,必须严格控制 pH?在测定 Fe^{3+}、Al^{3+}的 pH 时,Ca^{2+}、Mg^{2+}会不会干扰 Fe^{3+}、Al^{3+}的测定?

3. 根据实验 16.2 预习 2 的提示,解释实验中 EDTA 滴定 Fe^{3+}的终点为紫红色变为亮黄色的原因。

4. $[AlY]^-$无色、$[CuY]^{2-}$淡蓝色,试分析在测 Fe^{3+}后的溶液中滴定 Al^{3+}时,溶液颜色的变化过程。

5. 滴定 Fe^{3+}、Al^{3+}时,应分别控制什么样的温度范围?为什么需要在热溶液中滴定?

6. 如 Fe^{3+}的测定结果不准确,对铝的测定结果有什么影响?

7. 说明三乙醇胺、酒石酸钾钠的作用。

8. 在测定钙镁时,为什么先加三乙醇胺,后调 pH?

实验

1. 试样的溶解与分离

准确称取 0.8 g 试样,加入 5~6 g NH_4Cl,用平头玻璃棒充分搅拌均匀。用滴管加入浓盐酸至试样全部润湿(约 4 mL),再滴加 4~5 滴浓硝酸,搅拌

均匀,并轻轻碾压块状物直至无小黑粒为止,盖上表面皿(边沿留一缝隙),放在沸水浴中加热 15 min,取出。加热水约 60 mL,搅拌并压碎块状物后立即用中速滤纸过滤。沉淀尽量留于原烧杯中,用热水洗涤沉淀至无 Cl^-(一般需洗 18~20 次),若不要求测定硅,则弃去沉淀。滤液及洗涤液盛于 500 mL 容量瓶中冷却至室温,用水稀释至标线,摇匀,供测 Fe^{3+}、Al^{3+}、Ca^{2+}、Mg^{2+}用。

2. Fe_2O_3 的测定

移取滤液 100.00 mL 两份,分别放于 400 mL 烧杯中,用水稀释至 150 mL,加数滴浓硝酸并加热煮沸,待冷至约 343 K 时,以 1∶1 氨水调节 pH 至 2.0~2.5,加 0.5 mL 10%磺基水杨酸,趁热以 0.02 mol·L^{-1} EDTA 标准溶液滴定至溶液由紫红变为亮黄色为止。记下消耗 EDTA 标准溶液的体积 V_1,计算 Fe_2O_3的$w(Fe_2O_3)$。

3. Al_2O_3 的测定

在测定 Fe^{3+}后的两份试液中,分别从滴定管放入 20 mL 0.02 mol·L^{-1} EDTA 标准溶液,加热至 333~343 K,保持 1~3 min,滴加 1∶1 氨水至 pH 约为 4,加入 20 mL HAc-NaAc 缓冲溶液(pH=4.2),煮沸后取出冷却,加入 10 滴0.3% PAN 指示剂,以 0.02 mol·L^{-1} $CuSO_4$ 标准溶液滴定至溶液呈紫红色(临近终点时注意剧烈摇动,并慢慢滴定)。记下消耗 $CuSO_4$ 标准溶液的体积 V_2。

4. EDTA 标准溶液与 $CuSO_4$ 标准溶液体积比(k)的测定

由滴定管准确放出 20 mL 0.02 mol·L^{-1} EDTA 标准溶液,加 20 mL HAc-NaAc 缓冲溶液,加热至约 353 K,加 8 滴 0.3% PAN 指示剂,用 0.02 mol·L^{-1} $CuSO_4$ 标准溶液滴定至溶液呈紫红色为止。平行测定两份。

$$k=\frac{\text{EDTA 标准溶液体积 } V_1(\text{mL})}{CuSO_4\text{ 标准溶液体积 } V_2(\text{mL})}$$

计算 Al_2O_3 的 $w(Al_2O_3)$。

5. CaO 测定

移取 25.00 mL 滤液两份,分别置于 250 mL 锥形瓶中,加水稀释至 125 mL,加 4~5 mL 1∶2 三乙醇胺(此时 pH 9~10),加 4~5 mL 20% NaOH 溶液,加 5~6 滴 0.5%钙指示剂。然后用 EDTA 标准溶液滴定至溶液由酒红色变为纯蓝色即为终点。记下消耗 EDTA 溶液的体积 V_3。计算 CaO 的 $w(CaO)$。

6. MgO 测定

移取 25.00 mL 滤液两份,分别置于 250 mL 锥形瓶中,加水稀释至

125 mL,加 1 mL 10%酒石酸钾钠溶液,4~5 mL 1∶2 三乙醇胺溶液,在摇动下滴加1∶1 氨水,调节溶液 pH=10,加 20 mL $NH_3 \cdot H_2O-NH_4Cl$ 缓冲溶液(pH=10),少许酸性铬蓝 K-萘酚绿 B 混合指示剂,用 EDTA 标准溶液滴定至溶液由红色变为纯蓝色(此为 Ca^{2+}、Mg^{2+} 含量)。记下消耗 EDTA 标准溶液的体积 V_4。计算 MgO 的 w(MgO)。

注意事项

1. 滴定 Fe^{3+} 时应保持温度在 333 K 以上,温度太低,需要有过量的 EDTA 才能使磺基水杨酸起变化,即使在 333 K 以上滴定,在近终点时仍需剧烈摇动并缓慢滴定,否则易使结果偏高。

2. EDTA 滴定 Fe^{3+} 时,溶液的最高允许酸度为 pH=1.5,若 pH<1.5,则配位不完全,结果偏低。pH>3 时,Al^{3+} 有干扰,使结果偏高,一般滴定 Fe^{3+} 时的 pH 应控制在 1.5~2.5 为宜。

3. Al^{3+} 在 pH=4.3 的溶液中可能形成氢氧化铝沉淀,因此必须先加 EDTA标准溶液,然后再加 HAc-NaAc 缓冲溶液。

4. 从 Al^{3+} 的条件稳定常数可知,应在 pH=4~5 之间滴定 Al^{3+}。在不分离 Ca^{2+}、Mg^{2+} 的情况下,利用酸效应可以避免 Ca^{2+}、Mg^{2+},特别是 Ca^{2+} 的干扰,滴定适宜的 pH 在 4.2 左右。

问题

试讨论还可用哪些方法来测定水泥中的 Fe^{3+}、Al^{3+}、Ca^{2+}、Mg^{2+}。

23.7 无氰镀锌液的成分分析

(8~12 学时)

预习

在电镀工业中随着镀层种类及对镀层质量要求的不同,所采用的电镀液成分也有所不同。本实验主要测定氨三乙酸-氯化铵镀锌液中氯化锌、氯化铵和硫脲的含量。

1. 有机物硫脲的测定——间接碘量法。

2. 锌含量的测定、铵盐中氮含量的测定。

思考题

1. 用配位滴定法测定氯化锌含量(以铬黑 T 为指示剂)的反应条件是什么?如何控制?

2. 如何测定氯化铵中的氮含量?是否可用其他办法进行测定?

3. 写出测定硫脲的有关化学反应式。如何计算硫脲的含量?

实验

1. 氯化锌测定

移取 10.00 mL 镀锌液两份，分别置于 250 mL 锥形瓶中，加 50 mL 水。加 5 mL 缓冲溶液，以铬黑 T 为指示剂，用 0.01 mol · L^{-1} EDTA 标准溶液测定 $ZnCl_2$ 含量（以 g · L^{-1}表示）。

2. 氯化铵测定

移取 10.00 mL 镀锌液两份，分别加 20 mL 水，加 3 滴 0.1%甲基红指示剂，用0.1 mol · L^{-1} NaOH 标准溶液滴定至溶液变为纯黄色，不计体积。

加 10 mL 20%中性甲醛溶液，摇匀，放置 5 min，加 5 滴 1 %酚酞指示剂，继续用0.1 mol · L^{-1}NaOH 标准溶液滴定至纯黄色变为金黄色，再加 5 mL 20% 中性甲醛溶液，若溶液从金黄色又变为纯黄色，继续以 0.1 mol · L^{-1} NaOH 标准溶液滴至金黄色，如此反复，直至加入甲醛后，不再变为纯黄色为止，记下消耗 NaOH 标准溶液的体积，计算 NH_4Cl 的质量浓度（g · L^{-1}）。

3. 硫脲测定

（1）0.05 mol · L^{-1} I_2 标准溶液浓度的标定　移取 25.00 mL 已标定的 0.1 mol · L^{-1} $Na_2S_2O_3$ 标准溶液两份，分别置于 250 mL 锥形瓶中，加 30 mL 水及 2 mL 0.5%淀粉指示剂，以配制好的 I_2 标准溶液滴定至溶液呈蓝色为终点。计算 I_2 的浓度$c(I_2)$。

（2）硫脲测定　移取 10.00 mL 镀锌液两份，分别置于 250 mL 具塞锥形瓶中。加入 25.00 mL 0.05 mol · L^{-1} I_2 标准溶液、2 g KI，摇匀并使其溶解。加 10 mL 5% NaOH 溶液，放置 5~10 min，加 10 mL 6 mol · L^{-1} HCl 溶液，放置2 min。用 0.1 mol · L^{-1} $Na_2S_2O_3$ 标准溶液滴定至溶液呈淡黄色，再加入5 mL 0.5%淀粉指示剂，滴定至溶液呈无色为终点。计算硫脲的质量浓度（g · L^{-1}）。

注意事项

1. 根据硫脲含量的不同，可改变取样量或加入的碘量，使滴定溶液中有足够过量的碘。

2. 碘和硫代硫酸钠溶液已由实验室配制，硫代硫酸钠溶液的浓度可由实验室提供，也可由学生自己标定。

问题

1. 还有什么方法可以测定氯化锌的含量？

2. 测定硫脲的主要误差来源是什么？应采取什么措施？

24 研究式实验

24.1 研究式实验的思路与要求

1. 设计实验

(1) 查阅资料,收集合成与分析方法　根据指定的研究课题,查阅有关资料,如合成方法可查教科书、无机合成类参考书;所需的数据可查化学物理类手册、本书的附录;成熟的分析方法可查教科书、分析化学手册、国家标准或行业标准等。此外,还可利用网络资源,查找相关资料。

(2) 拟订、书写方案　在收集资料的基础上,经分析、比较后拟订出合适的实验方案,并按实验目的、原理、试剂(注明规格、浓度、配制方法)、仪器、步骤、有关计算、分析方法的误差来源及采取的措施、参考文献等项书写成文。

(3) 审核　设计方案经教师审阅后,只要方法合理,实验条件具备,可按自己的设计方案进行实验。如条件不具备,或设计不合理、不完善,指导教师会告知,再作修改或重新设计,然后交教师审阅。

2. 独立完成实验

(1) 实验用试剂均由自己配制。

(2) 以规范、熟练的基本操作、良好的实验素养进行实验。

(3) 实验中需要仔细观察、及时记录(包括实验现象、试剂用量、反应条件、测试数据等)、认真思考。如在实验中发现原设计不完善或出现新问题,应设法改进或解决,以获得满意的结果。

(4) 完成实验报告,对设计的实验方法进行总结。

3. 成本核算

根据原料用量、制备过程中的试剂用量与产量,对产品进行成本核算。

4. 交流与总结

在实验室范围内介绍各自的实验情况,在交流总结的基础上,了解采用不同的制备方案,在反应条件、流程、仪器设备、能源消耗、环境污染、产率、质量、成本上的差异,从而得出最佳生产流程;了解采用不同的分析方案,在取量、反应条件、误差来源及消除、分析结果准确性上的差异,得出最佳分析方法。

5. 写出小论文

请参照研究论文发表的要求格式书写,它由以下几部分组成:

(1) 论文题目　应简明、确切。

(2) 摘要　包括研究目的、方法、结果、结论四方面,但侧重后两方面。

(3) 关键词　为了文献索引和检索时选定的、能反映稿件主体内容的词或词组,一般为 3~4 个。

(4) 前言(或引言)　叙述研究的问题与意义。

(5) 实验部分(或材料与方法)　主要仪器、试剂及其配制、实验方法。

(6) 结果与讨论　研究的结果,并根据结果进行讨论得出结论。

(7) 结论(或小结)　简明、扼要地总结研究成果。

(8) 参考文献。

24.2 研究式实验的推荐课题

1. 从铜制备二水氯化铜。
2. 从氧化锌制备硫酸锌。
3. ① 回收废电池中的锰制备碳酸锰。
   ② 从废渣[生产氢醌时的副产品,含有 MnO_2、Mn(Ⅱ)、Fe(Ⅱ、Ⅲ)]制备碳酸锰。
4. 从红磷制备焦磷酸钠。
5. 碱式碳酸铜的制备。
6. 三草酸合铬酸钾的合成与组成测定。
7. 纳米氧化锌的制备。
8. 废洗液中铬的回收。
9. 盐酸-硼酸混合酸中各组分含量的测定($g \cdot L^{-1}$)。
10. 磷酸氢二钠-磷酸二氢钾混合试样中各组分含量的测定($g \cdot L^{-1}$)。
11. Cu(Ⅱ)-Zn(Ⅱ)混合液中各组分含量的测定($g \cdot L^{-1}$)。
12. Fe(Ⅲ)-Al(Ⅲ)混合液中各组分含量的测定($g \cdot L^{-1}$)。
13. 酸牛奶的酸度和钙含量的测定($g \cdot L^{-1}$)。
14. 蛋壳中钙含量的测定($g \cdot L^{-1}$)。
15. 番茄中维生素 C 含量的测定($g \cdot L^{-1}$)。
16. 葡萄糖含量的测定($g \cdot L^{-1}$)。

17. 饮料中维生素 C 和柠檬酸含量的测定。
18. 氯化镁-氯化钠混合液中各组分含量的测定($g \cdot L^{-1}$)。
19. 氯化钠-硫酸钠混合液中各组分含量的测定($g \cdot L^{-1}$)。
20. 铬天青 S 分光光度法测定铝的含量。

24.3 设计研究式实验的指导

为了指导研究式实验的设计,现举实例予以说明。

例 1 碱式碳酸铜的制备

预习

查阅资料以获得下列信息:

1. 碱式碳酸铜的制备方法。
2. 合成原料的化学性质、溶解度数据。
3. 碱式碳酸铜的性质、含量分析方法。

设计实验

1. 拟订方案的思路

(1) 选择制备方法 从资料获知,既可用固相化学反应[1],也可用水溶液中的反应制备碱式碳酸铜[2]。在水溶液中,又可用碳酸盐(铵盐、钠盐的正盐或酸式盐)为原料,与可溶性铜盐进行反应来制备。考虑到在水溶液中进行反应的影响因素较多,可以进行反应条件的探讨。其次,碳酸钠的溶解度大,热稳定性高。所以,选择碳酸钠、硫酸铜溶液为原料制备碱式碳酸铜。

(2) 选择实验的反应条件 因反应条件影响产物的组成、质量与反应物的沉降时间,故寻找最佳反应条件是本实验的关键。这里的反应条件是指反应物浓度、两者的比例、反应温度、反应液的 pH。当选择了碳酸钠为原料,溶液的 pH 则基本确定(工业生产中,控制 pH = 8)。若选反应物浓度为 $0.5\ mol \cdot L^{-1}$,条件试验的任务就是寻找反应物的最佳比例,反应的最佳温度。

(3) 进一步实验的内容 如有实验时间,还可进行其他实验:探求反应物的最佳浓度、最佳碳酸盐(同浓度的碳酸钠、碳酸氢钠、碳酸铵、碳酸氢铵溶液中,$[CO_3^{2-}]$、$[OH^-]$不同;作为夹杂在沉淀中的 NH_4^+,在受热时易被除去),用不同的可溶性铜盐,或者在固相中进行反应。

(4) 确定分析方法 铜的分析方法有碘量法、配位滴定法,根据相关标准,用配位滴定法。

2. 书写设计方案

碱式碳酸铜的制备

实验目的

1. 通过寻求制备碱式碳酸铜的最佳反应条件,学习如何确定实验条件;尝试用已获得的知识和技术解决实际问题。

2. 熟悉铜盐、碳酸盐的性质。

原理

由于 CO_3^{2-} 的水解作用,碳酸钠的溶液呈碱性,而且铜的碳酸盐溶解度与氢氧化物的溶解度相近,所以当碳酸钠与硫酸铜溶液反应时,所得的产物是碱式碳酸铜[3]:

$$2CuSO_4+2Na_2CO_3+H_2O = Cu(OH)_2 \cdot CuCO_3\downarrow +CO_2\uparrow +2Na_2SO_4$$

碱式碳酸铜按 $CuO : CO_2 : H_2O$ 的比例不同而异,反应中形成 $2CuCO_3 \cdot Cu(OH)_2$时,为孔雀蓝碱式盐;形成 $CuCO_3 \cdot Cu(OH)_2$ 时,为孔雀绿碱式盐;而形成结晶状的产品时,则为 $CuCO_3 \cdot Cu(OH)_2 \cdot xH_2O$。工业产品含 CuO 71.90%,也可在 66.16%~78.16%的范围之内,为孔雀绿色[2]。因此,反应物的比例关系对产物的组成,以及产物的沉降时间都有影响。

反应温度直接影响产物粒子的大小,为了得到大颗粒沉淀,沉淀反应应在一定的温度下进行,但当反应温度过高时,会有黑色氧化铜生成[2],使产品不纯,制备失败。

以配位滴定法(pH=10 的缓冲溶液,紫脲酸胺为指示剂)测定铜含量。

试剂

碳酸钠(化学纯)、硫酸铜(化学纯)、EDTA、氨-氯化铵缓冲溶液、紫脲酸铵指示剂。

仪器

20 mL 试管 8 支(附试管架)、烧杯(250 mL 3 只、400 mL 1 只)、布氏漏斗、吸滤瓶、滴定管、分析天平。

实验

1. 实验条件的探求

(1) $CuSO_4$ 和 Na_2CO_3 的比例关系　取试管 8 支,分成两列。分别取 2 mL 0.5 $mol \cdot L^{-1}$ $CuSO_4$ 溶液置于其中 4 支试管内,另外 4 支试管内分别放 1.6 mL、2.0 mL、2.4 mL、2.8 mL 0.5 $mol \cdot L^{-1}$ Na_2CO_3 溶液。将各试管放在水浴内,并加热水浴至沸。然后依次把 $CuSO_4$ 溶液倒入 Na_2CO_3溶液

中，振荡。观察并记录各试管生成沉淀的情况，由实验结果得出在何种比例时，沉淀转变速率最快，溶液中 Cu^{2+} 浓度最小。

（2）温度对晶体生成的影响　取试管 8 支，分成两列。在其中 4 支试管内各加 2 mL 0.5 $mol \cdot L^{-1}$ $CuSO_4$ 溶液。由实验（1）得出的最佳比例关系，确定 0.5 $mol \cdot L^{-1}$ Na_2CO_3 溶液的体积后，各加若干毫升 0.5 $mol \cdot L^{-1}$ Na_2CO_3 溶液在其余 4 支试管内。实验温度分别为室温、323K、348K、373K。每次从两列试管中各取一支试管，将 $CuSO_4$ 溶液倒入 Na_2CO_3 溶液中，振荡。观察沉淀的生成及其转变的快慢、沉淀的颜色，由实验结果得出最佳的实验温度。

2. 碱式碳酸铜的制备

分别配制 100 mL 0.5 $mol \cdot L^{-1}$ $CuSO_4$ 溶液、0.5 $mol \cdot L^{-1}$ Na_2CO_3 溶液，如溶液不清则需过滤。

根据最佳比例和最佳温度，将两种溶液混合制备碱式碳酸铜。观察沉淀颜色、体积等的变化。沉淀下沉后，用倾滗法洗涤沉淀数次，吸滤，并用少量冷水洗涤至洗涤液内不含 SO_4^{2-} 为止。将所得产品放烘箱内烘干，称量，计算产率。

3. 产品 Cu 含量 $w(Cu)$ 的分析（略）

有关计算

1. 溶液的配制（略）。

2. 理论产量（略）。

参考文献

[1] 卡尔雅金，安捷洛夫．无机化学试剂手册[M]．于忠，张天禄，丁汝训，译．北京：中国工业出版社，1964.

[2] 天津化工研究院，等．无机盐工业手册[M].2 版．北京：化学工业出版社，1996.

[3] 严宣申，王长富．普通无机化学[M].2 版．北京：北京大学出版社，1999.

例 2　回收废电池中锰制备碳酸锰

预习

1. 查阅资料，了解电池组成与主要成分。
2. 查阅碳酸锰的制备方法。
3. 了解 Mn(Ⅱ)、Mn(Ⅳ)化合物的性质。
4. 查有关 Mn(Ⅱ)盐的溶解度数据。
5. 了解碳酸锰的分析方法。
6. 了解从废电池中回收锰的方法。

设计实验

1. 拟订方案

(1) 选择制备方法　电池经预处理后,得到粗二氧化锰。在收集资料的基础上,列出从二氧化锰制备碳酸锰的各种方法。

在选择最佳方案时,应考虑的问题有:

① 原料与所需试剂的规格、价格、来源。

② 反应条件苛刻与否,如对温度、催化剂、酸度、溶剂等的要求。

③ 对设备的要求。

④ 对环境的污染程度。

⑤ 生产流程的长短、能源消耗。

⑥ 产率与产品的纯度。

(2) 理论计算(以 5 g 粗二氧化锰为原料)

① 原料及试剂的用量。

② 当反应在水溶液中进行时,以简单体系中物质的溶解度为依据,粗略计算试剂的浓度或溶液的总体积。

③ 理论产量。

(3) 中间控制指标的考虑

① 溶液的酸碱度。

② 反应温度。

③ 沉淀反应的条件。

④ 除杂质的要求,杂质除尽与否的判断。

⑤ 蒸发、浓缩的程度。

(4) 分析方法　根据相关标准,用配位滴定法分析锰含量。

2. 书写设计方案

将拟订好的方案,按设计实验的栏目要求书写成文,交指导教师审阅。

例 3　纳米氧化锌的制备

预习

查阅文献以获得以下信息:

1. 纳米材料的相关背景知识,如纳米材料性质与常规块体材料的差异、制备方法的特殊性等。

2. 常用的纳米材料的制备方法。

3. 氧化锌制备的相关反应。

4. 了解常用锌盐、沉淀剂、表面活性剂的主要性质。

5. 了解常用的纳米材料表征手段(X 射线衍射分析、透射电子显微镜、扫描电子显微镜、紫外-可见吸收光谱、室温荧光光谱等),以及用这些表征手段能够获取何种信息。

设计实验

1. 拟订方案

(1) 选择制备方法　纳米材料有多种制备方法,如热解法、化学沉淀法、水热(溶剂热)法、固相法、溶胶凝胶法、模板法、气相沉积法、电沉积法等。在这里推荐选择化学沉淀法,有助于同学们把所学理论知识应用到实验设计中来。

在查阅文献的基础上,提出制备方案,选择方案时要考虑以下问题:

① 选择何种锌盐和沉淀剂?二者投料比为多少?

② 是否需要使用表面活性剂?如果用,则选用何种表面活性剂,用量如何?

③ 准备研究哪些影响产物形貌的因素?设计时可以固定其他条件,只研究某一个因素的影响,不要铺得太开。

④ 是否要进行焙烧?焙烧的温度选择可以根据文献值来初步确定。

⑤ 准备对产物进行哪些性质研究?做这些研究是为了获得哪些信息?

⑥ 实验过程是否对环境友好?

(2) 理论计算　原料及试剂的用量(锌盐的用量小于 0.01 mol,试剂的用量可以依据文献进行估算)。

(3) 产品纯度分析

① 根据 X 射线衍射结果初步确定产物的纯度。

② 利用配位滴定法测定产物氧化锌中锌的含量,以二甲酚橙作指示剂。

(4) 形貌研究

① 利用 Sherrer 公式估算产物氧化锌的平均晶粒尺寸。

② 通过透射电子显微镜、扫描电子显微镜观察产物粒径及形貌,记录试样的主要形貌及粒径大小等信息,把观测到的粒径与上述计算结果进行对比。

(5) 性质表征

① 对产物氧化锌进行固体紫外漫反射光谱测试,从光谱的吸收边计算氧化锌的能隙(E_g),与块体氧化锌($E_g = 3.1$ eV)进行对比,研究产物的量子效应。

② 对产物氧化锌进行室温荧光光谱测试,从谱峰的对应信息中获取试

样是否存在晶体缺陷等相关信息。

③ 称取一定量氧化锌对有机污染物(以 1.0×10^{-4} mol·L^{-1}甲基橙水溶液代替)进行光催化降解。取甲基橙溶液 100 mL 于 250 mL 烧杯中,加入 50 mg 制备的氧化锌后在暗处磁力搅拌 30 min,使之达到吸附平衡,取 5 mL 溶液置于小试管中离心除去氧化锌,吸取清液放入 1 cm 比色皿中测定吸光度 A_0(此吸光度对应于 c_0),测试波长 $\lambda=520$ nm,然后将此装置放在太阳光下开始计时进行光催化反应(持续搅拌),每隔15 min 用滴管移取 5 mL 试样,同样离心、测定吸光度 A_i(对应于 c_i),光催化反应 2 h 后停止实验,以 c_i/c_0 为纵坐标、反应时间为横坐标作图,从中研究所制备氧化锌的光催化性质。

2. 书写设计方案

将拟订好的方案,按照设计实验的栏目要求书写成文,交指导教师审阅。

例 4 葡萄糖含量的测定

预习

1. 查阅资料,收集分析方法。

2. 了解葡萄糖的化学结构式、分子式及其性质,考察哪些性质可能作为定量分析的依据。

3. 各种分析方法所适用的含量范围。

设计实验

1. 选择分析方法拟订方案

(1) 在比较各种分析方法的基础上,选定分析方法 从资料可知,通常测定葡萄糖含量的方法如下:

① 次碘酸钠-碘量法。

② 高碘酸氧化-碘量法或高碘酸氧化-酸碱滴定法。

③ 重铬酸钾氧化-碘量法。

④ 铁氰化钾氧化-碘量法。

⑤ 斐林试剂法。

⑥ 铜试剂法。

⑦ 铈量法。

⑧ 高锰酸钾法。

⑨ 重量法。

⑩ 沉淀滴定法。

⑪ 比色法。

比较以上各种方法后，认为对常量分析而言，次碘酸钠-碘量法具有测定方法准确、迅速、简便、实用、所需的药品和仪器都易得到等优点，因此本设计实验采用次碘酸钠-碘量法。如时间允许还可用其他方法进行测定，以资比较。

（2）次碘酸钠-碘量法的拟订　应考虑以下几个问题：

① 选择测定的反应条件，如酸度、浓度、温度、干扰物质的消除等，使从资料获得的分析方法经适当修改后，能适用于给定的分析体系。

② 试样取量，可根据试样的来源和大致含量范围（由教师提示）取量，如未提示含量范围，可通过预试验决定取量的多少。

③ 试剂的配制和用量。试剂尽量用实验室已有的，试剂用量可根据完成实验的实际需要适当放宽，但以节约为原则，特殊试剂应了解其注意事项。

④ 确定实验步骤，明确测定的原理及各步骤的作用。

⑤ 明确实验中的关键或应注意的事项。

⑥ 实验中的误差来源及应采取的措施。

⑦ 拟订实验结果的计算公式。

2. 书写设计方案

将拟订的实验方案，按实验目的、原理、主要仪器及试剂、实验步骤（包括取量试验）、注意事项、误差来源及消除、结果处理、参考文献等项书写成文，交指导教师审阅。

例 5　饮料中维生素 C 及柠檬酸含量的测定

预习

1. 查阅资料，了解饮料中的主要组成成分。
2. 了解维生素 C、柠檬酸的性质及测定方法。
3. 酸碱滴定法及氧化还原滴定法的使用范围。

设计实验

1. 拟订方案

（1）选择测定方法　从资料可知，用滴定法测定维生素 C 及柠檬酸含量的主要方法如下：

① 酸碱滴定法测定柠檬酸含量。

② 碘酸钾-碘量法测定维生素 C 的含量。

③ 直接碘量法测定维生素 C 的含量。

因教材中已有碘酸钾-碘量法测定维生素 C 的实验,因此本实验采用直接碘量法。如果时间允许,可以再用其他方法进行测定。

(2) 设计实验时,应考虑的问题

① 根据所选择的实验方法,确定合适的滴定条件,应考虑如何结合使用酸碱滴定与氧化还原滴定两种方法测定维生素 C 及柠檬酸的含量,指示剂的选择等。

② 了解饮料中维生素 C 及柠檬酸的大致含量,以确定饮料的取用量,也可通过预测定决定取用量。

③ 试剂浓度的确定和配制,根据大致的含量与取样的多少,计算滴定过程大概需要消耗的标准溶液用量,确定合适的浓度,并设计合理的标定方法。

④ 确定实验步骤,明确各步的注意事项。

⑤ 拟订含量测定结果的计算公式。

2. 书写设计方案

拟订好实验方案,将实验目的、原理、主要仪器及试剂、实验步骤、注意事项、误差来源及消除、结果处理、参考文献等项书写成文,交给指导教师审阅。

例 6 铬天青 S 分光光度法测定铝的含量

预习

1. 阅读以下文献资料:

(1) 武汉大学. 分析化学实验[M]. 4 版. 北京:高等教育出版社,2001:234-238.

(2) 庄京,林金明. 基础分析化学实验[M]. 北京:高等教育出版社,2007:151-153.

2. 查阅资料

用关键词铬天青 S、分光光度法、铝、面制食品、饮用水,从网络上查阅相关资料。从资料中获得以下信息:

(1) 显色剂铬天青 S(CAS)的性质,用它作显色剂的优缺点。

(2) 哪些金属离子对测定有干扰? 如何排除?

(3) 在 Al-CAS 二元配合物体系中,加表面活性剂,形成 Al-CAS-表面活性剂三元配合物,加入表面活性剂的作用,常用的表面活性剂有哪些?

(4) 有哪些因素影响 Al-CAS-表面活性剂三元配合物的摩尔吸收系数?

(5) 在 Al-CAS-表面活性剂三元配合物体系中,使用了哪些缓冲溶液? 缓冲溶液的性质对测定有影响,试比较不同缓冲溶液的影响。

(6) 在 Al-CAS-表面活性剂三元配合物体系中,加入乳化剂聚乙二醇辛基苯基醚(OP),形成 Al-CAS-表面活性剂-OP 四元配合物,乳化剂 OP 的作用。

(7) 铬天青 S 分光光度法测定面制食品中铝含量的国家标准;文献中,对国家标准进行改进的各种方法。

设计实验

1. 拟订方案

在综合文献的基础上,比较、选择分析方法,请考虑以下问题:

(1) 根据干扰离子选择掩蔽剂。

(2) 选择表面活性剂。

(3) 选择缓冲溶液以及缓冲溶液的 pH。

(4) 是否加乳化剂?

(5) 需要的仪器、试剂。

(6) 试剂的合适浓度与配制方法,体系中试剂加入的顺序。

(7) 需做哪些条件试验? 如何做?

(8) 测定时的关键或注意事项;实验中的误差来源,应采取的措施。

(9) 如何评估测定结果的准确性?

(10) 当测试的试样为茶叶、面制食品时,试样的灰化与试液的制备。

2. 书写设计方案

将拟订的实验方案,按实验目的、实验原理、主要仪器与试剂(含配制)、实验步骤(试液的准备、铝标准溶液的配制、条件试验、标准系列的配制、标准曲线的测绘、铝试液中铝的测定)、注意事项、误差来源及消除、参考文献等项书写成文,交指导教师审阅。

主要参考文献

[1] 北京大学化学系普通化学教研室.普通化学实验[M].2版.北京:北京大学出版社,1991.

[2] 北京大学化学系分析化学教学组.基础分析化学实验[M].2版.北京:北京大学出版社,1998.

[3] 武汉大学.分析化学[M].6版.北京:高等教育出版社, 2016.

[4] 武汉大学.分析化学实验[M].5版.北京:高等教育出版社,2010.

[5] 戚苓,陈佩琴,翁筠蓉,等.化学分析与仪器分析实验[M].南京:南京大学出版社,1992.

[6] 陈焕光,李焕然,张大经,等.分析化学实验[M].2版.广州:中山大学出版社,1998.

[7] 华中师范大学,等.分析化学实验[M].4版.北京:高等教育出版社,2014.

[8] 周其镇,方国女,樊行雪.大学基础化学实验(I)[M].北京:化学工业出版社,2000.

[9] Bassett J, Denney R C, Jeffery G H, et al.Vogel's Textbook of Quantitative Chemical Analysis[M].4th ed.New York: Longman, 1978.

[10] Ramette R W.Chemical Equilibrium and Analysis[M].New York: Addison-Wesleg Publishing Co, 1981.

[11] 大学化学实验改革课题组.大学化学新实验[M].杭州:浙江大学出版社,1990.

[12] 杭州大学化学系分析化学教研室.分析化学手册[M].2版.北京:化学工业出版社,1997.

[13] 孙尔康,吴琴媛,周以泉,等.化学实验基础[M].南京:南京大学出版社,1991.

[14] 北京师范大学《化学实验规范》编写组.化学实验规范[M].北京:北京师范大学出版社,1987.

[15]《化学分析基本操作规范》编写组.化学分析基本操作规范[M].北京:高等教育出版社,1984.

附　录

本部分内容请通过配套数字课程网站查看，具体方法如下：

在计算机上访问 http://abook.hep.com.cn/1235865，注册并登录，进入“我的课程”，输入数字课程账号（20 位数字，刮开本书封底防伪标签涂层可见），完成课程绑定，点击“进入课程”即可浏览、下载相关资源。

一、标准电极电势表

二、弱电解质的解离常数

三、配离子的稳定常数

四、溶度积

五、溶解性表

六、不同温度下若干常见无机化合物的溶解度

七、常用酸、碱的质量分数和相对密度

八、常用酸、碱的浓度

九、常用指示剂

十、滴定分析中常用标准溶液的配制和标定

十一、常用工作基准试剂

十二、pH 标准缓冲溶液的配制方法

十三、常用缓冲溶液的配制

十四、化合物的相对分子质量

十五、特种试剂的配制

十六、常见离子和化合物的颜色

十七、某些氢氧化物沉淀和溶解时所需的 pH

十八、阳离子的硫化氢系统分组

十九、常见离子的定性鉴定方法

二十、试样的分解

二十一、水的饱和蒸气压

二十二、磁化率、反磁磁化率

二十三、Origin 使用简介

读者意见反馈

为收集对教材的意见建议，进一步完善教材编写并做好服务工作，读者可将对本教材的意见建议通过如下渠道反馈至我社。

咨询电话　400-810-0598

反馈邮箱　hepsci@pub.hep.cn

通信地址　北京市朝阳区惠新东街4号富盛大厦1座

　　　　　高等教育出版社理科事业部

邮政编码　100029

防伪查询说明

用户购书后刮开封底防伪涂层，使用手机微信等软件扫描二维码，会跳转至防伪查询网页，获得所购图书详细信息。

防伪客服电话　(010) 58582300